JN143673

物理学レクチャーコース

Introduction to Quantum Mechanics
量子力学入門

伏屋雄紀 著

裳華房

PHYSICS LECTURE COURSE
Introduction to Quantum Mechanics

by

Yuki FUSEYA

SHOKABO
TOKYO

JCOPY 〈出版者著作権管理機構 委託出版物〉

刊 行 趣 旨

　20世紀，物理学は，自然界の基本的要素が電子・ニュートリノなどのレプトンとクォークから構成されていることや，その間の力を媒介する光子やグルーオンなどの役割を解明すると共に，様々な科学技術の発展にも貢献してきました．特に，20世紀初頭に完成した量子力学は，トランジスタの発明やコンピュータの発展に多大な貢献をし，インターネットを通じた高度情報化社会を実現しました．また，レーザーや超伝導といった技術も，いまや不可欠なものとなっています．

　そして21世紀は，ヒッグス粒子の発見・重力波の検出・ブラックホールの撮影・トポロジカル物質の発見など，新たな進展が続いています．さらに，今後ビッグデータ時代が到来し，それらを活かした人工知能技術も急速に発展すると考えられます．同時に，人類の将来に関わる環境・エネルギー問題への取り組みも急務となっています．

　このような時代の変化にともなって，物理学を学ぶ意義や価値は，以前にも増して高まっているといえます．つまり，"複雑な現象の中から，本質を抽出してモデル化する" という物理学の基本的な考え方や，原理に立ち返って問題解決を行おうとする物理学の基本姿勢は，物理学の深化だけにとどまらず，自然科学・工学・医学ならびに人間科学・社会科学などの多岐にわたる分野の発展，そしてそれら異分野の連携において，今後ますます重要になってくることでしょう．

　一方で，大学における教育環境も激変し，従来からの通年やセメスター制の講義に加えて，クォーター制が導入されました．さらに，オンラインによる講義など，多様な講義形態が導入されるようになってきました．それらにともなって，教える側だけでなく，学ぶ側の学習環境やニーズも多様化し，「現代に相応しい物理学の新しいテキストシリーズを」との声を多くの方々からいただくようになりました．

　裳華房では，これまでにも，『裳華房テキストシリーズ－物理学』を始め，

その時代に相応しい物理学のテキストを企画・出版してきましたが，昨今の時代の要請に応えるべく，新時代の幕開けに相応しい新たなテキストシリーズとして，この『物理学レクチャーコース』を刊行することにいたしました．

　この『物理学レクチャーコース』が，物理学の教育・学びの双方に役立つ21世紀の新たなガイドとなり，これから本格的に物理学を学んでいくための"入門"となることを期待しております．

2022年9月

編　集　委　員　　永江知文，小形正男，山本貴博
編集サポーター　　須貝駿貴，ヨビノリたくみ

はしがき

　本書では，量子力学の入門書として，その魅力や面白さを伝えることを第一に考えました．量子力学の面白さは何といっても，その謎解きの物語にあります．量子の世界は，私たちが日常生活を通して培ってきた経験的知識が全く通用しない世界です．肉眼どころか顕微鏡でも全く見えない世界の，直感とは相容れない不思議な現象の数々を先人たちが1つずつ解き明かしていく，その様を見るのは，どんな推理小説にも負けない，最高の知的エンターテインメントといえるでしょう．

　本書のもう1つの大きな特徴は，謎解きの物語を通して，先人たちの創意工夫を学ぶことにも注力した点です．これにより，真の創造性を養うことができると考えたからです．標準的な量子力学のテキストでは，完成した量子力学を改めて整理し直し，1本筋の通った論理展開で記述されています．その方法は，量子力学に関する知識を速やかに吸収し，学習したことを様々な問題に応用できる人材を養成するには適しているかも知れません．しかし，既存の概念を覆し，新しい概念を生み出すような創造的な仕事を成し遂げるための訓練という観点からは，歴史的な経緯に沿って学ぶという別のアプローチも効果的と考えます．

　真に創造的な仕事が成される前は，様々な事柄が複雑に絡み合い，いったいどこに解決の糸口があるのかさえ見当もつかないような，真っ暗闇にあります．そこから先人たちが問題解決の糸口をどのように探り当て，一筋縄ではいかない難題をいかに克服していったかを知ることこそが，新しい世界を切り拓くための糧となるのではないでしょうか．そして，そうした目的には，量子力学が形成されていく過程を知ることが，何よりの教材となることでしょう．

　したがって本書は，量子力学を一通り学んだことのある方々にとっても，また新たな視点を提供できるものと考えています．いまでは，すっかりシュレーディンガー方程式を使いこなして，具体的な問題を解けるようになった

方でも，そのシュレーディンガー方程式はどのようにして導かれたのか？という問いに答えられる人は，そう多くはないのではないでしょうか．演算子同士の積の順序を単純に交換してはいけないことを知ってはいても，どうして交換してはいけないのか？ という問いに，必ずしも答えられるわけではないと思います．しかし，創造性はそうした知識が導かれた経緯にこそあるのです．

　本書の読者の中から，既存の概念を覆し，新しい概念を生み出す，真の開拓者が現れることを心より願っています．

　本書の原稿を丁寧に査読して貴重なご意見をくださった山本貴博さん，須貝駿貴さん，ヨビノリたくみさんにこの場を借りて感謝申し上げます．また，入門書としてはかなり異例となった本書独特の企画構成にご賛同いただき，刊行までいつも励ましときめ細やかなご支援をくださった，裳華房の小野達也さん，團 優菜さんに厚くお礼申し上げます．最後に，多忙な日々を支えてくれ，ときには一般読者の視点からコメントをくれた家族に感謝します．

2024年9月

伏屋雄紀

目次

1 量子の誕生

- 1.1 革命前夜・・・・・・・・・1
- 1.2 古典論では理解できない！・3
  - 1.2.1 レイリーとジーンズの理論・・・・・・・5
  - 1.2.2 ウィーンの理論・・・・6
- 1.3 エネルギー量子・・・・・・7
  - 1.3.1 プランクの"発見"・・・・7
  - 1.3.2 プランク定数・・・・・9
  - 1.3.3 プランクの公式の直観的理解・・・・・・・10
- 1.4 光は波か，それとも粒子か・13
  - 1.4.1 光電効果・・・・・・14
  - 1.4.2 コンプトン散乱・・・・17
- 本章のPoint・・・・・・・・23
- Practice・・・・・・・・・24

2 前期量子論

- 2.1 原子のスペクトル・・・・・25
- 2.2 原子の構造・・・・・・・・29
  - 2.2.1 初期の原子模型・・・・29
  - 2.2.2 ラザフォードのα線の散乱実験と原子模型・30
- 2.3 ボーアの量子論・・・・・・33
  - 2.3.1 離散的なエネルギーと定常状態・・・・・・33
  - 2.3.2 ボーアとリュードベリとの関係・・・・・・35
  - 2.3.3 古典物理学に基づく考察から原子の構造に迫る・36
  - 2.3.4 量子化条件・・・・・・37
- 2.4 ボーアの量子論から見た原子の姿・・・・・・・・41
  - 2.4.1 角運動量・・・・・・42
  - 2.4.2 磁気モーメント・・・・43
- 2.5 ボーア-ゾンマーフェルトの量子化条件・・・・・・45
- 2.6 フランク-ヘルツの実験・・・48
- 本章のPoint・・・・・・・・52
- Practice・・・・・・・・・53

3 量子力学の誕生 〜行列力学〜

- 3.1 ハイゼンベルクの突破口・・・55
  - 3.1.1 観測可能な量だけで組み立てる・・・・・・・56
  - 3.1.2 乗法の規則・・・・・57
- 3.2 行列力学の誕生・・・・・・60
- 3.3 量子世界の暗号を解読する・62
  - 3.3.1 離散量と連続量の関係・63
  - 3.3.2 量子力学の根本原理
    ——正準交換関係——・・・64
- 3.4 運動方程式・・・・・・・・66
- 3.5 行列力学における調和振動子・・・・・・・・・・・69
- 3.6 固有値問題としての行列力学・・・・・・・・・・・75
  - 3.6.1 ユニタリ変換・・・・・76
  - 3.6.2 ハミルトニアンの対角化・・・・・・・・・・・77
- 本章のPoint・・・・・・・・・82
- Practice・・・・・・・・・・83

4 量子力学の展開 〜波動力学〜

- 4.1 ド・ブロイの物質波・・・・84
- 4.2 デヴィッソン−ガーマーとトムソンの実験・・・・・・87
  - 4.2.1 物質波を検証するには・87
  - 4.2.2 実際に捉えられた物質波・・・・・・・・・・・89
- 4.3 波動力学の誕生・・・・・・92
  - 4.3.1 古典力学における波動方程式・・・・・93
  - 4.3.2 シュレーディンガーの波動方程式・・・・・94
- 4.4 波動力学における調和振動子・・・・・・・・・・・・98
  - 4.4.1 エルミート多項式・・・・99
- 4.4.2 調和振動子の例からわかること・・・・104
- 4.5 行列力学と波動力学の深いつながり・・・・・・106
  - 4.5.1 調和振動子から見たつながり・・・・・106
  - 4.5.2 行列と演算子の対応・・107
  - 4.5.3 一般化されたシュレーディンガー方程式を行列力学から導く・・・・109
- 4.6 時間に依存するシュレーディンガー方程式・・・・・109
- 本章のPoint・・・・・・・・・115
- Practice・・・・・・・・・・116

5 量子力学の深化 〜統計的解釈と不確定性原理〜

- 5.1 二重スリットの実験・・・117
- 5.2 残された問題・・・・・123
- 5.3 波動関数の正体は？・・・125
  - 5.3.1 確率密度・・・・・126
  - 5.3.2 波動関数の統計的解釈・127
  - 5.3.3 波動関数の重ね合わせ・128
- 5.4 物理量の期待値とエーレンフェストの定理・・・・130
- 5.5 不確定性原理・・・・・134
  - 5.5.1 マクロな世界における運動の観測・・・135
  - 5.5.2 ミクロな世界における運動の観測・・・136
  - 5.5.3 不確定性原理の確立・・138
- 5.6 二重スリットの実験，再び・140
  - 5.6.1 どちらのスリットを通ったか？・・・・140
  - 5.6.2 なぜ干渉縞が現れるのか？・・・・・・・142
  - 5.6.3 波動関数の収縮・・・143
- 本章のPoint・・・・・・・145
- Practice・・・・・・・・145

6 スピンと排他原理から原子の構造へ

- 6.1 メンデレーエフの周期律・148
- 6.2 水素原子・・・・・・・150
  - 6.2.1 球面調和関数・・・151
  - 6.2.2 3つの量子数と動径波動関数・・・・・・153
- 6.3 軌道角運動量・・・・・158
- 6.4 磁場中の電子とゼーマン効果・・・・・・・・・162
  - 6.4.1 磁場中のシュレーディンガー方程式・・・162
  - 6.4.2 ゼーマン効果・・・・167
- 6.5 新たな謎―スピンの登場―・168
  - 6.5.1 第4の量子数・・・168
  - 6.5.2 シュテルン-ゲルラッハの実験・・・171
  - 6.5.3 スピン角運動量とスピン磁気モーメント・・・173
- 6.6 スピンの性質・・・・・175
  - 6.6.1 交換関係とパウリ行列・175
  - 6.6.2 スピンと固有関数・・・177
  - 6.6.3 スピン軌道相互作用・・178
- 6.7 周期表を量子力学で読み解く・・・・・・・・・・180
  - 6.7.1 パウリの排他原理と周期律・・・・・・180
  - 6.7.2 元素の周期表と量子力学・・・・・・・・182
- 本章のPoint・・・・・・・186
- Practice・・・・・・・・188

7 相対論的量子力学

- 7.1 相対性理論と量子力学の融合を目指して……189
  - 7.1.1 「相対論的」とはどういうことか?……190
  - 7.1.2 クライン–ゴルドン方程式……191
- 7.2 ディラック方程式……192
  - 7.2.1 奇想天外な因数分解とディラック行列……193
  - 7.2.2 ディラック方程式の誕生……196
- 7.3 電磁場中のディラック電子……199
  - 7.3.1 ディラック方程式の非相対論展開……200
  - 7.3.2 スピンの正体がついに!……201
  - 7.3.3 スピン軌道相互作用まで!……202
- 7.4 ディラック方程式の成果……203
- 7.5 陽電子と反粒子……205
  - 7.5.1 ディラック電子のエネルギー……205
  - 7.5.2 ディラックの新たな仮説……207
  - 7.5.3 陽電子の発見……209
- 本章の Point……211
- Practice……211

付録……213
Training と Practice の略解……219
索引……236

本書で登場するノーベル賞受賞者（＊は化学賞，その他は物理学賞）

年	受賞者	受賞理由	本書での頁
1901	W. C. レントゲン	X線の発見	26
1902	H. A. ローレンツ P. ゼーマン	放射現象に及ぼす磁気の影響の研究	168
1906	J. J. トムソン	電子の発見	29
1908	E. ラザフォード（＊）	元素の分解と放射性物質の化学研究	30
1911	W. ウィーン	熱放射の法則の発見	6
1914	M. フォン・ラウエ	結晶によるX線回折の発見	89
1918	M. プランク	エネルギー量子の発見	7
1921	A. アインシュタイン	光電効果の法則の発見	15
1922	N. ボーア	原子の構造およびその放射の研究	32
1923	R. A. ミリカン	電気素量と光電効果の研究	16
1925	J. フランク G. L. ヘルツ	原子に対する電子衝突の法則の発見	48
1927	A. H. コンプトン	コンプトン効果の発見	17
	C. T. R. ウィルソン	霧箱の発明	22
1929	L. V. ド・ブロイ	電子の波動性の発見	84
1932	W. K. ハイゼンベルク	量子力学の創設と水素分子の同素体の発見	55
1933	E. シュレーディンガー P. A. M. ディラック	新しい形式の原子論の発見	92 192
1936	C. D. アンダーソン	陽電子の発見	209
	P. J. W. デバイ（＊）	分子構造における双極子モーメントと回折の研究	97
1937	C. J. デヴィッソン G. P. トムソン	結晶による電子回折の実験的発見	87
1943	O. シュテルン	分子線の方法の開発と陽子の磁気能率の発見	171
1945	W. パウリ	排他原理の発見	169
1949	湯川秀樹	中間子の予言	12
1952	F. ブロッホ	核磁気共鳴吸収法の開発	98
1954	M. ボルン	量子力学の基礎的研究と波動関数の統計的解釈	60
1965	朝永振一郎 J. S. シュウィンガー R. P. ファインマン	量子電磁力学の基礎研究	12

量子の誕生

　これから皆さんと一緒に，量子力学の世界へと旅に出たいと思います．量子力学は相対性理論と並び，20世紀初頭に人類が成し遂げた偉大な知的革命の産物です．これほどの革命を成し遂げた先人たちの偉大さに，筆者はいつも心を打たれ，感動を覚えます．本書では，その感動を少しでも皆さんに味わっていただければと考えています．

　これは量子力学に限らず，どの場合においてもそうですが，先人たちの成し遂げた革命の偉大さを理解するには，その革命前の状態をよく理解しておく必要があります．しかし，私たちはすでに革命後の世界にいるため，詳しく勉強したことがなくても，革命後の新しい常識を自然に受け入れていることが多くあります．革命の真の偉大さを理解するには，それらの常識を一旦脇に追いやる必要があります．そうすることで，量子力学を学んだ際の感動がより鮮明になるでしょう．

　さぁ，心の準備はできましたか？　それでは，時計の針を19世紀後半にまで戻して，話を始めたいと思います．

1.1 革命前夜

　自然科学の発展は，人間社会の歴史と決して無関係ではありません．量子力学も例に漏れず，世界史の大きな流れの中で誕生しました．普墺戦争（1866年）と普仏戦争（1870～1871）に勝利したドイツでは，「鉄血宰相」として知られるビスマルク（1815 - 1898）のもと，工業が大いに栄えました．特に鉄鋼業および金属工業，電気工業の成長が著しく，その基礎研究として，

物理学の研究も熱心に進められました．

　鉄鋼の製造工程では，熔解，鍛錬，焼き入れなどの高温での作業が必須で，高い温度を正確に測定する技術が求められます．「銑鉄を1200℃に熱する」といわれたとき，皆さんならどのように温度を測るでしょうか．私たちが普段用いる体温計はもちろん，理科の実験で用いる棒状温度計が全く使えないことはすぐにわかるでしょう．高温の物体の温度を測定するには，測定器が物体に直接触れるような方法は選べません．そこで，温度を直接測るのではなく，熱された物体の色から温度を決定する方法が採られます．鉄に限らず，物体を高温に熱すると光が放たれ（**熱放射**），物体の温度が上がるにつれて赤色から白色に近くなります．この光を波長に分解して強度の分布（**スペクトル**）を調べることで，物体の温度を正確に知ることができます．

　その他にも，当時は都市照明がちょうどガス灯から電灯に移り変わる時期でもありました．ドイツではいち早く電灯への移行が進められ，それにともなって，光のスペクトルの研究が求められました．

　こうした歴史的背景から，**量子**という概念が誕生しました．それがドイツの理論物理学者プランクによってもたらされたのも，決して偶然ではないでしょう．

　ここでは，熱放射における謎から始めたいと思います．当時，熱放射について実験で明らかになったことが理論的には説明できず，多くの物理学者たちが頭を抱えていたのです．

　熱放射の例として，例えば太陽光を考えてみましょう[1]．太陽光はプリズムによって赤，橙，黄，緑，青，藍，紫のように異なる色に分解されること，色の違いは光の波長の違いであることは皆さんご存じでしょう．光の性質をさらに詳しく知るには，波長ごとに異なる光のスペクトルを調べればよいことになります．

　高温の物体から発せられた光のスペクトルを図1.1に示しました．人間に見える光（可視光）の波長はおよそ400nm～800nmで，太陽光では，この

---

[1] 物質が光る仕組みは，大きく分けて「熱放射」と「それ以外」があります．太陽光や炎，白熱灯などが光るのは熱放射によります．蛍光灯や放電管，LEDは熱放射ではありません．

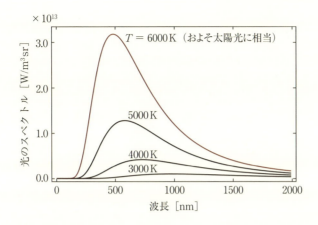

図 1.1 高温に熱せられた物体から発せられた光のスペクトル

範囲の光が最も強くなっています．可視光線より波長が短くなると，紫外線，X線，γ線となり，波長が長くなると，赤外線，マイクロ波となります．

光源の温度が変われば，スペクトルの形も変わります．そして，温度が上がれば，スペクトルのピーク位置が図 1.1 のように徐々に短波長側にずれていきます．

1.2 古典論では理解できない！

実験的に明らかにされた熱放射の性質を理解することは，19 世紀末の物理学における大きな課題でした．当時は電磁気学と熱力学がほぼ完成しており，これにともなって電磁波としての光の理論と気体分子運動論も飛躍的に発展していました．熱放射の研究とは，光と熱の関係を明らかにすることですから，光の理論と気体分子運動論を組み合わせて考えることが最も有望であると，当時は考えられていました．

気体分子運動論の詳しい解説は他書に譲るとして，ここではその結論から出発して，熱放射の問題を考えてみましょう．

気体分子運動論（より一般的には統計力学）の重要な原理の 1 つに，**エネルギーの等分配則**があります．これは，独立に乱雑な運動をしている分子の

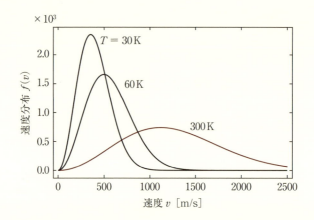

図 1.2 マクスウェルによる気体分子の速度の分布関数．異なる温度（$T = 30, 60, 300\,\mathrm{K}$）に対する He 分子（分子量 4）のもの．$T = 30\,\mathrm{K}$ では，約 $350\,\mathrm{m/s}$ の速度をもつ He 分子が最も多く，温度が高くなると平均速度が高くなり，$T = 300\,\mathrm{K}$ では $1100\,\mathrm{m/s}$ の分子が最も多くなる．なお，マクスウェル分布は $f(v) = 4\pi v^2 \left(\dfrac{m}{2\pi k_\mathrm{B} T}\right)^{3/2} \exp\left(-\dfrac{mv^2}{2k_\mathrm{B} T}\right)$ で与えられる．v は分子の速度で，m はその質量，T は絶対温度，k_B はボルツマン定数．

集団では，各分子の平均エネルギーは全エネルギーを等しく分配したものに一致するという原理です．

　気体分子にエネルギーの等分配則を適用すると，図 1.2 のような**マクスウェル分布** $f(v)$ が得られます．$f(v)$ は**速度の分布関数**ともよばれ，全分子の中で，ある速度 v をもつ分子がどのくらい含まれているかを表しています．（速度という場合，一般的には $\boldsymbol{v}$ と表しますが，本書では，特に断わりがない場合には，速さと同じく v を用いることにします．）分布のピーク位置は，その速度をもった分子が最も多いことを意味しており，およそ平均速度に対応しています．ただし，分子は様々な速度をもって運動しており，平均速度からずれた分子も数多く存在します．低温ではピークが鋭く，平均からのずれが小さいですが，高温になるとピークがなだらかになり，平均からのずれが大きくなります．

　マクスウェル分布は 19 世紀の半ばにはすでに得られており，物体（特に気体）の熱的性質を大変うまく説明することができました．

　さて，図 1.1 と 1.2 を見比べると，形が何となく似ていると思いませんか？

温度を変えると形が変化するところも似ています．とすると，熱放射の問題も統計力学の考え方を用いて説明できるのではないか？と思えてきます．そして，それを実際に計算して確かめたのが，レイリー（1842 – 1919）とジーンズ（1877 – 1946）でした．

1.2.1 レイリーとジーンズの理論

ここでは，最も単純な熱放射の問題として，温度 T の壁で囲まれた空洞の内部を行き交う光（電磁波）を考えることにします（図 1.3）．

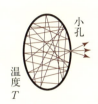

図 1.3 空洞放射のイメージ．溶鉱炉の小窓から覗き込んだときに見える光の色は，この空洞内のスペクトルに相当する．

光は壁のところで絶えず吸収と放射を繰り返し，光は壁と同じ温度 T の熱平衡状態になっているものとします．これを**空洞放射**（**黒体放射**）といいます．空洞の壁に小さな孔を開け，そこから漏れてくる光を観察することで，空洞内部の光の状態がわかります．このとき，孔が十分に小さければ，熱平衡状態に及ぼす影響は無視することができます．

エネルギーの等分配則では，気体中の分子 1 つ 1 つにエネルギーを等しく分配します．一般には，単純に個数分だけ分配するのではなく，分子のもち得る自由度に対しても等分配されます．

では，電磁波における自由度とは何でしょうか？レイリーとジーンズは，それを電磁波の固有振動と考えました．つまり，電磁波の各振動数にエネルギーを等分配するのです．いまの場合，各振動数に分配されるエネルギーは $k_B T$ になります（詳しくは，「統計力学」のテキストを参照）．ここで $k_B =$ 1.380649 × 10^{-23} J/K は**ボルツマン定数**で，エントロピーの次元をもち，温度をエネルギーに関連付ける重要な定数です（T は絶対温度）．

本書の主題から外れてしまうので導出は省略しますが，空洞放射のスペクトル（単位体積当たりのエネルギーの振動数依存性）は，

$$U(\nu) = \frac{8\pi k_{\mathrm{B}} T}{c^3} \nu^2 \qquad (1.1)$$

となることが示せます (ただし, ν は振動数, c は光速度です). これは**レイリー－ジーンズの公式**とよばれています.

しかし, この結果は明らかに熱放射の実験結果に反します (図 1.1 を参照). 実際の熱放射では, スペクトルは極大値をもち, ν が大きい極限では電磁波の強度はゼロに近づきます. 一方, レイリー－ジーンズの式では, スペクトルは ν^2 に比例し, ν が大きくなればなるほど, 電磁波の強度が増加します. もしそれが現実であれば, 紫外線, X 線, γ 線と振動数が大きくなるほど強度が高くなるわけですから, 熱放射は危険極まりないことになってしまいます! もちろん実際にはそんなことはなく, 安心して焚き火に当たり, 熱放射の恩恵を被ることができます. となると, レイリー－ジーンズの公式がおかしいのだと考えざるを得ません.

では, レイリー－ジーンズの公式の何がおかしいのでしょうか? 実は, エネルギーを等分配する自由度を振動数と見立てたことに問題があったのです.

統計力学においてエネルギーを分配する対象は, それがたとえ無限に思えるほど多い数であっても, 必ず有限の数です. そして気体分子の場合, それはアボガドロ数の程度です.

一方, 電磁波の振動数は連続する量で, 無限に存在します. そのため, 有限のエネルギーを無限の振動数に等分配すれば, 割り振られるエネルギーは限りなく小さく (ほぼゼロ) になってしまうので, 明らかに破綻してしまいます.

レイリー－ジーンズの式と観測されるスペクトルとを慎重に比べると, ν が小さい領域ではレイリー－ジーンズの公式が実験とよく合っていることがわかります (8 頁の図 1.5 を参照). このことは, ν が大きくなればなるほど, 等分配の法則が破れていることを示唆しています.

1.2.2 ウィーンの理論

ウィーン (1864 - 1928) はレイリー－ジーンズの公式に先駆けて, 熱力学

に基づくまた別の考察から，空洞放射のスペクトルの式 $U(\nu)$ を導いていました．

まずウィーンは，$U(\nu)$ は

$$U(\nu) = \frac{8\pi\nu^3}{c^3}F\left(\frac{\nu}{T}\right) \tag{1.2}$$

なる形をもっているべきことを示しました．ただし，$F(x)$ は"ある関数形"ということしかいえず，その具体的な形を定めることは熱力学の考察だけでは不可能でした．そこでウィーンは，気体分子運動論の考え方を用いて $F(x) = k_B \beta e^{-\beta x}$ を得ました（β は $\beta\nu/T$ で無次元となる定数）．そして，この関数形を用いると，空洞放射のスペクトルは

$$U(\nu) = \frac{8\pi k_B \beta \nu^3}{c^3} e^{-\beta\nu/T} \tag{1.3}$$

で与えられることになります．これを**ウィーンの公式**といいます．

ウィーンの公式は，$\nu \to \infty$ で $U(\nu)$ がゼロに漸近するように減少するので，ν の大きい領域で（β の値を適当に選べば）実験とよく一致しました．一方，ν が小さい領域では $U(\nu) \propto \nu^3$ となるので，実験（$\propto \nu^2$）からずれが生じてしまいました．

当時すでに大物理学者として世界的に知られていたレイリーは，ウィーンの理論を「ほとんど推測に過ぎない」と批判し，受け入れようとはせず，等分配則に基づいて独自の理論を展開しました．それが先に示したレイリー－ジーンズの公式だったのです．

1.3 エネルギー量子

1.3.1 プランクの"発見"

ここまで見てきたように，ν が小さい領域ではレイリー－ジーンズの公式が，ν が大きい領域ではウィーンの公式が実験結果をよく説明できました．しかしどちらの公式も，ν の全領域にわたって実験結果を説明できる理論とはいえませんでした．

そこでドイツの物理学者プランクは，ウィーンの理論を改良することで，

全領域の ν について実験とよく一致する次の公式を"発見"しました．

$$U(\nu) = \frac{8\pi h\nu^3}{c^3} \frac{1}{e^{h\nu/k_B T} - 1} \quad (1.4)$$

これを**プランクの公式**といいます（h は定数）．

ここで"発見"としたのは，プランク自身「幸運にも見つけ出した」と述べているように，特別な理論があって導出したものではなかったからです．ウィーンの理論で現れる"ある関数形"を $F(x) = k_B\beta/(e^{\beta x} - 1)$ とおくことで，ν の小さい領域から大きい領域までを正しく内挿する式になることを"発見的に"見出したのです．

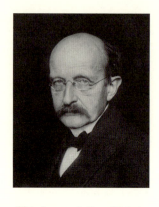

図 1.4　マックス・プランク
（1858 - 1947）

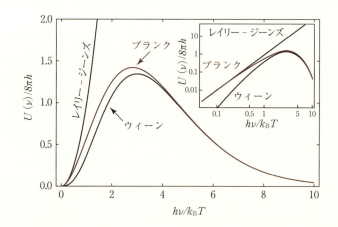

図 1.5　空洞放射に対するプランク，ウィーン，レイリー-ジーンズの公式

Exercise 1.1

プランクの公式に現れる $h\nu/k_B T$ の値が小さい場合と大きい場合とに分けて，(1.4) をより簡単な形で表し，それぞれレイリー-ジーンズとウィーンの公式に一致することを示しなさい．

Coaching　指数関数のテイラー展開

$$e^x \simeq 1 + x + \frac{1}{2}x^2 + \cdots \tag{1.5}$$

は，物理学では非常によく使いますので，覚えておくとよいでしょう．

$h\nu/k_{\mathrm{B}}T \ll 1$ の場合，指数関数を $h\nu/k_{\mathrm{B}}T$ の1次まで展開すると，プランクの公式は

$$U(\nu) \simeq \frac{8\pi h\nu^3}{c^3}\frac{1}{\left(1+\dfrac{h\nu}{k_{\mathrm{B}}T}\right)-1} = \frac{8\pi k_{\mathrm{B}}T}{c^3}\nu^2 \tag{1.6}$$

となるので，確かにレイリー－ジーンズの公式（1.1）に一致します．

一方，$h\nu/k_{\mathrm{B}}T \gg 1$ の場合，プランクの公式（1.4）の分母にある1は無視してもよいので，

$$U(\nu) \simeq \frac{8\pi h\nu^3}{c^3}\frac{1}{e^{h\nu/k_{\mathrm{B}}T}} = \frac{8\pi h\nu^3}{c^3}e^{-h\nu/k_{\mathrm{B}}T} \tag{1.7}$$

となり，ここで $\beta = h/k_{\mathrm{B}}$ とおけば，今度はウィーンの公式（1.3）に一致します．

以上より，プランクの公式が確かにレイリー－ジーンズとウィーンの公式をつないでいることがわかります．　■

1.3.2　プランク定数

プランクの真の偉大さは，幸運な発見だけに終わらなかったところにあります．この式を発見した直後，その物理的意味を見出そうと懸命に努力しました．そのときのことを，後にプランクは，

> 余の生涯の最も緊張した数週間の研究ののち，ついに闇は明け，
> 予感されなかった新たな遠望がほのぼのと見え始めた．
> 　　　　　　（天野 清 著：『量子力学史』（中央公論新社）より）

と回想しています．

1900年12月14日，ドイツ物理学会の会合で，プランクは自身の熱放射公式に物理的意味を与えました．本書の主題である「量子」の概念が，ここに誕生したのです．プランクは

▶ エネルギーは，いくらでも細かく分割できるのではなく，それ以上分割できない単位がある．

と考えました．物質の構成要素が原子であるように，エネルギーにも構成要

素があるというわけです．この構成要素のことを**エネルギー量子**といいます．

そして，エネルギー量子は対応する振動数に比例するとプランクは考えました．その比例係数を h とすれば，エネルギー量子1つ分のエネルギーは $h\nu$ となり，振動数 ν をもつ電磁波のエネルギーは，エネルギー量子の整数倍

$$E_n = nh\nu \quad (n = 1, 2, 3, \cdots) \tag{1.8}$$

で与えられます．

さらに，比例係数を $h = 6.55 \times 10^{-34}\,\mathrm{J \cdot s}$ ととれば，実験とよく一致することを見出しました．この量は**プランク定数**とよばれています．当初，プランク定数は実験と一致させるために導入された量でしたが，現在では（2019年5月以降）定義定数となり，

$$h = 6.62607015 \times 10^{-34}\,\mathrm{J \cdot s} \tag{1.9}$$

が厳密な定義値となっています．（J（ジュール）はエネルギーの単位で，$1\,\mathrm{J} = 1\,\mathrm{kg \cdot m^2/s^2} = 1\,\mathrm{N \cdot m}$．なお，$1\,\mathrm{erg} = 10^{-7}\,\mathrm{J}$ です．）

 Training 1.1

波長 1 mm の電波[2] が 500 kW の出力で放射されているとき，次の問いに答えなさい．
(1) 放射される光子のエネルギーを求めなさい．
(2) 振動の1周期の間に放射される光子の数を求めなさい．

1.3.3 プランクの公式の直観的理解

エネルギー量子を考えると，どうしてプランクの熱放射公式が導かれるのでしょうか？ そのことを直観的に理解するため，1965年にノーベル物理学賞を受賞した朝永振一郎（1906-1979）は次のような"振動数のコップ"の例を用いました（図1.6）．

---

2) ミリ波（波長 1 mm ～ 100 mm）とよばれる電波は電波天文学などで使われ，一度に送るデータ量が多いことから，最近では5G（第5世代移動通信システム）の電波としても利用されています．

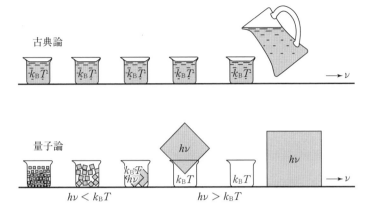

図 1.6 エネルギー分配のイメージ．古典論の場合，エネルギーは k_BT ずつ等分配される．一方，量子論の場合，エネルギー量子の固まりが k_BT より大きくなれば，分配されなくなる．（朝永振一郎 著：『量子力学Ⅰ（第2版）』（みすず書房）より一部改変して転載）

　まず，レイリー–ジーンズが考えた理論では，各振動数に k_BT のエネルギーを等分配しました．これは，一定の量（k_BT）が入るコップに等しい量の水を注いでいくことに相当します．振動数はいくらでも大きくできるため，振動数が小さい方から順に水を入れていくと，コップは無限に並んでいき，結果として，振動数が大きい極限で全体のエネルギーは発散してしまいます．

　一方，プランクが考えた理論は，連続的な水ではなく，かたまりとなった氷をコップに入れていくことに相当します．しかもその氷の大きさは，振動数に比例して大きくなっていきます．氷の大きさ（$h\nu$）が k_BT に比べて十分小さければ，コップには水のときとほぼ同じ k_BT の氷が入ります．しかし氷の大きさがだんだん大きくなってくると，コップに入る氷の量は k_BT より少なくなっていきます．そして氷が十分大きくなると，コップにはもう入らなくなってしまいます．つまり，振動数が小さいうちはエネルギーは k_BT で分配されていきますが，振動数が十分大きく（$h\nu > k_BT$）なると，もはやエネルギーが分配されなくなるというわけです．これであれば，全体のエネルギーはあるところでそれ以上増えなくなり，発散することもありません．

ここでは直観的理解を述べるだけにとどめますが,プランクの公式のより正確な導き方については巻末の付録 A で解説しましたので,そちらも参考にしてください.

物質を小さく小さく切っていくと,それ以上小さくできない単位として「原子」があったように,エネルギーもそれ以上小さくできない単位として「量子」があるというプランクのアイデアは,人類史上に残る偉大な知的革命に向けての大きな第一歩となりました.そして,エネルギー量子の発見に対して,プランクにノーベル物理学賞(1918 年)が授与されました.

エネルギーが連続ではないということに,まだ違和感がある方も多いことでしょう.しかし原子のことを思い起こせば,少しは受け入れやすくなるのではないでしょうか.日常生活で原子の存在を感じることはありませんが,物質をどんどん細かく見ていくと原子から構成されていることを,すでに皆さんご存じでしょう.エネルギー量子もそれと同じです.普段の生活で意識するエネルギーはエネルギー量子に比べれば圧倒的に大きいので,これまでエネルギー量子の存在を感知することはありませんでした.しかし,20 世紀初頭までに飛躍的に進歩した科学は,ついにその微小な世界を捉え始めたのです.

☕ Coffee Break

朝永振一郎と滞独日記

本章で登場した朝永振一郎は,量子電磁力学の基礎的な研究に対して,シュウィンガー,ファインマンと共に 1965 年のノーベル物理学賞を受賞しました[3].多くの著作を残したことでも有名で,『量子力学 I, II』や『スピンはめぐる』(以上,みすず書房)などの本は名著として世界的に高く評価されています.また,親しみやすい口調で書かれた読み物も多く残されており,例えば「光子の裁判」では,「ミツコ」とも読める光子を擬人化し,直観的理解が困難な粒子と波動の二重性を裁判形式でわかりやすく描いています.その極めてユニークでユーモアあふれるスタイ

---

[3] 日本人で最初にノーベル賞を受賞したのは湯川秀樹で,その次が朝永振一郎でした.そして,朝永振一郎と湯川秀樹は,高校・大学の同級生でした.朝永振一郎の滞独日記には,友人であり同僚である湯川秀樹についての率直な思いも綴られており,理論物理学者の人間的な側面がよく描かれています.

ルは，朝永振一郎ならではといえるでしょう．

その著作の中でも特に異彩を放っているのが「滞独日記」です[4]．この日記には，朝永振一郎が1937年から1939年にかけてライプツィヒ大学のハイゼンベルクの元に留学した日々が描かれています．おそらくは異国の地での孤独さがそうさせたのでしょう，物理学，研究，自身の将来について悲観的になり，苦悩する日々の様子が描き出されています．

物理の内容だけではありません．ドイツの片田舎の風景が美しく描写され，ドイツの日常生活，留学生同士の交流，そして，ひたひたと迫り来る戦争の暗い影が，朝永振一郎の目を通して細やかに描き出されています．その描写が具体的であればあるほど，若い研究者の心のゆらめきがありありと浮かび上がってきます．

人に読ませるために書かれたものではなく，あくまでも個人的な日々の記録にすぎないのですが，自照性が高く，内面的な深みをもつ「滞独日記」は，もはや日記という形態をとった文学であろうと，筆者は思うのでした．

1.4 光は波か，それとも粒子か

光とは何か．私たちにとって極めて身近な存在であるがゆえに，光は太古より人々の興味を惹きつけてきました．近代科学が切り拓かれて以降は，光の研究はより一層盛んになりました．

ホイヘンス（1629-1695）は，光は波であるという**波動説**を唱えました．そして波動説は，光の反射や屈折，回折といった現象を説明することに成功しました．一方，ニュートン（1643-1727）は，光は粒子であるとする**粒子説**を唱えました．粒子説では光の反射，屈折，回折は説明できませんでしたが，当時は，高名なニュートンの粒子説の方が波動説より支持されていたようです．しかしその後，ヤング（1773-1829）やフレネル（1788-1827）の研究により，波動説はゆるぎない地位を確立します．

さらに，マクスウェル（1831-1879）によって光が電磁波の一種であるこ

---

[4] 「光子の裁判」と「滞独日記」のどちらも読めて，手軽に買えるものとしては，『量子力学と私』（岩波文庫）があります．ただし，そこに収録されている滞独日記は部分的で，朝永振一郎著作集・別巻2『日記・書簡』（みすず書房）には，より多くの日記が収録されています．

とが見出され，ヘルツ（1857-1894）が電磁波の存在を確かめ，反射や屈折など光と同じ性質をもつことを実証したことから，19世紀末には，光が波であることは疑いようのない事実となっていました．

1.4.1　光電効果

ヘルツをして「これに対する疑惑はもはや不可能」といわしめた光の波動説に待ったをかける形になったのが，後に**光電効果**とよばれる実験事実です．

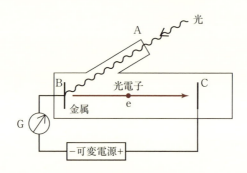

図1.7　光電効果の実験

光電効果は次のようにして観測されます．図1.7に示した装置のAから，ある一定以上の振動数をもった光（紫，あるいは紫外線）を入射し，陰極Bの金属に照射すると，金属表面から電子が飛び出してきます．飛び出した電子（**光電子**）が陽極Cに飛び込むと，それは結局B-C間に電流が流れたことになるので，Gの電流計で測ることができるというわけです．

光電効果は，19世紀後半から20世紀初頭までの間に詳しく調べられ，次のような実験結果が得られました．

▶ **光電効果の実験結果**
1. 光電子のエネルギーは，光の振動数に比例し，光の強度には関係しない．
2. 光電子の個数は，光の強度に比例する．
3. 光の振動数がある値を超えるまで，光電子は出てこない．

これらの実験事実を波動説で説明することはできるでしょうか？ 波動説に基づけば，光（電磁波）のエネルギーは，その強度が強くなるほど大きくなります．光電子は入射光からエネルギーを受け取って飛び出してくるはずですから，光電子のエネルギーも光の強度に依存することになります．

さらに，波動のエネルギーは空間的に広がっており，光によって連続的に運ばれます．そのため，観測される値まで光電子がエネルギーをため込むには，長い時間が必要と考えられます．しかし実験によると，光電子は光を照射してすぐに観測され，そのエネルギーは光の強度に依存しません．つまり，光電効果の実験は，波動説から予想される結果を明確に否定しているのです．

1905年3月，アインシュタイン（1879－1955）は，光電子の性質を矛盾することなく説明するために，光量子なるもののアイデアを発表しました[5]．

アインシュタインは，プランクのエネルギー量子の考え方をさらに発展させて，

図 1.8 アルベルト・アインシュタイン（1879－1955）

▶ 振動数 ν の光は $h\nu$ のエネルギーが粒子化されたもの

と仮定しました．これを**光量子**または**光子**といいます[6]．ここで「粒子化された」とは，エネルギーが空間的に局在していることを意味します．

1個の入射光量子は金属内の電子に自身のエネルギー $h\nu$ のすべてを与えます．これにより光量子は消滅し，電子が金属表面から飛び出します．ただし，電子が金属表面から飛び出すためには，金属を構成する原子の束縛から

---

5) 1905年は「奇跡の年」ともよばれ，アインシュタインは5月にブラウン運動について，6月には相対性原理についての論文を発表しました．そのどれもが，科学史に燦然と輝く不朽の論文でした．

6)「光量子」と「光電子」は，字がよく似ている上，登場する場面も同じなので，うっかり同じものと思ってしまいそうになりますが，別物です．前者は光，後者は電子です．しっかり区別して頭に入れておきましょう．

逃れる必要があり，それに一部のエネルギー W を費やすことになります．このエネルギー W は**仕事関数**とよばれ，金属の種類やその表面の状態によって異なります．

以上のことより，光電子のエネルギー E は，**アインシュタインの関係式**ともよばれる

$$E = h\nu - W \tag{1.10}$$

で表されることになります．この式は非常にシンプルなものですが，これこそが，**光の粒子性を最も簡明に表す重要な関係式**なのです．

アインシュタインの関係式は，1916年にミリカン（1868-1953）によって実験的にはっきり確かめられました（図1.9）．これにより，アインシュタインの光量子仮説は疑いようのないものとして受け入れられることになったのです．

プランクのエネルギー量子の考え方は，あくまで輻射式を得るために必要な計算上の仮定でした．しかしアインシュタインは，**このエネルギー量子に，物理的な実体のある「光量子」という意義を与えた**のです．

なお，アインシュタインの関係式を用いれば，光電効果の簡単な実験から

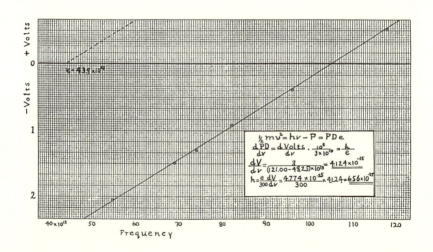

図 1.9 ミリカンによるアインシュタインの関係式の実験的確認．この図では $h = 6.56 \times 10^{-27}\,\mathrm{erg \cdot s} = 6.56 \times 10^{-34}\,\mathrm{J \cdot s}$ と算出している．

(R. A. Millikan: Phys. Rev. **7**, 355 (1916) による)

プランク定数 h を導くことができます．実際，ミリカンの論文の題名は「プランクの "h" の直接光電的決定」でした．この論文でミリカンが結論づけた値は $h = 6.57 \times 10^{-34}$ J・s で，これはプランクが求めた $h = 6.55 \times 10^{-34}$ J・s と非常に良い一致を示しました．

熱放射と光電効果は，仕組みも実験装置も解析も全く異なるものです．にもかかわらず，**両者からほぼ同じプランク定数の値が得られたということは，驚くべきことです**．この驚異的な一致は，とりもなおさず，プランクのエネルギー量子仮説，ひいてはアインシュタインの光量子仮説の正当性を力強く裏付けることとなりました．

☕ Coffee Break

暗い星の光が見えるのは？

光が粒子であることの帰結は，実は私たちの日常生活にも現れています．例えば，私たちは網膜によって光を感知しますが，その際，光と網膜の間でエネルギーのやりとりが行われているはずです．波動説に基づけば，エネルギーは広がっているので，その受け渡しには，ある一定の時間が必要になります．つまり，暗い星の光など弱い光を感知するには，非常に長い時間が必要になるということになります．

しかし実際には，たとえ弱い光であっても，私たちはそれを瞬時に感知できます．これは，光が粒子として，瞬時にエネルギーを受け渡しているからに他ならないのです．

1.4.2 コンプトン散乱

後にノーベル物理学賞（1921 年）を受賞することとなったアインシュタインの光量子仮説は，発表直後は，あまり評価されませんでした．光については，それまでに膨大かつ緻密な研究の蓄積があり，その正体が電磁波であることに疑義を挟む余地がなかったからです．しかし，次に示すコンプトンのX線の散乱に関する実験により，多くの物理学者が光の粒子性を受け入れ始めることになりました．

X 線をグラファイトなど軽い元素の試料に当てると，ほとんどが透過します．しかし，そのうちのいくらかは散乱され，四方に広がります．従来の電

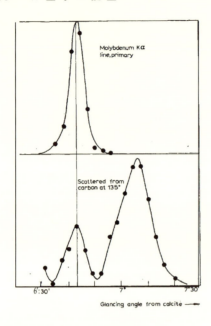

図 1.10 コンプトン散乱の実験.
上は入射 X 線のスペクトル,下は
グラファイトの薄い試料によって
散乱された X 線のスペクトル.
元データの横軸は方解石から見た
角度で,これを波長に換算する.
(図はノーベル賞講演(1927 年
12 月 12 日)による)

磁気学,つまり光の波動説に基づくトムソンの X 線散乱の理論によれば,試料内の電子によって散乱された X 線の波長は,入射した X 線の波長と等しいことが予想されます.

しかしコンプトンは,散乱 X 線を精密に測定することで,散乱線に二種類あることを突き止めました.そのうちの 1 つは入射 X 線と同じ振動数をもちますが,もう 1 つは入射 X 線より低い振動数(長い波長)をもつことが明らかになったのです(図 1.10).そして,振動数の変化は散乱体として用いた試料の種類には関係なく,入射 X 線と散乱 X 線の間の角度に依存していることも明らかになりました.

🌱 Training 1.2

この散乱 X 線のうち,入射 X 線より低い振動数をもつものの正体は何でしょうか? 当時の物理学者になったつもりで,一度考えてみてください.

散乱 X 線における振動数の減少を説明するために，コンプトンは光量子仮説を採用し，X 線が電子に衝突する様をビリヤードの球のように考えました．これは X 線に対する皆さんのイメージと相当かけ離れているので，すぐには受け入れがたいかも知れません．しかし，以下に示す理論と，それを裏付ける実験結果を目の当たりにすると，その認識を改めざるを得ないでしょう．**その認識の転換は，まさに当時の物理学者たちが味わったものと同じなのです！**

衝突についての計算は，初等的な力学で学んだ弾性衝突と全く同じです．つまり，衝突における運動量保存則とエネルギー保存則を考えます（古典力学の衝突問題は Practice [1.3] を参照）．振動数 ν をもつ光のエネルギーは $E = h\nu$ で，光の運動量は $p = E/c$ で与えられることから，光の運動量は

$$p = \frac{h\nu}{c} \tag{1.11}$$

と表せます（(1.11) の導出については，次の Training 1.3 で確かめてみてください）．

この光の運動量を用いて，次の Exercise 1.2 で，衝突後の X 線の振動数と波長について考えてみましょう．

Training 1.3

相対性理論によれば，質量 m の粒子のエネルギー E と運動量 p は光速度 c を用いて

$$E^2 = m^2c^4 + c^2p^2 \tag{1.12}$$

によって関係づけられます．粒子の速度 v が $v = \partial E/\partial p$ によって与えられるとき，p を m, c, v によって表しなさい．また，$v = c$ のときの運動量 p を求めなさい．

Exercise 1.2

図 1.11 (a) のように，エネルギー $h\nu$，運動量 $p = h\nu/c$ の入射 X 線が，質量 m_e の電子に衝突することを考えます（c は光速度）．弾き飛ばされた電子（反跳電子）の運動量と運動エネルギーの大きさは相対論的な補正を考慮し

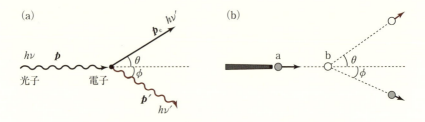

図 1.11　コンプトン散乱 (a) とビリヤード球の衝突 (b)

て, $p_e = m_e v/\sqrt{1-v^2/c^2}$ と $\varepsilon_e = m_e c^2/\sqrt{1-v^2/c^2} - m_e c^2$ で与えられるものとし (v は電子の速度), 運動量保存則と運動エネルギー保存則から, 衝突後の散乱 X 線の振動数 ν' および波長 λ' を求めなさい. (ヒント: $(\varepsilon_e + m_e c^2)^2 = c^2 p_e^2 + m_e^2 c^4$ の関係が成り立っていることを用いるとよい.)

Coaching　散乱 X 線は入射 X 線から角度 ϕ の方向に散乱され, そのときの振動数を ν' とします (図 1.11). 入射 X 線, 散乱 X 線, 反跳電子の運動量をそれぞれ $\boldsymbol{p}, \boldsymbol{p}', \boldsymbol{p}_e$ とすると, 運動量保存則は次のように表されます.

$$\boldsymbol{p} = \boldsymbol{p}' + \boldsymbol{p}_e \tag{1.13}$$

$\boldsymbol{p}'$ を左辺に移項してから両辺を 2 乗すると, 大きさ (スカラー量) の関係式として表すことができ, $\boldsymbol{p}$ と $\boldsymbol{p}'$ の間の角度を ϕ として,

$$p_e^2 = p^2 + p'^2 - 2pp'\cos\phi = (p-p')^2 + 2pp'(1-\cos\phi) \tag{1.14}$$

となります ($|\boldsymbol{p}| = p$ としました).

一方, 運動エネルギー保存則からは

$$\varepsilon_e = h\nu - h\nu' = c(p-p') \tag{1.15}$$

が得られます. ここで, ヒントで与えられた関係から,

$$p_e^2 = \frac{1}{c^2}(\varepsilon_e + m_e c^2)^2 - m_e^2 c^2 = \frac{\varepsilon_e^2}{c^2} + 2\varepsilon_e m_e \tag{1.16}$$

となるので, (1.14) の右辺と (1.16) の右辺が等しいことと, (1.15) の関係を用いれば, 式中から反跳電子の p_e, ε_e を消去できて,

$$(p-p')^2 + 2pp'(1-\cos\phi) = (p-p')^2 + 2m_e c(p-p') \tag{1.17}$$

のように, 入射 X 線と散乱 X 線だけの関係になります.

この式を p' について解くと,

$$p' = \frac{m_e c p}{m_e c + p(1-\cos\phi)} \tag{1.18}$$

となり，これを振動数に書き直すと，

$$\nu' = \frac{\nu}{1 + \frac{2h\nu}{m_e c^2} \sin^2 \frac{\phi}{2}} \quad (1.19)$$

が求まります．さらに，$\lambda = c/\nu$ を用いて (1.19) を波長で表せば，より簡単な形が得られます．

$$\lambda' = \lambda + \frac{2h}{m_e c} \sin^2 \frac{\phi}{2} \quad (1.20)$$

■

この (1.20) から確実にわかることは，散乱 X 線の波長 λ' は，必ず入射 X 線の波長 λ より長くなるということです．しかも，散乱 X 線と入射 X 線の波長の差 $\lambda' - \lambda$（(1.20) で λ を左辺に移項した式）は，入射 X 線の波長とは関係なく，また実験に用いた試料の種類にも関係なく，散乱角と基本物理定数である h, m_e, c のみによって定まることがわかります．

このように，実験の条件に影響されにくい，基本物理定数によって記述された理論であれば，実験と理論が一致するか否かの見極めが単純なので，科学を前進させる上で大変重要な役割を担います．そしてコンプトンは，$\lambda' - \lambda$ と角度の関係を丁寧に調べ，(1.20) が高精度で成り立っていることを証明したのです．

なお，(1.20) で現れる

$$\frac{h}{m_e c} = 2.426 \times 10^{-12} \mathrm{m} = 0.02426 \,\text{Å} \quad (1.21)$$

は，**コンプトン波長**とよばれています[7]．

コンプトンの散乱に関する最初の論文では，X 線の散乱に関する波長の変化 (1.20) が確認されました．しかし，コンプトンのアイデアは X 線のみならず，X 線によって弾き出された，反跳電子の存在をも予言しています．コンプトンが論文を発表した時点では，そのような電子の存在は知られていませんでしたが，論文の発表からわずか数ヶ月後に，ウィルソン (1869 -

---

[7] Å（オングストローム）は長さの単位で，$1\,\text{Å} = 10^{-10} \mathrm{m} = 0.1 \mathrm{nm}$ です．後で見るように，水素原子の直径はおよそ $1\,\text{Å}$ で，結晶の原子間距離もおよそ数 Å です．このように量子の世界を表すのに便利なため，Å は現代でもよく用いられています．

1959) とボーテ (1891-1957) がそれぞれ独立に反跳電子の存在を確認しました．これにより，コンプトンの考えは疑いようのないものになりました．

なお，コンプトンとウィルソン[8]は1927年のノーベル物理学賞を一緒に受賞しています（ボーテは原子核反応とγ線に関する研究によって，1954年にノーベル物理学賞を受賞しています）．

☕ Coffee Break

プランク定数で重さを測る？

「質量の単位は，プランク定数で決めます」と聞くと，ちょっと驚かれるのではないでしょうか？ 質量の単位といえばkgですが，本章で見たとおり，プランク定数の単位はJ·sでした．一見すると，これではとてもkgを決められるようには見えません．さて，一体どうなっているのでしょうか？

以前は，kgはプラチナとイリジウムの合金でできた**キログラム原器**によって決められていました．これがすべての質量を決めるのですから，キログラム原器の質量が変化しないように細心の注意が払われていたのですが，年月が経つと，どうしても質量が変化してしまいます．例えば1988年にキログラム原器を洗浄した際には，およそ60μgの減少が確認されました．この減少は，ほんのわずかに思えるかも知れませんが，非常に精密な測定が要求される現代の科学技術にとっては由々しき問題でした．

そこで，国際度量衡総会は，2018年11月に7つの基礎物理定数を定義定数として決定し，それを元に7つのSI基本単位を再定義しました．始めに決まるのは「秒」です．これはセシウム133原子に吸収・放出される電磁波の周波数を$\Delta\nu = 9192631700\,\mathrm{s}^{-1}$と定義することで，まず1sを定めます．次に決まるのは「メートル」です．光速度を$c = 299792458\,\mathrm{m/s}$と定義すれば，先ほどのsの定義と組み合わせることで，1mが定まります．その次に「キログラム」が定まります．プランク定数を$h = 6.62607015 \times 10^{-34}\,\mathrm{kg \cdot m^2/s}$と定義すると，sとmがすでに定まっているので，そこから1kgが定まるというわけです．

プランクが1901年の論文で最初にその定数を発表してから，およそ30年の間に，プランク定数は量子力学の基本単位になることが明らかになりました．それだけ

---

[8] ウィルソンは，**霧箱**を発明した業績によりノーベル物理学賞を受賞しました．ウィルソンの霧箱は，気体中に霧を生成させて，荷電粒子の飛跡を観測する装置です．第7章でも見るように，ウィルソンの霧箱を用いた実験は，陽電子を発見するなど，量子力学の形成において極めて重要な役割を果たしました．

でも十分な成果ですが，プランクの発表から117年後には，量子力学のみならず，あらゆる現象の単位を定める定義定数の1つとなったのです．

この例からもわかるように，科学の偉大な発見は，その時点ではどのように"役に立つか"なんて誰にもわかりようがない，ということが多くあります．「自然を理解したい」という純粋な好奇心こそ，偉大な発見を生む原動力たりうるのです．

本章のPoint

▶ **ウィーンとレイリー–ジーンズの公式**：熱放射（空洞放射）の公式には，大きく分けて2つあった．ウィーンは $U(\nu) \propto \nu^3 e^{-\beta\nu/T}$ を導き，レイリー–ジーンズは $U(\nu) \propto \nu^2$ を示した．前者は振動数 ν が大きい領域で，後者は ν が小さい領域で実験と一致したが，すべての領域の ν に対して正しい結果を与えることはできなかった．

▶ **プランクの公式**：プランクは，ウィーンの公式とレイリー–ジーンズの公式の双方の優れた点を満たし，ν の全領域で実験と一致する，空洞放射スペクトルの表式を発見した．
$$U(\nu) = \frac{8\pi h \nu^3}{c^3} \frac{1}{e^{h\nu/k_B T} - 1}$$

▶ **プランク定数とエネルギー量子**：エネルギーには，それ以上分割できない単位があり，その単位をエネルギー量子とよぶ．振動数 ν をもつ電磁波のエネルギーが $E_n = nh\nu$ $(n = 1, 2, 3, \cdots)$ で与えられるとすれば，プランクの公式が導かれる．このときの比例係数
$$h = 6.62607015 \times 10^{-34} \, \text{J} \cdot \text{s}$$
をプランク定数といい，現在では定義定数となっている．

▶ **光量子**：アインシュタインは，光電効果の実験を説明するために，振動数 ν をもつ光は，$h\nu$ のエネルギーが粒子化したものであると考えた．このような光の粒子を光量子または光子とよぶ．

Practice

[1.1] 光量子のエネルギー

可視光線の波長はおよそ 400 nm 〜 800 nm です．可視光線に含まれる光量子のエネルギーを求めなさい．

[1.2] マクスウェルの速度分布

マクスウェルの速度分布

$$f(v) = 4\pi v^2 \left(\frac{m}{2\pi k_B T}\right)^{3/2} \exp\left(-\frac{mv^2}{2k_B T}\right)$$

に関して，次の問いに答えなさい．

(1) $f(v)$ の単位を SI 単位系で求めなさい．

(2) $\int_0^\infty f(v)\,dv$ を求めなさい．ただし，次の公式を用いてよいとします．

$$\int_0^\infty x^2 e^{-ax^2}\,dx = \frac{1}{4}\sqrt{\frac{\pi}{a^3}} \qquad (a > 0) \tag{1.22}$$

(3) $f(v)$ のピーク位置（最大値をとる v の値）を求めなさい．

[1.3] 古典力学における衝突

大きさの無視できるビリヤード球 a（質量 m_a）が，静止しているビリヤード球 b（質量 M，衝突後の速度 V）に速度 v_0 で衝突しました（図 1.11 (b)）．小球 a が衝突によって角度 ϕ だけ運動の向きを変えたとき，その衝突後の速度 v を求めなさい．ただし，$m < M$，$v > 0$ とします．

[1.4] コンプトン散乱

X 線をグラファイトの薄い試料に入射した際，入射 X 線から 90° の方向で観測された散乱 X 線と入射 X 線の波長の差を求めなさい．

[1.5] ミリカンによる光電効果を用いたプランク定数の決定

ミリカンは，光電効果の測定を通して，照射する光の振動数と飛び出してくる光電子のエネルギーの関係を図 1.9 のようにまとめました．この図からプランク定数を見積もりなさい．

前期量子論

　前章では，エネルギー量子や光量子といった「量子」の概念が，熱放射や光電効果の実験から生まれたことを見ました．しかし，それはまだ微視的世界について直接議論したわけではありません．本章では，いよいよ微視的世界の中心的なテーマである原子構造の謎に切り込み，本格的な量子論をスタートさせます．ただし，本章で扱う量子論はまだ過渡期の粗削りなものなので，第3章以降で扱う体系立てられた量子力学と区別して，**前期量子論**とよばれています．ボーアの大胆な発想から原子構造が明らかになる様は，量子力学全体の中でも，際立ってエキサイティングな一幕といえるでしょう．

2.1　原子のスペクトル

　皆さんは，**放電管**というものをご存じでしょうか．放電管とは，気体を封入した管内の電極間で放電を起こす電子管のことで，蛍光灯やネオンサイン，ナトリウムランプ，水銀灯などは，すべて放電管の一種です．これらの照明で用いられるもの以外にも，真空計として用いられるガイスラー管や，より真空度の高いクルックス管などがあります．

　クルックス管の電極間に

図2.1　水素の放電管

高電圧をかけると，**陰極線**が現れます．1895年，レントゲン（1845 - 1923）は陰極線の研究中に**X線**を発見しました（1901年に最初のノーベル物理学賞を受賞）．そして1897年には，J. J. トムソン（1856 - 1940）が陰極線を調べる過程で**電子**を発見しました（1906年にノーベル物理学賞を受賞）．このように，科学史において数々の重要な発見がなされる舞台を提供した放電管は，量子力学の創設においても極めて重要な役割を果たしました．

水素の光に潜む法則

ここでは，最も簡単な原子である水素を封入した水素の放電管を取り上げてみましょう．水素の放電管は赤紫色に発光し，この光を分光器で見ると，太陽光がプリズムで分解されるように，光の波長によって分解されます．ただし，太陽光と大きく異なり，分解された光が連続的に分布するのではなく，線状の光がとびとびに観測されます（線スペクトル，図2.2）．

水素の放電管の光から得られるとびとびの線スペクトルの波長は表2.1に示したとおりです．一目見ただけでは，これらの数値の間に何か法則性があるようには思えません．しかしバルマー（1825 - 1898）は，これらの数値の間に潜む法則性を発見しました．ここでは，その発見を追体験してみましょう．

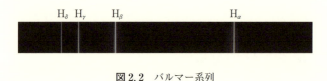

図 2.2 バルマー系列

表 2.1 バルマー系列の波長[1)]

	H_α（赤）	H_β（青緑）	H_γ（青）	H_δ（紫）
波長（nm）	656.279	486.135	434.0472	410.1734
エネルギー（eV）	1.89	2.55	2.86	3.03

---

1) ここでは最近の観測に基づいた数値を表記していますが，バルマーの時代に得られていた数値もほとんどこれと変わらず，5桁の精度まで測られています（$\alpha, \beta, \gamma, \delta$ は，可視光の領域で現れた4つの輝線を区別するために付けられた名称です）．

Exercise 2.1

バルマーが導入した $B = 364.50682\,\mathrm{nm}$ という数値を用いて,表2.1のそれぞれの波長を簡単な分数で表しなさい.

Coaching すべての波長を共通の B で割ってみると,次の結果が得られます.

$$\frac{\lambda_\alpha}{B} = \frac{656.279}{364.50682} = 1.80046 \simeq \frac{9}{5} \quad (= 1.80000) \tag{2.1}$$

$$\frac{\lambda_\beta}{B} = \frac{486.135}{364.50682} = 1.33368 \simeq \frac{4}{3} \quad (= 1.33333) \tag{2.2}$$

$$\frac{\lambda_\gamma}{B} = \frac{434.0472}{364.50682} = 1.19078 \simeq \frac{25}{21} \quad (= 1.19048) \tag{2.3}$$

$$\frac{\lambda_\delta}{B} = \frac{410.1734}{364.50682} = 1.12528 \simeq \frac{9}{8} \quad (= 1.12500) \tag{2.4}$$

■

このように,バルマーが導入した数値 B を用いれば[2],水素の線スペクトルは簡単な分数で表されることがわかります.ここでは B の数値を与えた上,簡単な分数で表せることを前提としましたが,バルマーがこの関係に気づく前は,B のような "カギ" となる数値があることも,分数で表せるということも,全くわかっていませんでした.そのような状況で共通因子 B を見つけ,簡単な分数で表せることを発見するのは並大抵のことではありません.

その上,カッコ内で表したように,厳密にはこれらの分数とはわずかなずれがあります.これは,結果的には実験上の誤差と見なされますが,この誤差を含んだ数値の中から本質を抽出することがいかに困難であるかは想像に難くないでしょう.

ところで,バルマーが見出したのは,単に線スペクトルが簡単な分数で表せるということだけではありません.**この分数同士の間にある法則性まで見出したのです!**

---

2) この例題で示した B の値は,最近の計測に合わせたものを用いており,バルマーが導入した元の数値は,この値からわずかにずれています.

Exercise 2.2

Exercise 2.1 で求めた分数 $\dfrac{9}{5}, \dfrac{4}{3}, \dfrac{25}{21}, \dfrac{9}{8}$ の間にどのような法則性があるかを考えなさい.

Coaching この問題は，簡単な数字パズルのようなものなので，下の答えを見る前に，ぜひ一度ご自身の頭で考えてみてください．そうすれば，バルマーが法則性を見つけたことのすごさをより実感できるでしょう．

Exercise 2.1 で求めた波長は，すべて次のように表すことができます．

$$\lambda = B\frac{n^2}{n^2 - 4} \qquad (n = 3, 4, 5, 6) \tag{2.5}$$

問題で与えられている分数がこの法則を満たすことを確認することは，とても簡単です．しかし，何も情報のない段階から，この式の形に辿り着くことがいかに大変なことかは，実際にチャレンジされた方ならよくわかったことでしょう． ■

リュードベリ (1854 - 1919) は，(2.5) をさらに

$$\frac{1}{\lambda} = \frac{R}{(n_1 + \alpha_1)^2} - \frac{R}{(n_2 + \alpha_2)^2} \tag{2.6}$$

の形に書き直せば，水素だけでなく，多くの原子のスペクトルを説明できることを 1890 年に見出しました．n_1, n_2 は正の整数で，α_1, α_2 は物質や系列によって異なる数値です．ここで重要なのは，**R は原子の種類によらない普遍的な数値**で，$R = 1.0973731568160 \times 10^7 \mathrm{m}^{-1}$ として与えられることです．

リュードベリの関係式 (2.6) を振動数 $\nu = c/\lambda$ を用いて簡単に書き表すと，

$$\nu_{nm} = cR\left(\frac{1}{m^2} - \frac{1}{n^2}\right) \qquad (m, n \text{ は正の整数}) \tag{2.7}$$

となるので，

$$\nu_{nk} + \nu_{km} = \nu_{nm} \qquad (k \text{ も正の整数}) \tag{2.8}$$

の関係があることがわかります ((2.7) から ν_{nk} と ν_{km} を実際に (2.8) の左辺に代入するとすぐに確認できます). これを**リッツの結合原理**（またはリュードベリ-リッツの結合原理）とよび，後にボーアの量子論やハイゼンベルクたちの行列力学において重要な役割を果たすことになります．

バルマーやリュードベリが見つけた法則は，一体何を意味しているのでし

ょうか？ 原子の種類に関係なく成り立つということは，この関係式の謎を解けば，原子についても多くを知ることができるに違いありません．**そして実際，この関係式こそが，量子力学への第一歩になっていたのです**．しかし，その謎を解き明かすことになったボーアの天才的ひらめきまで，実に20年以上の時を待つ必要があったのです．

2.2 原子の構造

物質において，原子は，それ以上は分割不可能な構成要素として長らく考えられてきました．しかし19世紀の終わりまでに，原子の内部には負の電荷をもった微小粒子（電子）が含まれていることが明らかとなり，不可分であるはずの原子が，内部構造をもつと考えられるようになりました．では，原子は一体どのような構造をもっているのでしょうか？ これが，20世紀初頭の科学における大きな問題でした．そしてそれは，物理学だけでなく，元素の周期律などを明らかにしてきた化学にとっても非常に重要な問題だったのです．

まず，電子は，その質量が水素原子の1/1800程度であることから，ほぼ点状の電荷と見なしてよいと考えられました．問題は，電子の負の電荷を打ち消す，正の電荷が原子の中でどのように分布しているかです．

2.2.1 初期の原子模型

20世紀の初めまでに提案された原子模型は，大きく分けて2つあります．1つはJ.J.トムソンたちによる，正電荷が広がりをもって均一に分布する模型（図2.3）と，もう1つは長岡らによる，正電荷が核となって，広がりをもたずに微小領域に閉じ込められている模型です．それぞれの模型をもう少し詳しく見てみましょう．

トムソンのぶどうパン模型

電子の発見者として知られるJ.J.トムソンは，原子の大きさ全体に正電荷が均一に分布し，その中に負電荷の電子が点在している模型を考えました（1904年）．この模型により，電子と正電荷間の引力と電子間の斥力がちょう

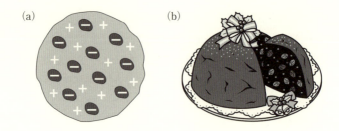

図 2.3 J.J. トムソンのぶどうパン模型 (a). 均一に広がりをもった正電荷（パンの生地）の中に，点状の負電荷（レーズン）がまばらに分布している様子が似ていることから，ぶどうパン模型とよばれる．本来の名称は plum pudding (イギリスの伝統的なクリスマスケーキ，上図 (b)) 模型.

どつり合うことで原子の安定性が保証されていること，原子の大きさがおよそ 1Å 程度になること，さらに，電子が安定点の周りで振動することによってスペクトル線を放つこと[3] を説明しました．

しかし，前節で見たスペクトルの規則性については説明できませんでした．

長岡の土星型模型

ちょうど同時期に，長岡半太郎（1865 - 1950）は，原子の中心に質量の大きな正電荷が核となって存在し，その周囲に土星の輪のように質量の小さな負電荷が分布している模型を提案しました．そして，この模型でスペクトルの規則性を説明しようとしました．

しかし，光を放てばエネルギーを失って原子が安定に存在し得ないことや，そもそも原子の大きさも説明がつかないという問題点がありました．

2.2.2 ラザフォードの α 線の散乱実験と原子模型

J.J. トムソンや長岡の原子模型はあくまでも仮説に過ぎず，どちらも一長一短があったため，原子模型の決定打にはなり得ませんでした．この原子模型にまつわる論争を収束させたのは，ラザフォードたちの α 線を用いた散乱実験でした．

α 線とは，放射性原子から発せられる放射線の一種で，その正体が $+2e$ の

---

3) 電磁気学によると，振動する荷電粒子からは電磁波が放出されます．

電荷を帯びたヘリウム原子（α粒子）であることは，当時，すでにラザフォードによって突き止められていました．

ラザフォードたちはα線を金属箔に当て，そこを通り抜けてきたα線を観測しました．この実験では，α線の大部分はほぼまっすぐ金属箔を通り抜けますが，α粒子は電荷をもっているので，原子内の正電荷の影響を受けて，わずかにその進路が曲げられると予想されます．したがって，その曲がった角度を測れば，正電荷の様子がわかるであろう，というのがラザフォードたちのアイデアでした．

図 2.4　アーネスト・ラザフォード（1871 - 1937）

そして，その予想通りに正電荷の構造を明らかにできたのですが，その結果は，ラザフォードたちの予想を大きく裏切るものでした．それがいかに驚きをもって迎えられたかは，次のラザフォード自身の言葉が何よりも力強く物語っているでしょう．

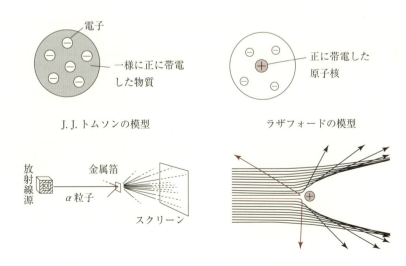

図 2.5　ラザフォードによるα線を用いた散乱実験と原子模型

ガイガーが興奮気味に私のところにやってきて,「反対方向に跳ね返ってきた α 粒子のいくつかを観測できました」と言ったことを覚えています.私の人生の中で最も信じられない出来事でした.それはまるで 15 インチの砲弾をティッシュペーパーに打ち込むと,それが戻ってきて自分に命中したような,そんな信じがたい出来事でした.
(ラザフォード著(筆者訳):"Forty years of physics" in Background to modern science (Cambridge University Press) より)

原子内の正電荷が広がりをもって分布しているとした J. J. トムソンの模型では,正電荷により α 線の進路が曲げられたとしても,ごくわずかです. α 線の進路が大きく曲げられたということは,正電荷が核となって集中して存在することで,強い電場をつくっていることに他なりません.

そこでラザフォードは,点状の正電荷による強い斥力(反発力)が,α 線をどのように曲げるかについての理論計算を行い,それが実際の実験と一致することを示しました.ラザフォードの原子模型は長岡のものと似ていますが,**実験によってその正しさを立証した点**が,何よりも大きな**進展**でした.

ラザフォードの原子模型は,α 線の実験によって正当性が与えられました.しかし,正電荷の核の周りを周回する電子は電磁波を放出し,急速にエネルギーを失い,あっという間に崩壊してしまうという,長岡の模型が抱えていた問題点は未解決のままでした.

この問題を解決するには「何か根本的な変革が必要なのではないか」と発想したのが,デンマーク出身でまだ博士号を取ったばかりの若き理論物理学者,ボーアでした.ボーアは当時,J. J. トムソンの研究室からラザフォードの研究室に移ってきたばかりでした.ボーアが如何にしてこの問題を解決に導いたのか,そして如何にして量子論の輝かしい一歩を踏み出したのかについて,次節で詳しく見ていくことにしましょう.

図 2.6 ニールス・ボーア (1885 – 1962)

2.3 ボーアの量子論

ラザフォードたちの実験から，原子核の存在が実験的に確かなものとなりました．一方，原子核の周りを電子が周回するという模型では，原子は安定には存在し得ないという，明らかに事実と異なる結果が理論的に導かれました．ラザフォードの原子模型は実験によって証明された一方で，理論的には否定されたのです．

2.3.1 離散的なエネルギーと定常状態

ボーアは，この明らかな矛盾は，自分たちがこれまで"常識"と信じて疑っていないものの中に決定的な思い違いがあるために生じているのではないか，と考えました．そして1913年，ついに辿り着いたのが

▶ **仮説1**：原子のエネルギーは連続的ではなく，離散的な値しかとらない．

という大胆な仮説でした．

これまで，プランクのエネルギー量子やアインシュタインの光量子を見てきた皆さんにとっては，エネルギーがとびとびの値をとる（**量子化される**）と聞いても，さほど驚かれないかも知れません．しかし，ボーアが考えた量子化は，これまでのものとは大きく異なるものでした．

エネルギー量子や光量子は，光に関するものです．光については古くから粒子説があったので，その意味では，量子の考え方はまだ受け入れることができます（それでも，十分に革命的な理論だったわけですが）．一方，ボーアが考えたのは，私たちが直接触れることのできる物質を構成する原子のエネルギーが量子化されるというものです．それは，力学的なエネルギーが量子化されることに他なりません．

例えば，ボールを床で転がすと，だんだん速度が落ちて自然に止まります．これは，摩擦などによってエネルギーが連続的に減少するからです．もしエネルギーが量子化され，とびとびの値しかとらないとすると，どうなるでしょう？ 転がしたボールは一切減速することなくしばらく転がった後，あるとき瞬間的に速度が減少することになります．そして，またしばらく等速で

転がり，またある瞬間に減速することになります．もちろん，私たちの日常生活ではそんなことは起こり得ません．しかし，「それと同等のことが原子の世界では起こっている」とボーアは考えたのです．

もう少し詳しく見ていきましょう．これまでに光は量子として，とびとびの値 $nh\nu$（n は自然数）しかとらないことは実験的にも理論的にも確かなものとなりました．その光は一体どこから出てくるのかと，どんどん元を辿っていけば，究極的には原子に辿り着きます．光は，原子からエネルギーを受け取って放出されるのです．そのため，放出された光のエネルギーが量子化されているのであれば，それを与えた側の原子のエネルギーも量子化されているべきで，それは $nh\nu$ と同様に与えられるに違いありません．

このことから，ボーアは

▶ **仮説 2**：原子からの光は，異なるエネルギーをもつ状態間の遷移によって放出される．

と考えました．この仮説は，ある条件を満たすエネルギーの状態では，光の放出は生じないことを意味しており，この状態を**定常状態**といいます．

ある定常状態のエネルギーを W_n と表せば[4]，仮説 2 は

$$h\nu = W_n - W_m \quad (m, n \text{ は正の整数}) \tag{2.9}$$

と表せます（ここで $W_n > W_m$ とします）．この形，どこかで見覚えがありませんか？ そうです．この式，リュードベリの式 (2.7) にそっくりですね．

---

[4] エネルギーを表す文字には，E を用いることが一般的です．しかし，ボーアは定常状態のエネルギーを W_n で表しました．その理由の 1 つには，原子の電荷を E で表したから，ということがあるかと思われます．

しかしまた別の見方として，いままで古典物理学で親しんできた連続的なエネルギーとは異なる，原子の特殊な定常状態を特別な文字で表したようにも受け取れます．ボーアの思想を受け継ぐゾンマーフェルトやボルン，ハイゼンベルクたちも，そのまま W_n を用いています．

一方，ボーアたちとは独立に研究を進めていたシュレーディンガーは，（解析力学のハミルトン形式に沿ったということもあり）エネルギーを表すのに，始めから E を用いています．

本書では，当時の学派による違いを体感してもらうためにも，ボーアの量子論を起点とする行列力学では W_n を，波動力学では E を用いてエネルギーを表すことにします．

2.3.2 ボーアとリュードベリとの関係

そこでボーアの式とリュードベリの式の関係をより明確にするために，最も簡単な水素原子の場合を取り上げて，次のような Exercise を考えてみましょう．

 Exercise 2.3

水素原子の場合，リュードベリの関係式は次のように与えられます．

$$\frac{1}{\lambda} = \frac{R}{m^2} - \frac{R}{n^2} \quad (m, n \text{ は正の整数}) \quad (2.10)$$

この関係式と (2.9) から，定常状態のエネルギー W_n の一般形を導きなさい．

Coaching (2.9) は，光速度 c と光の波長 λ を用いると ($\nu = c/\lambda$)

$$\frac{1}{\lambda} = \frac{W_n}{hc} - \frac{W_m}{hc} \quad (2.11)$$

と表せます．これとリュードベリの関係式 (2.10) を見比べれば，

$$W_n = -\frac{Rhc}{n^2} \quad (2.12)$$

であることがわかります[5]．　∎

バルマーやリュードベリの式は，単にスペクトルの規則性を表していただけで，原子の構造とは結び付いていませんでした．そして，その規則性も，両手の大きさほどの（マクロな）実験装置から得られたもので，どこにもミクロな世界を想像させるような要素はありませんでした．しかしボーアは，その並外れた洞察力から，肉眼でも見える放電管の光の中に，肉眼で見える限界より 100 万分の 1 以上も小さな原子の構造を解き明かし，新しい物理学を創る"カギ"が潜んでいることを見抜いたのです．そして，それまで誰も知り得なかった原子のエネルギーが (2.12) の形で与えられることを，ついに明らかにしたのです！

---

[5] エネルギーに負号が付いているのは，原子核と電子が無限に離れている状態をエネルギーの基準点（ゼロ点）にとっているからです．その状態に比べて水素原子は安定に存在している（エネルギー的には低い）ので，エネルギーは負の値をとります．

2.3.3 古典物理学に基づく考察から原子の構造に迫る

話はそれだけでは終わりませんでした．ボーアはさらに，"謎の定数" R の正体をも明らかにしてしまうのです．その際に新たに導入した仮説は，

▶ **仮説3**：定常状態では，電子は古典物理学の法則に従う．

というものでした．後に完成する量子力学では，古典物理学の法則を用いずに記述されますが，1913年の時点では，まだ過渡期であったため，部分的には古典的な考え方に頼らざるを得なかったのです．

この仮説に則って，定常状態のエネルギーを求めてみましょう．

♈ Exercise 2.4

図2.7のように，原子核（電荷 $+e$）を中心とし，電子（電荷 $-e$，質量 m_e）がクーロン力 $-e^2/4\pi\varepsilon_0 r^2$（$\varepsilon_0$ は真空の誘電率）によって半径 r で円運動している場合を考えます．

(1) 向心力としてクーロン力を考え，電子の速度 v を求めなさい．

(2) 運動エネルギーを K，位置エネルギーを U として，それぞれを円運動の半径 r の関数として求めなさい．なお，位置エネルギーの基準は，電子が原子核より無限に離れている位置にとることにします．

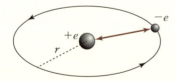

図2.7 ボーアが考えた水素原子の模型

Coaching (1) 円運動における向心力は $m_e v^2/r$ で与えられるので，これとクーロン力が等しくなる条件から，

$$\frac{m_e v^2}{r} = \frac{e^2}{4\pi\varepsilon_0 r^2} \tag{2.13}$$

の関係が得られます．これを v について解けば，電子の速度が求まります．

$$v = \sqrt{\frac{e^2}{4\pi\varepsilon_0 m_e r}} \tag{2.14}$$

(2) 電子の速度がわかれば，運動エネルギー K はよく知られた関係から直ちに

求まります．

$$K = \frac{m_e v^2}{2} = \frac{e^2}{8\pi\varepsilon_0 r} \quad (2.15)$$

位置エネルギー U は，電子を無限遠から位置 r まで，クーロン力に逆らいながらゆっくり移動させると考えて

$$U = \int_\infty^r \frac{e^2}{4\pi\varepsilon_0 r'^2} \, dr' = -\frac{e^2}{4\pi\varepsilon_0 r} \quad (2.16)$$

で与えられます．

両者を足し合わせた全エネルギーを W とすると，

$$W = K + U = -\frac{1}{2r}\frac{e^2}{4\pi\varepsilon_0} \quad (2.17)$$

となります． ∎

2.3.4 量子化条件

Exercise 2.4 は，電子が半径 r の円運動をすることを前提として，古典物理学のみに基づいて運動を記述しました．そのため，そこに現れる物理量は，エネルギーも速度もすべて連続的な値をとります．

一方，「仮説1」ではエネルギーは連続的ではなく，とびとびの値をとるとしました．その発想の元は，光がエネルギー量子 $nh\nu$ をもつのだから，それを発する原子のエネルギーも量子化されているに違いない，という考えでした．その考えに従うと，原子のエネルギー W_n が離散的な値をとるなら，プランク定数 h が関係しているに違いありません．そこでもう一度，プランク定数がどういう物理量なのか，その次元に注目しながら見てみましょう．

前章で見たとおり，プランク定数の単位は，エネルギーの J に時間 s を掛けたもので，これは作用とよばれる物理量の次元と一致します．この作用に注目すると，プランクのエネルギー量子の考えは，

▶ **全作用量は h の整数倍になる．**

と言い換えることもできます．この作用によって表された量子化の考えを，水素原子に適用してみましょう．

水素原子において，作用は何に対応しているでしょうか？ 作用の単位を基本単位で書き表すと，J・s ＝ kg・(m/s²)・m・s ＝ m・kg・(m/s) となる

ので，

$$(\text{作用}) = (\text{長さ}) \times (\text{質量}) \times (\text{速度}) \tag{2.18}$$

と表せます．水素原子では，（質量）と（速度）はそれぞれ電子の質量と速度と考えるのが自然でしょう．（長さ）については，電子が描く円軌道の 1 周分 $2\pi r_n$ が該当しそうです（r_n は円軌道の半径，n は各定常状態を表す番号）．

そこでボーアは，水素原子に関して，

▶ 電子の「（軌道 1 周分の長さ）×（質量）×（速度）」が h の整数倍になる．

が古典的な物理量を量子的なものに置き換えるための条件 ── **量子化条件** ── になっていると考えました．これを式で表すと，次のようになります．

$$2\pi r_n \times m_\text{e} \times v_n = nh \quad (n = 1, 2, 3, \cdots) \tag{2.19}$$

この量子化条件を用いて，具体的な問題をどのように解いていくのか，次の Exercise を通して見ていきましょう．

Exercise 2.5

Exercise 2.4 で得た，全エネルギー (2.17) に量子化条件を課すことで，水素原子の量子化されたエネルギー W_n を求めなさい．

Coaching 全エネルギーは，(2.17) のように円運動の半径 r の関数として表すことができました．よって，量子化されたエネルギーを求めることは，いまの場合，「量子化された r_n を用いてエネルギーを表す」ことになります．

量子化条件 (2.19) から，r_n は

$$r_n = \frac{nh}{2\pi m_\text{e} v_n} \tag{2.20}$$

と表されます．右辺の速度 v_n は力のつり合いの条件から (2.14) で与えられたので，これを上式に代入すると，

$$r_n = \frac{nh}{2\pi m_\text{e}} \sqrt{\frac{4\pi\varepsilon_0 m_\text{e} r_n}{e^2}} \tag{2.21}$$

となります．これを r_n について解くと，

$$r_n = \frac{h^2}{4\pi^2 m_\text{e}} \frac{4\pi\varepsilon_0}{e^2} n^2 \tag{2.22}$$

となるので，(2.17) に代入すれば，次のように量子化されたエネルギーが求まります．

$$W_n = -\frac{2\pi^2 m_\mathrm{e}}{h^2}\left(\frac{e^2}{4\pi\varepsilon_0}\right)^2\frac{1}{n^2} \quad (n=1,2,3,\cdots) \tag{2.23}$$

 Exercise 2.6

Exercise 2.5 の結果から，リュードベリの"謎の定数" R を物理定数のみを用いて表しなさい．さらに，得られた表式に各物理定数の実際の値を代入し，R の値を求めなさい．

Coaching (2.23) とリュードベリの式 (2.12) の形を比較すると，

$$R = \frac{2\pi^2 m_\mathrm{e}}{ch^3}\left(\frac{e^2}{4\pi\varepsilon_0}\right)^2 \tag{2.24}$$

が得られます．ここで登場する各物理定数の値は，本書の後見返しにあるとおりです．これを上式に代入して，

$$\begin{aligned}R &= \frac{2\pi^2 \times (9.11\times 10^{-31}\,\mathrm{kg})}{(3.00\times 10^8\,\mathrm{m/s})\times(6.63\times 10^{-34}\,\mathrm{J\cdot s})^3}\left\{\frac{(1.60\times 10^{-19}\,\mathrm{C})^2}{4\pi\times(8.85\times 10^{-12}\,\mathrm{F/m})}\right\}^2 \\ &= 1.09\times 10^7\,\mathrm{m}^{-1}\end{aligned} \tag{2.25}$$

と求まります（本書の Web の「補足事項」の A を参照）．

上で得られた数値と (2.6) の下で見たリュードベリの定数を見比べてください．**なんと，見事に一致するではありませんか!!**

Exercise 2.6 をただの計算問題とは思わないでください．リュードベリの定数は，放電管から出た光を分光器でスペクトルに分解し，その結果から"純粋に実験的に"導かれた数値です．しかもその実験結果は，私たちの肉眼で見えるものです．それに対し，ボーアが示した計算は，肉眼どころか如何なる高性能の光学顕微鏡を用いても見えることのない水素原子に対して，想像力を膨らませ，原子構造を仮定した上で得られた結果です．$10^{-10}\,\mathrm{m}$ ほどの極微の世界の"物質"に対する理論計算が，肉眼で見えるマクロな世界の"光"に対する実験結果と完全に一致した．これは**驚愕の事実**といえるでしょう．

ボーアの理論はいくつかの大胆な仮説に依拠しているので，その点を懐疑

的に見る人も多くいました．しかし，例えばアインシュタインやゾンマーフェルト（1868-1951）がそうであったように，リュードベリの定数が正確に求められたことは偶然とは思えず，その完璧な一致ゆえに，ボーアの理論は次第に重要な結果であると認識されていくようになったのです．

☕ Coffee Break

ユートリの誓い ― 守られなかった約束 ―

　ボーアの量子論から導き出された結果の大部分は，後に完成された量子力学によって，その正しさが確認されました（第4章と第6章を参照）．しかし，それは後になってからわかったことであって，ボーアの量子論が提出された時点でそのことを見抜けた人はほとんどいませんでした．そればかりか，ボーアの理論を拒否する人たちも少なくありませんでした．第1章で登場した物理学界の重鎮レイリー（当時71歳）は，学会でボーアの理論の紹介があっても，「年寄りはそんな話に首を突っ込むべきではない」と一蹴したとか．

　年配者だけが拒否反応を示したばかりでなく，若手研究者でも同様でした．第6章で紹介するシュテルン（当時25歳）とX線回折の発見者であるラウエ（当時34歳）は，「もし，こんなナンセンスな理論が正しいのだったら，もう物理学なんてやめてしまう！」と互いに誓ったそうです（ユートリの誓い[6]）．

　幸いにしてこの誓いは守られることなく，ラウエもシュテルンも物理学を続け，後にノーベル物理学賞を受賞しています．それほどの人たちでもボーアの理論の真価をすぐには理解できなかったことは，如何にその理論が革新的であったかを明確に裏付けるエピソードともいえます．

　さて，これから先，皆さん自身が着想した新しいアイデアが周りの人に受け入れられなかったとしても，もう心配することはありません．受け入れられなければないほど，そのアイデアは革新的である可能性があるのですから!?

---

6) 当時2人がチューリッヒにいたことから，後年パウリはチューリッヒ近郊のÜtli（ユートリ）山の名前をとって，こう呼びました．スイスの英雄ウィリアム・テルが誓いを立てたRütli（リュートリ）の丘をもじっているとか．

2.4 ボーアの量子論から見た原子の姿

ボーアの量子論では,最も安定な(エネルギーの低い)水素原子は,(2.23)に $n=1$ を代入して,

$$W_1 = -\frac{2\pi^2 m_\mathrm{e}}{h^2}\left(\frac{e^2}{4\pi\varepsilon_0}\right)^2 = -\frac{m_\mathrm{e}}{2\hbar^2}\left(\frac{e^2}{4\pi\varepsilon_0}\right)^2 \tag{2.26}$$

のエネルギーをもつことになります.ここで,

$$\hbar = \frac{h}{2\pi} \tag{2.27}$$

としました.後の量子力学では,プランク定数そのものよりも,このプランク定数を 2π で割った値が基本的な量として頻出します.$\hbar$ は**ディラック定数**,あるいは**換算プランク定数**とよばれ,記号そのものとしては"エイチ・バー"と読みます.

(2.26)の最低エネルギー状態を,特に**基底状態**とよびます.$|W_1|$ は,原子単位系[7]におけるエネルギーの基本単位 Ry(リュードベリ)として用いられています($1\,\mathrm{Ry} = 2.18\times10^{-18}\,\mathrm{J} = 13.6\,\mathrm{eV}$[8]).

電子の軌道半径は,(2.22)より

$$a_\mathrm{B} = r_1 = \frac{\hbar^2}{m_\mathrm{e}}\frac{4\pi\varepsilon_0}{e^2} \tag{2.28}$$

です.基礎物理定数の値を実際に代入すると,$a_\mathrm{B} = 0.529\times10^{-10}\,\mathrm{m}$ となります.この a_B は**ボーア半径**とよばれ,およそ水素原子の大きさに対応しています.

水素原子は,(2.23)の n の値に応じて様々なエネルギーをとりますが,最

---

[7] 原子単位系とは,電子の静止質量 m_e,電気素量 e,換算プランク定数 $\hbar$ を基本単位にする単位系のことで,原子や分子など,量子の世界を記述するのに便利です.エネルギーの単位はハートリーエネルギー $E_\mathrm{h} = m_\mathrm{e} e^4/(4\pi\varepsilon_0)^2\hbar^2$ が用いられますが,その $1/2$ の値であるリュードベリエネルギー $\mathrm{Ry} = m_\mathrm{e} e^4/2(4\pi\varepsilon_0)^2\hbar^2$ もよく用いられます.

[8] 電子ボルト(eV)は,電気素量 e の電荷をもつ粒子が,真空中において $1\,\mathrm{V}$ の電位差で加速されるときに得るエネルギーのことです.$1\,\mathrm{eV} = 1.602\times10^{-19}\,\mathrm{J}$(数値は電気素量と同じ).

終的には基底状態に落ち着き,それ以上低いエネルギーをとることはなくなります.このように考えれば,ラザフォードの原子模型が内包していた,**原子崩壊の問題は生じず,原子は常に安定して存在することになります**.

 Training 2.1

(2.26) および (2.28) に基礎物理定数の具体的な値を代入し,Ry と a_B の値を実際に求めなさい.なお,エネルギーは J,長さは m の単位を用いて,桁を間違わないように注意してください.

2.4.1 角運動量

ボーアの原子模型では,図 2.7 のように電子が中心力のはたらきで円軌道に沿って運動すると考えます.そのような回転運動を考える場合,力学では**角運動量**の概念を導入すると便利でした.角運動量は位置ベクトル r と運動量 p を用いて $L = r \times p$ で与えられ(× は外積を表します),半径 r,運動量の大きさ mv の円運動の角運動量は,$L = rmv$ の大きさをもち,その方向は軌道面に垂直となります.

ボーアはこの角運動量を用いて,量子化条件 (2.19) を次のように表しました.

$$L_n = r_n m_e v_n = n\frac{h}{2\pi} = n\hbar \quad (n = 1, 2, 3, \cdots) \quad (2.29)$$

そして,1913 年の量子論に関する最初の論文で

▶ **角運動量が $\hbar$ の整数倍になる**.

ことを指摘しました[9].

この角運動量の量子化の式中には,m_e や e などの電子に関する物理定数は一切含まれておらず,(換算)プランク定数のみによって表されています.これは**量子の世界を象徴する関係式**ともいえます.実際,後に完成した量子力学からも,角運動量の量子化が基本法則として導かれます.

---

[9] ボーアの論文では,$\hbar$ はまだ用いられておらず,$h/2\pi$ と記述されていますが,本書では見やすさを考えて,$\hbar$ を用いて表すことにします.

2.4.2 磁気モーメント

電子が円軌道に沿って運動していれば，それは環状電流が流れていることになります．電磁気学によれば，環状電流は**磁気モーメント** μ（**磁気双極子モーメント**）をともないます．磁気モーメントの大きさ μ は，電流 I と電流の囲む面積 S の積 IS で与えられ，その方向は電流面に垂直です（図 2.8）．

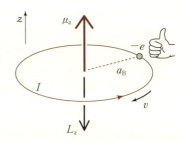

図 2.8 電子が円軌道を描くと，環状電流が流れ，磁気モーメントが生じる．

電荷 $-e$ の電子が半径 a_B の円軌道上を速度 v で運動しているとき，単位時間に電子は $v/2\pi a_B$ だけ回転するので，その電流は

$$I = -\frac{ev}{2\pi a_B} \tag{2.30}$$

となります．これと $\mu_z = IS$ より，磁気モーメントは

$$\mu_z = -\frac{eva_B}{2} \tag{2.31}$$

となることがわかります（添字の z は円軌道に対して垂直方向を表しています）．

一方，軌道角運動量は $\boldsymbol{L} = m_e \boldsymbol{r} \times \boldsymbol{v}$ で与えられるので，いまの場合は $L_z = m_e v a_B$ となり，電子の磁気モーメントと軌道角運動量の間には，

$$\mu_z = -\frac{e}{2m_e} L_z \tag{2.32}$$

の関係が成り立ちます（磁気モーメントと軌道角運動量は，電子の電荷が $-e$ であるために，互いに向きが反対になっていることに気をつけて下さい）．ここで，角運動量に対する量子化条件 (2.29) を適用すると，

$$\mu_B = \frac{e\hbar}{2m_e} \tag{2.33}$$

が電子の磁気モーメントの最小単位となります．この μ_B を**ボーア磁子**といいます．

ボーアが理論の出発点に選んだ，電子が円軌道を描いているという考え方は，後に確立する量子力学からすれば正確なものとはいえません．しかし，角運動量が$\hbar$を単位に量子化されることは，後の量子力学から求められる結果と厳密に一致します．さらに，ボーア半径 a_B やボーア磁子 μ_B は，原子や電子の性質を表す基準として，後の量子力学でもそのまま用いられていきます．

☕ Coffee Break

ビールを飲んで量子に想う

コペンハーゲンの中心街から少し北西に行ったブリーダムスヴィ通りに，その研究所がいまもひっそりと（でも中は活発に）たたずんでいます．ボーアはその斬新な量子論を発表してからおよそ3年後，コペンハーゲン大学の理論物理学の教授に任命されました．そして1921年に，いまに続くニールス・ボーア研究所を設立します．設立に当たっては，当初から，理論家と実験家の間の密接な協働が不可欠であることを強く訴え続けたといいます．

さらにボーアは，科学における国際協力が重要との信念から，毎年この研究所で物理学の国際会議を開催し，若い留学研究生にも積極的な支援を行いました．会議を開いた有名な講義室には，ボーアはもちろん，ハイゼンベルク，ディラック，パウリ，エーレンフェスト，ガモフ，ランダウ，パイエルス，クライン，ゴルドン，ブロッホなどなど，錚々たるメンバーが集まった写真がいまも残されています．こうしてニールス・ボーア研究所は量子力学研究の世界的な中心地へと発展し，数多くの成果がもたらされました．

ところで，ニールス・ボーア研究所の設立資金にあたっては，カールスバーグ財団がその多くを担いました．カールスバーグとはデンマークを代表するビールで，その醸造所の設立者が純粋科学の研究に巨額の資金を援助したのです．

ボーアの研究所に滞在した面々を見れば，この研究所がいかに重要な役割を担ったかがよくわかります．この研究所がなければ，量子力学はいまのような姿になっていなかったかも知れません．そしてその研究所は，カールスバーグの援助なくしては設立されなかったのかも知れないのです．そう思うと，ボーアを始めとする天才たちだけでなく，カールスバーグにも感謝の気持ちが湧いてきます．そして（決してビールが飲みたいからではなく），その感謝の意を表するために，筆者は今日もせっせとカールスバーグを飲むのです．

2.5 ボーア-ゾンマーフェルトの量子化条件

ボーアが突破口を開いたことにより、ついに微視的世界の力学法則を解き明かす"カギ"を手に入れることができました。しかし、それで明らかになったことは、まだごく限られた場合のみです。私たちは、量子の世界について、さらに理解を深める必要があります。しかし、当時の物理学者にとって、使える道具は古典物理学しかありません。古典物理学が量子の世界では通用しないであろうことを知りつつも、真っ暗な闇の中ではそれを頼りに進むしかありませんでした。

古典物理学では、粒子の運動は一般に、位置 q と運動量 p によって記述されます。粒子の運動を知ることは、q と p の時間発展を知ることに他なりません。そこで、ボーアの理論を q と p に着目して整理し直してみましょう。

ボーアの量子化条件 (2.19) は、運動量と電子の円軌道の1周分を掛けた"作用"が h の整数倍になる、というものでした。これをより一般化するために、運動量を $mv \to p$、1周分を $2\pi r \to 2\pi q$ と表せば、$mv \cdot 2\pi r = \oint p\,dq$ より、周期運動に対して

$$J = \oint p\,dq = nh \qquad (n = 1, 2, 3, \cdots) \quad (2.34)$$

と表すことができます。ここで J は**作用変数**とよばれる量で、$\oint$ は周期運動の軌道に沿った周回積分(軌道1周分の長さに相当)を表します。量子化条件とそれを用いた研究に大きく貢献したゾンマーフェルトの名前をとって、(2.34) の形は通常、**ボーア-ゾンマーフェルトの量子化条件**とよばれています[10]。

なお、量子化条件の拡張については、本書のWebページの「補足事項」のBを参照してください。

図 2.9 アーノルド・ゾンマーフェルト (1868-1951)

---

10) ただしこの式の形自体は、ゾンマーフェルトの少し前にイギリスのウィルソン (1875-1965)、そして日本の石原 (1881-1947) によっても導入されています。

調和振動子

ボーア-ゾンマーフェルトの量子化条件の適用例として，**調和振動子**を取り上げてみましょう．調和振動子とは，バネの単振動など，質点がつり合いの位置からの距離に比例する復元力を受けて単振動する系のことです．これは，バネの力学的問題に限らず，物理学の様々な場面で登場する，極めて重要なテーマです．

例えば，図 2.10 (a) のように，バネに付けたおもりの単振動（調和振動子）では，おもりは位置 $q=0$ を中心に，$q=\pm q_0$（q_0 は振幅の最大値）の間を振動します．この単振動は，**位相空間**とよばれる q と p の空間では，図 2.10 (b) のように楕円軌道を描きます．このことは，次のように単振動の特徴的な各瞬間を考えていくとよくわかります．

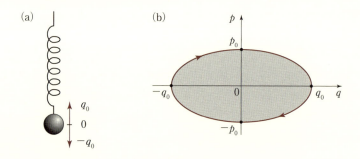

図 2.10 周期運動と作用変数の様子．この楕円軌道は，位相空間とよばれる数学的な空間での軌道であって，実際の空間でおもりが楕円軌道を描くわけではない，ということに注意してください．

まず，単振動の振幅が最大のとき，おもりの速度はゼロになるので，$(q,p)=(\pm q_0, 0)$ を通ります．おもりがつり合いの中心にあるとき，振幅はゼロで，速度は最大となります．運動が上向きの場合は $(q,p)=(0,p_0)$ を，下向きの場合は $(q,p)=(0,-p_0)$ を通ります．

このとき，(2.34) で定義された作用変数 J の値は，この位相空間の軌道で囲まれた面積（灰色の部分）に相当します．つまり，ボーア-ゾンマーフェルトの量子化条件は，**この面積がプランク定数の整数倍の値だけをとること**を意味していることになります．

2.5 ボーア-ゾンマーフェルトの量子化条件   47

 Exercise 2.7

バネ定数を k として復元力が $-kq$ で与えられる質量 m の調和振動子のハミルトニアン[11]は, 古典力学の場合,

$$H = \frac{p^2}{2m} + \frac{kq^2}{2} \tag{2.35}$$

となります. ここで, 右辺第 1 項が運動エネルギー, 第 2 項が位置エネルギーに相当しています（Practice [2.4] を参照）.

この調和振動子に, ボーア-ゾンマーフェルトの量子化条件（2.34）を適用し, 量子化されたエネルギーを求めなさい.

Coaching エネルギーが W という値をもつ状態では, いまの場合, ハミルトニアンを W に置き換えて[12],

$$\frac{p^2}{2m} + \frac{kq^2}{2} = W \tag{2.36}$$

となります. これは q と p から成る 2 次元平面では $ap^2 + bq^2 = W$ の形（$a = 1/2m, b = k/2$）をとっているので, まさに図 2.10 (b) で表した楕円軌道を描くことになります. よって, q は $-q_0 \leq q \leq q_0$ の範囲に限られます（q_0 は $p = 0$ のときの値で $q_0 = \sqrt{2W/k}$）.

次に,（2.36）を p について解くと $p = \pm\sqrt{2m(W - kq^2/2)}$ となるので, 作用 J は

$$J = \oint p\, dq = 2\int_{-q_0}^{q_0} \sqrt{2m\left(W - \frac{kq^2}{2}\right)}\, dq \tag{2.37}$$

で与えられます. この積分は, いくつか解き方がありますが, ここでは最もわかりやすい解法の 1 つを示します.

$q = q_0 \cos\theta$ $(0 \leq \theta \leq \pi)$ と変数変換すると,

$$J = 2\sqrt{2mW} \int_\pi^0 \sqrt{1 - \cos^2\theta}\, (-q_0 \sin\theta)\, d\theta$$

---

11) 古典力学において, 系の全エネルギーを座標と運動量の関数として表したものを**ハミルトニアン**といいます（詳細は「解析力学」のテキストを参照してください）.

12) ここでは, 古典力学に基づいて考えているので, ハミルトニアン H はそのままエネルギー W に置き換えられます. では, 初めから H など使わなくてよいのでは？ と思われるかもしれませんが, 後で出てくる量子力学で調和振動子を考える際は, H から出発しますので, ここではそれに合わせました. ただし, 量子力学では $H \to W$ と単純に置き換えることはできませんので, その点は注意が必要です.

$$= 4W\sqrt{\frac{m}{k}}\int_0^\pi \sin^2\theta\, d\theta \tag{2.38}$$

となります．後は $\sin^2\theta = (1 - \cos 2\theta)/2$ と置き換えれば，

$$J = 2\pi\sqrt{\frac{m}{k}}W \tag{2.39}$$

と求まります（これ以外にも，楕円の面積が $\pi \times$ (長径) $\times$ (短径) であることを用いてもっとエレガントに求めることもできます）．ここまでは古典力学の範囲です．

さて，ここから古典力学を量子論に変換します．それは，古典力学に則して求めた作用 J に，量子化条件 $J = nh$ を適用することで達成されます．具体的には，(2.39) から

$$W_n = \frac{nh}{2\pi}\sqrt{\frac{k}{m}} \quad (n = 1, 2, 3, \cdots) \tag{2.40}$$

が導かれます（量子化されたエネルギーは W_n で表しました）．

ところで，よく知られているように，単振動の振動数 ν は

$$\nu = \frac{1}{2\pi}\sqrt{\frac{k}{m}} \tag{2.41}$$

と表せるので，これを (2.40) に用いれば，量子化されたエネルギーは

$$W_n = nh\nu \tag{2.42}$$

で与えられます．■

このように，調和振動子にボーア–ゾンマーフェルトの量子化条件を適用すると，エネルギーが $h\nu$ を1つの単位（かたまり）として量子化されることがわかりました．**調和振動子のエネルギーがプランクのエネルギー量子 (1.8) と同じ形をしているということは**，大変興味深い一致です．

2.6 フランク–ヘルツの実験

ボーアの量子論は，いくつかの本質的な仮説の上に成り立っています．その仮説はそれまでの物理学と全く相容れない内容であっただけに，ボーアの理論に対して否定的な意見が多くあったのはむしろ当然といえるでしょう．

物理学では，実験による検証があって初めて理論の正しさが証明されます．では，ボーアの仮説を証明するにはどのような実験を行えばよいでしょうか？

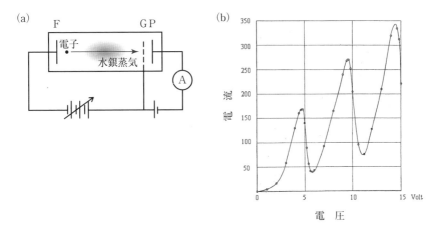

図 2.11　フランク - ヘルツの実験の原理図と実験の結果

　ボーアの量子論が提出された翌年の 1914 年，ボーアの仮説が正しかったことを直接証明する実験が報告されました．それがフランク（1882 - 1964）とヘルツ（1887 - 1975）の実験で，2 人はこの功績により，1925 年のノーベル物理学賞を受賞しました．

　フランク - ヘルツの実験の原理を図 2.11（a）に示しました．水銀蒸気を含む容器中に，フィラメント F と金網グリッド G，電極 P を配置します．F - G 間には加速電圧 V_A を加え，G - P 間にはそれと逆向きに小さな電圧（0.5 V）をかけておきます．そうすると，白熱したフィラメント F から放たれた電子は V_A によって加速されて電極 P に到達し，電流計で検知されます．V_A を大きくすれば電子はどんどん加速され，電流計の数値が上がります．

　ただし，電子は電極に到達するまでに容器内の水銀原子と衝突します．その際，電子はエネルギーを失い，その分，水銀原子のエネルギーは増加することになります．このとき，原子のエネルギーが連続的であれば，検知される電流も連続的に変わるはずです．

　一方，ボーアの仮説のように原子のエネルギーが離散的であれば，検知される電流にその痕跡が見えるはずです．果たして，その結果は !?

　実験の結果は，図 2.11（b）に示したとおりです．ある程度 V_A が大きくなったところで，急激に電流値が減少します．この減少は，次のように理解す

ることができます．

　V_A が小さい間は，電子は水銀と衝突はするのですが，そのエネルギーが水銀の基底状態 W_0 から W_1 への励起エネルギー $\Delta W = W_1 - W_0$ より小さかったため，水銀はそのエネルギーを受け取ることができません．そのため，電子は衝突するものの，エネルギーを失わずに進み続け，そのまま電極に到達します．しかし，電子のエネルギーが ΔW を超えると，水銀は電子からエネルギーを受け取ることができるようになり，その結果，エネルギーを失う電子が続出します．エネルギーを失った電子のうち，G–P 間の小さな逆電圧より低いエネルギーとなってしまった電子は，逆電圧に打ち勝てず，電極に到達できなくなります．その結果，電流値が急激に下がってしまうのです．

　さらに面白いのは，第1のピークに続き，第2，第3のピークが観測されたことです．第1のピーク位置は 4.9 V で，第2が 9.8 V，第3は 14.7 V と，ピークの間隔は一定でした．このことから，エネルギーを受け渡す際は，常に ΔW の整数倍になることが明らかとなったのです．

　図 2.11 の実験は，電子が失うエネルギーに注目したものでした．一方，水銀原子に注目すると，電子との衝突によって基底状態 W_0 から W_1 に励起されたことになります．励起された定常状態は，やがて光を放出し，元の基底状態へと落ち着きますが，ボーアの理論に従えば，そのときの光の振動数は，ΔW に対応しているはずです．

 Exercise 2.8

　フランク–ヘルツの実験で観測されたピーク位置は 4.9 V の整数倍でした．このとき励起された水銀原子が基底状態へと再び戻る際に，放出される光の波長を求めなさい．

Coaching

$$h\nu = \Delta W = 4.9\,\mathrm{eV} \tag{2.43}$$

より，放出される光の波長は

$$\lambda = \frac{c}{\nu} = \frac{3.00 \times 10^8\,\mathrm{m/s}}{4.9\,\mathrm{eV}/(6.63 \times 10^{-34}\,\mathrm{J})} = 253\,\mathrm{nm} \tag{2.44}$$

と予想されます．ここで，eV は電子ボルトで，電気素量をもつ粒子が 1V の電位差で加速されるときに得るエネルギーです．J（ジュール）に換算するには，電気素量を掛ければよく，$1\text{eV} = 1.602 \times 10^{-19}\text{J}$ です．

フランクとヘルツは，水銀から実際に 253nm の線スペクトルが発せられることも観測しました．これにより，ボーアの量子論の核心を成す「仮説 1」と「仮説 2」(33, 34 頁) の正しいことが，実験的に見事に証明されたのです．

フランク-ヘルツの実験は，水銀蒸気を入れた管の中に電極を付け，それに電圧をかけて電流を測っただけの，驚くほど単純なものです．装置の大きさも，私たちが普段目にする機器と変わりません．にもかかわらず，電極の巧みな配置などにより，原子の世界では，エネルギーが離散的になることを証明することができたのです．**彼らの想像力が，10 億分の 1 以上も小さい世界の真実をありありと浮かび上がらせたのです．**

☕ Coffee Break

生きた博物館

コペンハーゲンに行く機会があり，せっかくなのでニールス・ボーア研究所を見学したいと思い立ちました．有名な研究所なので，きっと展示室や博物館のようなものがあるだろうと思ってネットで随分探したのですが，どこにも情報が載っていません．仕方がないので，「ボーアや研究所に関する博物館のような場所があれば，行き方を教えていただけませんか？」とニールス・ボーア研究所に直接問い合わせてみました．すぐに研究所から丁寧な返事をいただき，そこには次のように記されていました．

> 「申し訳ありませんが，一般訪問者のための博物館のようなものはありません．ニールス・ボーア研究所は，言わば "living museum" なのです．（中略）もしよかったら，いくつかの歴史的な部屋をご案内します．」

Living museum とは，何とも粋な表現！ そして，何と親切な提案!! 大変恐縮しながらも，滅多にないチャンスなので，ご厚意に甘えることにしました．

前述の有名な講義室を始め，いくつか所内をまわり，その最後に案内されたのが，ボーアの居室でした．何と，ボーアがいた頃からそのまま残っているとのことでした．ボーア自身が使っていた（そして無数の計算をしたに違いない）机を見られた

図 2.12　ニールス・ボーア研究所の
ボーアの机

だけでも感激だったのに，何と，「よかったら座ってみます？」との提案が！　そんな大切なものに自分なんかが座っちゃっていいの？　との思いが一瞬頭をよぎったのですが，そんなチャンスはもう一生ないかも知れないと，思い切って座らせていただきました．はたしてボーアの椅子の座り心地は…．実は，感激し過ぎてあまり覚えていないというのが正直なところです．

　ボーアは，形式張ったことや堅苦しいことは望まず，研究所は誰にでも開かれているべきだと考えていたそうです．そのため，博物館や記念館のようなものは一切設けず，講義室はいまでも学生や研究者が日常的に使用しており，ボーアの居室も会議室としてスタッフが使用しているそうです（ただし，ボーアの椅子はさすがに使っていなかった模様）．ボーアが目指した開かれた研究所の精神はいまでも研究所内で引き継がれ，それが1世紀を経て，日本から訪れた一研究者をもあたたかく迎え入れてくれたのでした．

本章のPoint

▶ **リッツの結合原理**：原子のスペクトルにおいて，2つの振動数 ν_{nk} と ν_{km} が同じ系列に属する場合，両者の和または差の振動数も同じ系列のスペクトルに現れる．これをリッツの結合原理（またはリュードベリ－リッツの結合原理）といい，次の形で表される．

$$\nu_{nk} + \nu_{km} = \nu_{nm}$$

リッツの結合原理は，ボーアの量子論の基礎を与えたのみならず，行列力学の基本原理にもなった（第 3 章を参照）．

▶ **ボーアの量子論**：ボーアは，いくつかの大胆な仮定を導入することで，水素原子の構造に関する次のことを明らかにした．
1. 量子化されたエネルギーは $W_n = -Rhc/n^2$ で与えられる．
2. リュードベリの定数の正体は $R = (2\pi^2 m_e/ch^3)(e^2/4\pi\varepsilon_0)^2$ である．
3. 水素原子の半径は $a_B = (\hbar^2/m_e)(4\pi\varepsilon_0/e^2)$ となる．
4. 角運動量が $\hbar$ の整数倍になる．

▶ **量子化条件**：作用変数 J は，プランク定数 h の整数倍になる．周期運動の場合，運動量 p と座標 q を用いて，
$$J = \oint p \, dq = nh \quad (n = 1, 2, 3, \cdots)$$
と表す（$\oint$ は周期運動の軌道に沿った周回積分である）．これをボーア‐ゾンマーフェルトの量子化条件という．

▶ **調和振動子**：ボーア‐ゾンマーフェルトの量子化条件を用いれば，角振動数 ω をもつ調和振動子のエネルギーは
$$W_n = n\hbar\omega$$
と求まる．この結果は，後の量子力学（行列力学，波動力学の双方）で得られた値より $\hbar\omega/2$ だけ小さい．

Practice

[2.1] ボーアの量子論の革新性

ボーアの量子論の中で，どこが最も革新的であったかを考えてみてください．（それまでの研究者にはできず，なぜボーアが成し遂げることができたのかを考えてみるのもよいでしょう．単に「ボーアが優秀だったから」で終わらせてしまっては元も子もありません．将来の自分自身にも活かせるような形で考えることができたらベストです．）

[2.2] リュードベリ原子単位系と電子ボルト

リュードベリ原子単位系のエネルギーの単位は，ボーアの原子模型の基底状態を用いて次のように表されます．

54　2. 前期量子論

$$\mathrm{Ry} = |W_1| = \frac{2\pi^2 m_e}{h^2}\left(\frac{e^2}{4\pi\varepsilon_0}\right)^2 \tag{2.45}$$

このとき，1Ry を J（ジュール）で表しなさい．また，よく使われるエネルギーの単位として eV（電子ボルト）もあります．1Ry を eV でも表しなさい．

[2.3]　バルマー系列とリュードベリの公式

リュードベリの公式 (2.6) はバルマーの公式 (2.5) とどのように結び付いているかを調べ，リュードベリの $R, n_1, n_2, \alpha_1, \alpha_2$ とバルマーの n, B の関係を求めなさい．

[2.4]　調和振動子のハミルトニアン

バネ定数を k として，復元力が $-kq$ で与えられる系のポテンシャル（位置エネルギー）U および運動エネルギー K を，古典力学に基づいて，運動量 p，位置 q，角振動数 ω を用いて表しなさい．また，そのときのハミルトニアン $H = K + U$ を求めなさい．

[2.5]　対応原理

量子的な不連続性が無視できるような極限では，やはり従来の古典物理学（古典論）が成り立っていると考えられます．そこでボーアは，量子数が大きくなる極限では，量子論は古典論に一致しないといけないと考えました．この制約を **対応原理** といいます．

対応原理を用いることで，古典論と対応させながら量子論のあるべき形を探り当てることができます．ここでは，3 つの段階に分けて対応原理の考え方を学んでみましょう．

(1)　古典論：原子核（電荷 $+e$）を中心にクーロン力によって円運動する電子（電荷 $-e$，質量 m）を考え，電子の振動数 ν_cl とその運動エネルギー W との関係を古典論に則して求めなさい（Exercise 2.4 の結果を用いて構いません）．

(2)　量子論：ボーアの仮説によると，光は定常状態間の遷移によって放出され，例えば $n \to m$ の遷移は次のように表されます．

$$\nu_{n \to m} = \frac{1}{h}(W_n - W_m) = -\frac{Rc}{n^2} + \frac{Rc}{m^2} \tag{2.46}$$

十分に大きな N に対して，$N \to N-1$ の遷移で放出される光の振動数 $\nu_{N \to N-1}$ を $N \gg 1$ の条件を用いて簡単な形に表しなさい．また，そうして得られた振動数 $\nu_\mathrm{q} = \nu_{N \to N-1}$ を $W_n = -Rhc/n^2$ を用いて表しなさい．

(3)　対応原理：上で求めた ν_q が，(1) で求めた古典的な振動数 ν_cl と一致するという対応原理から，リュードベリ定数 R を求めなさい．

量子力学の誕生
〜行列力学〜

　本章で，いよいよ量子力学が誕生する瞬間を見ることになります．前章までに見た前期量子論は，歴史的に見れば，真の量子力学が建設される前の過渡期のものに過ぎませんでした．

　大きな飛躍を遂げたのは，ゾンマーフェルトの下で学び，ボーアの下で研鑽を積み，ボルンの下で助手を務めていたハイゼンベルクでした．その経歴が表すとおり，量子力学は，前期量子論の土台があったからこそ花開いたのでした．

　ハイゼンベルクによって導かれた理論は，ボルンとヨルダンによって直ちに整備され，「量子力学」が築き上げられました．そして，そこで導かれた正準交換関係 $qp - pq = i\hbar$ は，量子力学の根本原理となりました．人類は，正準交換関係という"カギ"を用いて，ついに量子の世界の扉を開けることに成功したのです．

3.1　ハイゼンベルクの突破口

　古典力学ではニュートンの運動の三法則が根本原理になっており，ニュートンの運動方程式を解きさえすれば，基本的にはどのような場合でも正しい答えに辿り着くことができます．すなわち，微分方程式を解くのにある程度のスキルが必要ということはあっても，計算の道筋は極めてはっきりしています．

　一方，前期量子論では，正しい結論に辿り着くために熟練の技と勘を必要としたため，理論としてはかなり扱いにくいものでした．そのため 1920 年

代前半の物理学者たちは，古典力学と同じように，量子の世界においても熟練の技と勘を必要としない，系統的な理論 — 量子力学 — を探し求めていました．その量子力学の建設に決定的な第一歩を踏み出したのが，当時まだ 23 歳の若きドイツの理論物理学者，ハイゼンベルクでした．

ここでは，ハイゼンベルクが踏み出した量子力学への偉大な一歩を見ていくことにしましょう．ただし，ハイゼンベルクが辿った道筋は極めて抽象的で，初学者には少々ハードルが高い部分があります．そのため，入門的なテキストでは，本章の内容をすっかり飛ばしてしまうこともあります．

図 3.1　ヴェルナー・ハイゼンベルク (1901 - 1976)

しかし，せっかく量子力学を学ぶのに，量子力学のエッセンスが凝縮された部分を飛ばしてしまうのはあまりにももったいないことです．本章では，ハイゼンベルクたちの仕事のエッセンスを残したまま，できるだけ説明を平易にしましたので，頑張ってついてきてください．

3.1.1　観測可能な量だけで組み立てる

前期量子論では，例えば運動している電子の軌道を用いて理論を組み立てていました．しかし，一体誰が原子内の電子の軌道を観測したというのでしょう？[1] 前章で見たように，実際に原子の構造を明らかにする過程では，原子から発せられる光の波長や強度を観測し，その測定値に基づいて理論を組み立てていました．軌道は，原子の構造を理解するのに直接的には関与しておらず，あくまでも補助的に導入したものに過ぎないのです．

ハイゼンベルクは，電子の位置や軌道など，観測していない量を元に理論

---

[1]　それは当時だけでなく，100 年経った現代でも観測できていません．ウィルソンの霧箱を用いた実験で軌道 "らしき" ものは確かに肉眼で見えたため，それを軌道の証拠と考えられたこともありました（実際，アインシュタインもそう主張しました）．しかし，もし電子の軌道が本当に存在するなら，それは明らかに肉眼で見えるはずがありません．霧箱で見えるのは，あくまで電子が通った周辺に集まった液滴だけです．

を組み立てていることに前期量子論の根本的な問題があると考えました．そして，**量子力学の体系を論理的に矛盾なく組み上げるためには「観測可能な物理量のみによって理論を組み立てなくてはいけないのではないか」**と考えたのです．この発想の転換により，真っ暗な闇の中で新しい物理学へとつながる一筋の光明が差したのです．

前章で見たとおり，原子の構造を明らかにする上で非常に重要であったのは，原子から発せられる光でした．そこで，まず光の振動数に注目してみましょう．

原子スペクトルの実験から得られた重要な法則の1つとして，振動数の結合の法則（(2.8) のリッツの結合原理）がありました．これを角振動数 $\omega = 2\pi\nu$ で表すと次のようになります．

$$\omega_{nk} + \omega_{km} = \omega_{nm} \quad (n, m, k \text{ は正の整数}) \tag{3.1}$$

この表記からも明らかなように，量子的な振動数は，2つの整数の組合せからできています．原子から発せられる光は，原子のある定常状態から別の定常状態への遷移によって生まれるものでした．したがって，この遷移のときに発せられる光の振動数は，遷移の前後の定常状態を表す2つの数の組合せでできていることになります．

そこで，観測可能な量によって理論を組み立てることを目指したハイゼンベルクは，実際の観測を通して得られた，

▶ **振動数は2つの数の組合せから構成される．**

という事実と，その結合の法則を理論の出発点としました．

3.1.2 乗法の規則

理論を組み立てるに当たっては，四則演算が必ず必要になります．ハイゼンベルクは，振動数のように，2つの数の組合せから構成される量を扱う際は，私たちが普段用いている単純な四則演算 ― 特に乗法（積）― が通用しないことに気付いたのです．このことを次のようにして実感してみましょう．なお，添字がいろいろ出てきて，少々ややこしく見えるかも知れませんが，話の中身はそう難しくありませんので，見た目に惑わされずについてきてく

ださい.

古典的な場合

まず，1つの数だけで特徴付けられるような量のみを扱う場合を考えてみましょう．ここに力学的な量（座標や運動量など）である x と p があったとし，それぞれを x_n, p_m のように1つの数 n, m だけで指定できると考えます．これは古典力学の場合に相当します．簡単のため，$n = 1, 2$ と $m = 1, 2$ しかとらないことにしておきます．

ここで x と p の積 $x_n p_m$ を考えてみましょう．可能な組合せをすべて足し合わせると，

$$\sum_{n,m} x_n p_m = x_1 p_1 + x_1 p_2 + x_2 p_1 + x_2 p_2 \tag{3.2}$$

となります．次に，積の順序を変えると

$$\sum_{n,m} p_n x_m = p_1 x_1 + p_1 x_2 + p_2 x_1 + p_2 x_2 \tag{3.3}$$

となり，(3.2) と (3.3) とを見比べると，すべての項が一致していることがわかります．

したがって，

$$\sum_{n,m} x_n p_m = \sum_{n,m} p_n x_m \tag{3.4}$$

が成り立つので，古典的な場合は積の順序を変えても結果は変わらないことになります．

量子的な場合

では，2つの数の組合せから構成される場合はどうなるでしょうか．この場合，振動数がそうであったように，力学的な量は x_{nk}, p_{km} のように表されます．この両者の積 $x_{nk} p_{km}$ で可能な組合せを考えてみましょう．ただし，このとき，左の量の2つ目の数と右の量の1つ目の添字の数が共通になるように約束しておきます[2]．

---

[2] これは，振動数に対するリッツの結合原理に由来するルールで，ハイゼンベルクは，このようなルールを課すと，量子的な場合の計算がうまくいくことに気付いたのです（詳しくは本書の Web ページの「補足事項」の C を参照）．

3.1 ハイゼンベルクの突破口

$$\sum_{n,k,m} x_{nk} p_{km} = \underline{x_{11} p_{11}} + \underline{x_{12} p_{21}} + \underline{x_{21} p_{12}} + \underline{x_{22} p_{22}}$$
$$+ x_{11} p_{12} + x_{12} p_{22} + x_{21} p_{11} + x_{22} p_{21} \quad (3.5)$$

そして，積の順序を変えたものは

$$\sum_{n,k,m} p_{nk} x_{km} = \underline{p_{11} x_{11}} + \underline{p_{12} x_{21}} + \underline{p_{21} x_{12}} + \underline{p_{22} x_{22}}$$
$$+ p_{11} x_{12} + p_{12} x_{22} + p_{21} x_{11} + p_{22} x_{21} \quad (3.6)$$

となります．

(3.5) と (3.6) を見比べると，下線を引いた部分は一致しますが，下線を引いていない残りの部分は互いに一致しないことがわかります．つまり，古典的な場合とは異なり，

$$\sum_{n,k,m} x_{nk} p_{km} \neq \sum_{n,k,m} p_{nk} x_{km} \quad (3.7)$$

となってしまうのです．

このように，力学的な量が 2 つの数の組合せで構成される場合，(特殊な場合を除いて) 積の順番を入れ替えると，結果が変わってしまうのです．これを**積の非可換性**といいます．ハイゼンベルクは，観測可能な量だけを用いて理論を組み立てようと慎重に進む道を選んだ結果，積の非可換性に辿り着いたのです (ハイゼンベルクの考えた道筋により近い，フーリエ成分を用いた説明は本書の Web ページの「補足事項」の C を参照).

これまで私たちは，$(x+y)^2 = x^2 + 2xy + y^2$ のような中学校で習った計算を，古典力学でも何の疑いもなく用いてきました．しかし，これはあくまで $xy = yx$ が成り立つことを前提とした計算です．一方，量子力学では，そのような数学が使えないというのですから，すぐには受け入れられそうにありません．百歩譲って $xy \neq yx$ を受け入れたとして，私たちがこれまで使ってきた数学が使えないとすると，一体これから先どうやって計算を進めていけばよいのでしょう？　量子力学の世界では，もはや数学というものが通用しないのでしょうか？　はたまた，一から新しい数学を創り上げていかないといけないのでしょうか？　実は，その問いに対する答えは，意外にも身近なところにあったのです．

3.2 行列力学の誕生

ハイゼンベルクは当時，ゲッティンゲン大学のボルンの助手として活躍していました．積の非可換性についてのハイゼンベルクの論文を受け取ったボルンは，その奇怪な掛け算について夢中になり，日夜考えをめぐらせました．そしてあるとき，突然気付いたのです．「**ハイゼンベルクの乗法は行列計算に他ならない**」と[3]．

図 3.2 マックス・ボルン (1882 - 1970)

読者の皆さんは，行列では積の順序を変えると結果が変わることをすでにご存じでしょう．ですから，ハイゼンベルクの計算法が行列の計算法に対応することにさほど驚かれないかも知れません．しかしハイゼンベルク自身は，量子論の研究を進めるに当たり，行列という発想は全く念頭にありませんでした．考えたのは，あくまで古典力学でなじみのあった位置や運動量についてでした．

実際，彼の論文を見ても，難解な数式展開から行列の演算を見抜くのは容易ならざるものです．往々にして，革命的な第一歩を踏み出した際，それは必ずしも見通しの良い形になっているとは限りません．しかし，ボルンはハイゼンベルクの新しい理論について熟考することで，その難解な数学の背後に「行列」という線形代数の考えが潜んでいることを見抜いたのです．そして行列を用いると，ハイゼンベルクの理論が極めて簡潔な形に表されることが明らかになったのです．こうして，「**行列力学**」が誕生したのです．

円運動のように周期的な運動で現れる位置や運動量は，フーリエ級数を使って表すと便利です．そして，量子的な対象の場合，フーリエ級数で用いる

---

[3] ハイゼンベルクのオリジナルの論文では，2 つの振動数の差 τ に注目して，$q(n, n-\tau)$ のように表していました．ボルンはこれを少し変えて $q(n, m)$ と表したことで，行列との対応がより明確に浮かび上がってきました．表記法としてはわずかな変更ですが，数学的な扱いが格段に簡明になり，結果として，物理的理解を大きく進めることができるようになったのです．

振動数やフーリエ係数は，2つの数の組合せで与えられます（前節を参照）．したがって，例えば運動量 p のフーリエ級数は $P_{nm}e^{i\omega_{nm}t}$ のように表され，これを行列で表すと，

$$\mathsf{p} = \begin{pmatrix} P_{11}e^{i\omega_{11}t} & P_{12}e^{i\omega_{12}t} & P_{13}e^{i\omega_{13}t} & \cdots \\ P_{21}e^{i\omega_{21}t} & P_{22}e^{i\omega_{22}t} & P_{23}e^{i\omega_{23}t} & \cdots \\ P_{31}e^{i\omega_{31}t} & P_{32}e^{i\omega_{32}t} & P_{33}e^{i\omega_{33}t} & \cdots \\ \vdots & \vdots & \vdots & \ddots \end{pmatrix} \tag{3.8}$$

のようになります．これは座標 q に対しても全く同様です．

なお，本書では，行列を p, q のように太字の立体で表記することにします．またそのときの行列 (n, m) 要素は，$e^{i\omega_{nm}t}$ の成分をもっていることに留意しておいてください．さらに，皆さんが普段扱う行列は成分の数が有限ですが，

▶ 量子力学で登場する行列は無限の成分をもつ．

ことも，重要な特徴です．

力学的な量が行列で表される背景には，それが「2つの状態の組合せから構成される」ということがあります．それは例えば，鉄道の運賃表に似ています．皆さんは，次頁の図3.3のような表をご覧になったことがあるのではないでしょうか．鉄道の運賃は，必ず出発地と到着地の2地点の情報によって決められますよね．そのことをわかりやすく表にしているのですが，これはまさに行列と見ることもできます．原子スペクトルも，まさに出発の状態と到着の状態の差によって振動数が決まっているので，同じように行列で表せるのです．

ただし，行列で表せるからといって，必ずしもその演算法が線形代数で学ぶ行列のものと一致するとは限りません．実際，図3.3の運賃表は行列で表せてはいますが，行列の演算法に従うわけではありません．一方，量子力学の場合は，**観測事実に基づいたリッツの結合原理が成り立っており，それが線形代数における行列の演算法の適用を保証しているのです．**

駅　名	東　京	品　川	新横浜	名古屋	京　都	新大阪
東　京		180 2500	510 2500	6380 4920	8360 5810	8910 5810
品　川	180 2500		420 2500	6380 4920	8360 5810	8910 5810
新横浜	510 2500	420 2500		5720 4920	8030 5470	8580 5810
名古屋	6380 4920	6380 4920	5720 4920		2640 3270	3410 3270
京　都	8360 5810	8360 5810	8030 5470	2640 3270		580 2500
新大阪	8910 5810	8910 5810	8580 5810	3410 3270	580 2500	

図 3.3　新幹線（のぞみ）各駅間の運賃・特急料金の早見表．上段：運賃，下段：指定席の特急料金（通常期）．通常，出発駅と到着駅を入れ換えても料金は同じため，表の上三角あるいは下三角のみを表にすることが多い．（したがって，鉄道運賃表はエルミート行列ともいえる．一方，航空運賃は往路と復路で異なることが多いので，非エルミート行列!?）

3.3　量子世界の暗号を解読する

　ハイゼンベルクは，単に乗法の規則を見出しただけではありません．古典と量子の対応関係を巧みに紐解き，量子力学の根本原理に辿り着いたのです．それはまるで，シャンポリオンがロゼッタストーンの対応関係をもとにエジプトの象形文字を読み解いたかのようでした．

　前章で述べたように，ミクロな世界ではエネルギーが離散的な値をとり，私たちが暮らすマクロな世界とは全く異なる法則が成り立っていました．しかし，ミクロな世界はマクロな世界と全く別世界なのではありません．マクロな世界からどんどんスケールを小さくしていけば，ミクロな世界に連続的につながっています（図 3.4）．

　このことを量子数 n で言い換えれば，n が 1 程度の小さな数であれば，

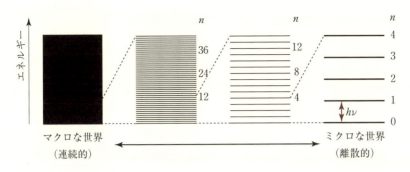

図 3.4 マクロな世界（古典力学）をどんどん小さく見ていけば，ミクロな世界（量子力学）につながる．

量子的な性質が顕著ですが，n が十分大きな数（$n \gg 1$）になれば，自然に古典力学につながっていくはずです．このように，マクロな世界とミクロな世界を対応づける考え方を**対応原理**とよび，ボーアたちが前期量子論を組み立てるに当たって，指導原理とした考え方となりました（Practice 2.5 を参照）．ボーアに強く影響を受けたハイゼンベルクは，対応原理の考え方を発展させ，古典と量子の対応関係から根本原理に迫っていったのです．

3.3.1 離散量と連続量の関係

古典と量子の対応関係は，量子数 n の言葉に焼き直せば，n が離散的な場合と連続的な場合の対応関係といえます．実は，すでに皆さんは離散量と連続量の対応を学んでいます．それは，高等学校の数学の微分の考え方に登場していたのです．

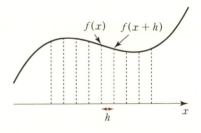

図 3.5 微分は，連続量を離散的に考えるのであった．

ここで微分係数の定義をもう一度思い出してみましょう．ある関数 $f(x)$ の微分係数 $df(x)/dx$ を考えるに当たっては，$f(x)$ をある有限の幅 h で区切り，2点 $f(x)$ と $f(x+h)$ の間の差（差分）を求め，それを幅 h で割って変化率（傾き）とし，最後に h を無限小にまで小さくしました．

$$\underbrace{\frac{df(x)}{dx}}_{\text{連続的}} = \lim_{h \to 0} \underbrace{\frac{f(x+h) - f(x)}{h}}_{\text{離散的}} \tag{3.9}$$

上の定義式から明らかなように，微分係数の考え方は，連続量（微分）と離散量（差分）を関係づけているのです．この考え方を古典的（連続的）な量 $F(n)$ と量子的（離散的）な量 $F_{n+\tau,n}$ との対応関係に適用すると，次の対応関係が成り立っていると考えられます．

$$\text{（古典的）} \quad \frac{dF(n)}{dn} \Leftrightarrow \frac{F_{n+\tau,n} - F_{n,n-\tau}}{\tau} \quad \text{（量子的）} \tag{3.10}$$

ここで，量子的な量は 2 つの数で表されているので，差分についてはそれぞれを τ だけ減らして，$(n+\tau, n) \to (n, n-\tau)$ としてあります．

3.3.2 量子力学の根本原理 ― 正準交換関係 ―

では，古典と量子の対応関係 (3.10) を用いて，ボーア-ゾンマーフェルトの量子化条件 (2.34)[4] を量子的に書き直してみましょう．（ただし，計算が少々込み入っていますので，ここでは概略のみを述べるのにとどめ，詳しい導出は本書の Web ページの「補足事項」の D で与えました．）

出発点となるのは，ボーア-ゾンマーフェルトの量子化条件 (2.34) です．そこに現れる運動量 p と位置 q をフーリエ級数で表すと，(2.34) は次のように書き換えられます．

$$J = 2\pi i \sum_{\tau=-\infty}^{+\infty} (-\tau) p_\tau q_{-\tau} \tag{3.11}$$

さらに，両辺を $J = nh$ で微分すると（左辺は J，右辺は nh で微分します），

$$1 = -2\pi i \sum_{\tau=-\infty}^{+\infty} \frac{\tau}{h} \frac{\partial}{\partial n} p_\tau q_{-\tau} \tag{3.12}$$

となります．ここで量子数 n に対する微分の形にもっていったことがミソ

---

[4] ボーア-ゾンマーフェルトの量子化条件は，"量子化" という言葉を用いてはいますが，そこで現れる q と p は古典力学で想定しているものと同じです．ただし，作用が $J = nh$ と量子化されるという点では，古典力学から一歩抜け出しています．こうした背景から，ボーア-ゾンマーフェルトの量子化条件は「半古典的」であると言われています．

です.これで,(3.10)の対応関係を用いることができるようになりました.

古典的な量のフーリエ級数であった $p_\tau q_{-\tau}$ を,(3.10)を用いて量子的な量のフーリエ級数に読み替えると,

$$\frac{h}{2\pi i} = -\sum_{\tau=-\infty}^{+\infty}(p_{n+\tau,n}q_{n,n+\tau} - p_{n,n+\tau}q_{n+\tau,n}) \qquad (3.13)$$

となります.ここで $n+\tau \to k$ と変数を書き換えれば,

$$\sum_{k=-\infty}^{+\infty}(q_{nk}p_{kn} - p_{nk}q_{kn}) = i\hbar \qquad (3.14)$$

が得られます.そして,行列の要素 q_{nk}, p_{nk} を行列 q, p で表すと,よりコンパクトに次のように表せます.

$$\boxed{\mathsf{qp} - \mathsf{pq} = i\hbar} \qquad (3.15)$$

(右辺には,対角成分が1で,その他の成分はすべてゼロの単位行列 I を書くのが正確ですが,本書では省略します.)これこそ,前期量子論での量子化条件に換わる,新しい**量子力学の根本原理**なのです.この関係式を**正準交換関係**といいます.

ただし,量子力学ではどんな場合においても正準交換関係が満たされているというわけではない,ということに注意してください.むしろ,量子力学では

▶ 正準交換関係を満たすような q と p だけが許される.

のであり,

▶ 量子力学の問題を解くことは,正準交換関係を満たす q と p を探し求めることに他ならない.

ということになります.

☕ Coffee Break

ヘルゴランド島の奇跡

1925年5月末,ボルンの下でゲッティンゲン大学の私講師を務めていたハイゼンベルクは,休暇を取ってドイツ北西部沿岸から約70km離れたヘルゴランド島

滞在しました．休暇といっても遊んでいるわけではなく，むしろゲッティンゲンにいたときよりも研究が進み，それまで考えてきた，「観測可能量だけが役割を果たすような物理学において，何がボーア－ゾンマーフェルトの量子化条件の代わりとなるか」という問題にますます集中して取り組みました．この問題では特に，考える理論形式がエネルギー保存則を保つかが焦点でした．そして，ついに"そのとき"が訪れました．

そのときの様子は，ハイゼンベルクの自伝『部分と全体』（山崎和夫 訳，みすず書房）の一節が何よりも雄弁に語っています．

> 最初の一項でエネルギー則が本当に確認されたときに，私はある興奮状態におちいってしまい，それから先の計算では何度も何度も計算のミスを繰り返してしまったほどだった．それで計算の最終的な結果が出たのは，ほとんど夜中の三時頃であった．（中略）最初の瞬間には私は心底から驚愕した．私は原子現象の表面を突き抜けて，その背後に深く横たわる独特の内部的な美しさをもった土台をのぞき見たような感じがした．（中略）ひどく興奮していた私は寝ることなど考えることもできなかった．そこで家を後にして，明るくなり出した夜明けの中を台地の南の突端へと歩いて行った．（中略）私は大して苦労することもなくその塔によじ登ることに成功し，その突端で日の出を待ったのであった．

23歳の若きハイゼンベルクが，誰よりも先に量子力学の深部に辿り着いたことの興奮で，いても立ってもいられず，夜明けに駆け出して岩の塔によじ登り，日の出を待つ….まるで映画のワンシーンのようです．

ハイゼンベルクとは全く比べものにはなりませんが，筆者も研究で小さな（でも自分にとっては大きな）発見を遂げ，駆け出したくなるほど嬉しくなった経験が何度かあります．その高揚感に包まれたひとときは，何物にも代えがたい，至上のご褒美でした．筆者のささやかな研究でもそうだったのですから，ハイゼンベルクは如何ほどだったでしょう．読者の皆さんにも，ぜひハイゼンベルクと同じような知的高揚感を味わう機会が訪れることを願っています．

3.4 運動方程式

ハイゼンベルクやボルンたちが，新しい量子論の形式を「**量子力学**」とよ

3.4 運動方程式

んだのには，深い理由があります．ハイゼンベルクたちの理論は，積の非可換性や正準交換関係など，いくつかの新しい形式を取り入れれば，古典力学と非常に似通った形式で一貫した理論をつくり上げることができるのです．例えば，これから見る運動方程式は，古典力学と全く同じ形をもつことを起点に考えます．使いこなすには熟練の技や勘が必要であったこれまでの前期量子論と打って変わって，**新しい理論は古典力学がもつ一貫性，系統性を継承しています**．それゆえ，ハイゼンベルクやボルンたちは「量子**力学**」という言葉を強調して用いたのです．

量子力学では，解析力学で導入された，ハミルトンの正準運動方程式 $dq/dt = \partial H/\partial p, dp/dt = -\partial H/\partial q$ がそのまま成り立っていると考えます[5]．ただし，いまの場合，位置と運動量，ハミルトニアンはすべて行列で表します．

$$\frac{d\mathsf{q}}{dt} = \frac{\partial \mathsf{H}}{\partial \mathsf{p}}, \qquad \frac{d\mathsf{p}}{dt} = -\frac{\partial \mathsf{H}}{\partial \mathsf{q}} \tag{3.16}$$

ここでハミルトニアンの p と q に対する微分が現れますが，それらについては正準交換関係を用いて次の関係が証明できます（Practice [3.7] を参照）．

$$\frac{\partial \mathsf{H}}{\partial \mathsf{q}} = \frac{i}{\hbar}(\mathsf{pH} - \mathsf{Hp}), \qquad \frac{\partial \mathsf{H}}{\partial \mathsf{p}} = -\frac{i}{\hbar}(\mathsf{qH} - \mathsf{Hq}) \tag{3.17}$$

そして，(3.16) と (3.17) を組み合わせると，次の関係式が得られます．

$$i\hbar\frac{d\mathsf{q}}{dt} = (\mathsf{qH} - \mathsf{Hq}), \qquad i\hbar\frac{d\mathsf{p}}{dt} = (\mathsf{pH} - \mathsf{Hp}) \tag{3.18}$$

この形は，正準運動方程式に正準交換関係を組み込んだ，**量子力学における正準運動方程式**といえます．

この形はさらに一般化して，q と p の関数 g(q, p) についても

$$i\hbar\frac{d\mathsf{g}}{dt} = \mathsf{gH} - \mathsf{Hg} \tag{3.19}$$

とすることができます（証明は (3.18) のときとほぼ同じです）．このように簡明な形にまとめ上げたのはボルンとヨルダンですが，量子力学においても成り立つ運動方程式の最初のアイデアを出したのはハイゼンベルクだったの

---

[5] ハミルトンの正準運動方程式（正準方程式ともいう）については，「解析力学」のテキストを参照してください．

で,(3.19)は**ハイゼンベルクの運動方程式**ともよばれています.

この運動方程式から,直ちに重要な法則を導くことができます.(3.19)のgとして,ハミルトニアンHを考えてみると,

$$i\hbar \frac{d\mathsf{H}}{dt} = \mathsf{HH} - \mathsf{HH} = 0 \tag{3.20}$$

となります(右辺のゼロは,すべての行列要素がゼロという意味).これはHを時間微分するとゼロになる,つまり,

▶ **Hは時間に依存しない**.

ことを意味しています.

pやqがそうであるように((3.8)を参照),Hはその行列要素に$e^{i\omega_{nm}t}$の成分をもっています.$d\mathsf{H}/dt$は,各要素に対してd/dtの微分演算を施すことになるので,$i\omega_{nm}$が係数として出てきます.そして,(3.20)の微分演算をした結果を行列要素で表すと,

$$i\omega_{nm} H_{nm} = 0 \quad (n, m \text{ は正の整数}) \tag{3.21}$$

ということになります.

(2.9)を角振動数で表した$\omega_{nm} = (W_n - W_m)/\hbar$より,$n \neq m$の場合は$\omega_{nm} \neq 0$なので,上の関係式を満たすためには$H_{nm} = 0$である必要があります.一方,$n = m$の場合は$\omega_{nm} = 0$となるので,$H_{nn}$がどのような値をとっても上式が成り立ちます.つまり,非対角成分$(n \neq m)$はゼロとなり,対角成分$(n = m)$のみが有限になります(図3.6).

このことから,$e^{i\omega_{nm}t}$の振動成分をもつp, qで表されたハミルトニアンの行列は,次のように表すことができます[6].

$$H_{nm} = W_n \delta_{nm} \tag{3.22}$$

このとき,対角成分は$\omega_{nn} = 0$なので$e^{i\omega_{nn}t} = 1$となり,時間を含まず,時間微分がゼロですから時間変化しないのです.したがって,(3.20)はエネル

---

6) δ_{nm}はクロネッカーのデルタとよばれ,

$$\delta_{nm} = \begin{cases} 0 & (n \neq m) \\ 1 & (n = m) \end{cases} \tag{3.23}$$

を表します.

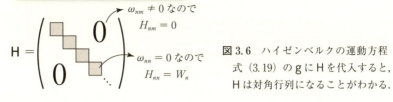

図 3.6 ハイゼンベルクの運動方程式 (3.19) の g に H を代入すると，H は対角行列になることがわかる．

ギー W_n が時間変化しないこと，すなわち，エネルギー保存則を意味していることになります．

当初，ボーアが離散的なエネルギー W_n をもつ状態が変化しないと考えたのは，この保存則によって保証されたことになります．

3.5 行列力学における調和振動子

行列力学の実践例として，前章でも取り上げた調和振動子の問題を考えてみましょう．ハイゼンベルクに始まる量子力学の重要な点は，量子的な問題であっても，古典力学の問題とほぼ同じように考えることができる，ということにあります．例えば，古典力学におけるハミルトニアンの p と q を行列 p と q に置き換えるだけで，量子力学のハミルトニアンが得られます．

$$\mathsf{H} = \frac{\mathsf{p}^2}{2m_\mathrm{e}} + \frac{m_\mathrm{e}\omega^2}{2}\mathsf{q}^2 \tag{3.24}$$

では，このハミルトニアンで与えられる調和振動子の問題を解いてみましょう．途中の計算は，これまでに学んだことの復習としてよいトレーニングになるので，いくつかの段階を Exercise にして解いていきましょう．

Exercise 3.1

調和振動子（I）：ハミルトニアン (3.24) で表される調和振動子において，(3.16) から q だけの運動方程式をつくり，それを q の行列要素 q_{nm} で表しなさい．

Coaching (3.16) と (3.24) から，時間についての微分を `で表すと次式のようになります（行列力学では，普通の微分のように行列の微分を行って構いません）．

$$\dot{\mathsf{q}} = \frac{\partial \mathsf{H}}{\partial \mathsf{p}} = \frac{\mathsf{p}}{m_e} \tag{3.25}$$

この両辺をさらに時間微分すると（再び (3.16) を用いて），

$$\ddot{\mathsf{q}} = \frac{\dot{\mathsf{p}}}{m_e} = \frac{1}{m_e}\left(-\frac{\partial \mathsf{H}}{\partial \mathsf{q}}\right) = -\omega^2 \mathsf{q} \tag{3.26}$$

となります．これが q だけで表した運動方程式で，調和振動子に対する古典力学の運動方程式に対応しています．

ところで，q の行列要素は (3.8) のように $q_{nm} = Q_{nm} e^{i\omega_{nm}t}$ で与えられるので，2 階微分 $\ddot{\mathsf{q}}$ を行列要素で表すと

$$\ddot{q}_{nm} = (i\omega_{nm})^2 Q_{nm} e^{i\omega_{nm}t} = (i\omega_{nm})^2 q_{nm} \tag{3.27}$$

となります．よって (3.26) の運動方程式は，行列要素の方程式に書き換わります．

$$(\omega^2 - \omega_{nm}^2) q_{nm} = 0 \tag{3.28}$$

これにより，微分方程式であった運動方程式が，簡単な代数方程式となりました．∎

この段階で，位置 q_{nm} に関する 1 つの重要な性質が得られます．(3.28) から，q_{nm} は $\omega_{nm} = \pm\omega$ を満たす n, m のときに有限となります．反対に，それを満たさない n, m では，$q_{nm} = 0$ でなければなりません（図3.7）．

$$\mathsf{q} = \begin{pmatrix} 0 & q_{12} & 0 & 0 & 0 & \cdots \\ q_{21} & 0 & q_{23} & 0 & 0 & \cdots \\ 0 & q_{32} & 0 & q_{34} & 0 & \cdots \\ 0 & 0 & q_{43} & 0 & q_{45} & \cdots \\ 0 & 0 & 0 & q_{54} & 0 & \cdots \\ \vdots & \vdots & \vdots & \vdots & \vdots & \ddots \end{pmatrix}$$

図3.7 q のイメージ

ある n に対して，$\omega_{nm} = \pm\omega$ を満たす m は 2 つに限られ，それぞれを $n+1$ と $n-1$ とに選べば，

$$\hbar\omega_{n,n+1} = W_n - W_{n+1} = -\hbar\omega \tag{3.29}$$

$$\hbar\omega_{n,n-1} = W_n - W_{n-1} = +\hbar\omega \tag{3.30}$$

が成り立ちます．これを書き換えると $W_{n\pm 1} = W_n \pm \hbar\omega$ となるので，W_n は W_0 を基底状態のエネルギーとして次のような等差数列で与えられることがわかります．

$$W_n = W_0 + n\hbar\omega \quad (n = 1, 2, 3, \cdots) \tag{3.31}$$

Exercise 3.2

調和振動子（Ⅱ）：正準交換関係（3.15）から p を消去し，行列要素 q_{nm} の方程式として表しなさい．

Coaching Exercise 3.1 で得た（3.25）の $\mathsf{p} = m_e \dot{\mathsf{q}}$ を正準交換関係（3.15）に代入すれば，

$$\mathsf{q}\dot{\mathsf{q}} - \dot{\mathsf{q}}\mathsf{q} = \frac{i\hbar}{m_e} \tag{3.32}$$

となります．ここで，$q_{nm} = Q_{nm} e^{i\omega_{nm} t}$ より $\dot{q}_{nm} = i\omega_{nm} q_{nm}$ となり，（3.14）より $q\dot{q} \to \sum_m q_{nm}(\dot{q})_{mn}$ と表せるので，上式は次のように書き換えることができます．

$$\sum_m \{q_{nm}(\omega_{mn} q_{mn}) - (\omega_{nm} q_{nm}) q_{mn}\} = \frac{\hbar}{m_e} \tag{3.33}$$

そして，$\omega_{nm} = (W_n - W_m)/\hbar$ より $\omega_{nm} = -\omega_{mn}$ であることに注意してまとめると，正準交換関係は

$$\sum_m |q_{nm}|^2 \omega_{mn} = \frac{\hbar}{2m_e} \tag{3.34}$$

として表せます． ∎

Exercise 3.1 の後で述べたように，ある n に対して $q_{nm} \neq 0$ となるのは，$m = n \pm 1$ だけで，そのとき $\omega_{n, n \pm 1} = \mp \omega$ です．よって（3.34）の和をとると，

$$\sum_m |q_{nm}|^2 \omega_{mn} = \omega(|q_{n,n+1}|^2 - |q_{n,n-1}|^2)$$

$$= \frac{\hbar}{2m_e} \tag{3.35}$$

だけが残り，このことから，$|q_{n,n+1}|^2$ も等差数列であることがわかります．さらに（3.34）から，初項が $|q_{01}|^2 = \hbar/2m_e\omega$ となるので，

$$|q_{n,n-1}|^2 = \frac{n\hbar}{2m_e\omega}, \quad |q_{n,n+1}|^2 = \frac{(n+1)\hbar}{2m_e\omega} \tag{3.36}$$

が導かれます．

Exercise 3.3

調和振動子（Ⅲ）：調和振動子のハミルトニアン (3.24) から p を消去し，行列要素 q_{nm} で表しなさい．さらに，ハミルトニアンの対角成分 $H_{nn} = W_n$ の値を求めなさい．

Coaching 類似の計算はこれで 3 度目ですから，もうそろそろ慣れてきたのではないでしょうか．これまでと全く同様に，(3.25) を用いて p を消去すると，

$$\mathsf{H} = \frac{m_{\mathrm{e}}}{2}\dot{\mathsf{q}}^2 + \frac{m_{\mathrm{e}}\omega^2}{2}\mathsf{q}^2 \tag{3.37}$$

となります．これを行列要素で表すと，次の形に整理できます．

$$H_{nm} = \sum_k \left(\frac{m_{\mathrm{e}}}{2}\dot{q}_{nk}\dot{q}_{km} + \frac{m_{\mathrm{e}}\omega^2}{2}q_{nk}q_{km} \right)$$

$$= \frac{m_{\mathrm{e}}}{2}\sum_k (\omega^2 - \omega_{nk}\omega_{km})q_{nk}q_{km} \tag{3.38}$$

特に，対角成分に対しては，

$$H_{nn} = \frac{m_{\mathrm{e}}}{2}\sum_k (\omega^2 - \omega_{nk}\omega_{kn})q_{nk}q_{kn} \tag{3.39}$$

となりますが，図 3.7 のように q_{nk} は $k = n \pm 1$ しか値をもたないので，

$$\begin{aligned}H_{nn} &= \frac{m_{\mathrm{e}}}{2}\{(\omega^2 - \omega_{n,n+1}\omega_{n+1,n})|q_{n,n+1}|^2 \\&\quad + (\omega^2 - \omega_{n,n-1}\omega_{n-1,n})|q_{n,n-1}|^2\} \\&= m_{\mathrm{e}}\omega^2\{|q_{n,n+1}|^2 + |q_{n,n-1}|^2\}\end{aligned} \tag{3.40}$$

が得られます．途中，Exercise 3.1 の下で得た $\omega_{n,n\pm1} = \mp\omega$ を用いています．

さらに，Exercise 3.2 で得た $|q_{n,n-1}|^2 = n\hbar/2m_{\mathrm{e}}\omega$ を用いて整理すると，

$$H_{nn} = W_n = \hbar\omega\left(n + \frac{1}{2}\right) \quad (n = 1, 2, 3, \cdots) \tag{3.41}$$

が導かれます．**これが調和振動子のエネルギーです．** ∎

Exercise 3.3 で得たエネルギーの形から，エネルギーは単純に $\hbar\omega$ の整数倍で与えられるのではなく，1/2 が余分に加わっていることがわかります．この 1/2 のために，最低の量子数でも $W_0 = \hbar\omega/2$ だけエネルギーをもつことになります．つまり，どれだけエネルギーを下げても，$\hbar\omega/2$ 以下になることはなく，角振動数 ω で電子は運動しているのです．この W_0 は前期量子論

では現れなかった因子で，**零点エネルギー**といいます（Exercise 2.7 を参照）．
　前期量子論は，古典力学との対応が意識されており，$n \gg 1$ ではうまく成り立っています．しかし n がゼロに近づくにつれ，真に量子的な性質が際立つようになり，零点エネルギーのような不思議な現象も現れます．**これは，量子力学で初めて明らかになった現象**です．

 Exercise 3.4

調和振動子（IV）：(3.36) より，q および p を具体的に行列の形で表しなさい．また，得られた行列を用いて，$qp - pq = i\hbar$ が成り立っていることを確かめなさい．

Coaching　(3.36) より，直ちに $q_{n,n-1}$ の形が求まります．

$$q_{n,n-1} = \sqrt{\frac{\hbar}{2m_e\omega}} \sqrt{n}\, e^{i\omega t} \tag{3.42}$$

最後の位相は，元々，各行列要素が $e^{i\omega_{nm}t}$ の成分をもっていたために現れたものです．また，(3.36) より

$$q_{n-1,n} = \sqrt{\frac{\hbar}{2m_e\omega}} \sqrt{n}\, e^{-i\omega t} \tag{3.43}$$

であることがわかります[7]．つまり，(3.42) と (3.43) より

$$q_{n,n-1} = q_{n-1,n}^* \tag{3.44}$$

が成り立っているのです（*は複素共役を表す）．

p $= m\dot{q}$ より，運動量の行列要素も直ちに導けます．

$$p_{n,n-1} = i\sqrt{\frac{\hbar m_e \omega}{2}} \sqrt{n}\, e^{i\omega t} \tag{3.45}$$

$$p_{n-1,n} = -i\sqrt{\frac{\hbar m_e \omega}{2}} \sqrt{n}\, e^{-i\omega t} \tag{3.46}$$

以上の結果を行列で表すと，次のようになります[8]．

---

7) 単純に (3.43) のルートをとるだけでは，位相因子 $e^{-i\omega t}$ を落としてしまうので，気を付けてください．なお，$q_{n,n-1}$ と形を合わせるために，$n+1 \to n$ としました．また，$\omega_{n,n\pm1} = \mp\omega$ から，指数関数部分の符号が − になっています．

8) 本来は，行列のうち上三角（右上成分）には $e^{i\omega}$ が，下三角（左下成分）には $e^{-i\omega}$ の因子が付きます．しかしこれらの位相は，2 つの行列を掛け合わせれば互いに打ち消し合うので，(3.47) と (3.48) では省略しています．

$$\mathsf{q} = \sqrt{\frac{\hbar}{2m_e\omega}} \begin{pmatrix} 0 & \sqrt{1} & 0 & 0 & \cdots \\ \sqrt{1} & 0 & \sqrt{2} & 0 & \cdots \\ 0 & \sqrt{2} & 0 & \sqrt{3} & \cdots \\ 0 & 0 & \sqrt{3} & 0 & \cdots \\ \vdots & \vdots & \vdots & \vdots & \ddots \end{pmatrix} \tag{3.47}$$

$$\mathsf{p} = i\sqrt{\frac{\hbar m_e\omega}{2}} \begin{pmatrix} 0 & -\sqrt{1} & 0 & 0 & \cdots \\ \sqrt{1} & 0 & -\sqrt{2} & 0 & \cdots \\ 0 & \sqrt{2} & 0 & -\sqrt{3} & \cdots \\ 0 & 0 & \sqrt{3} & 0 & \cdots \\ \vdots & \vdots & \vdots & \vdots & \ddots \end{pmatrix} \tag{3.48}$$

上の q と p を用いれば，qp − pq = $i\hbar$ を示すことができます．そのとき，p も q も共に**無限個の成分をもつ**ことに気を付ける必要があります．ただし，実際に無限個の成分を計算するわけにはいきませんので，有限個の成分について計算することになります．試しに，3 × 3 成分だけ抜き出して考えてみましょう（抜き出した行列を $\mathsf{q}^{(3)}, \mathsf{p}^{(3)}$ のように表すことにします）．

$$\mathsf{q}^{(3)}\mathsf{p}^{(3)} = \frac{i\hbar}{2} \begin{pmatrix} 0 & \sqrt{1} & 0 \\ \sqrt{1} & 0 & \sqrt{2} \\ 0 & \sqrt{2} & 0 \end{pmatrix} \begin{pmatrix} 0 & -\sqrt{1} & 0 \\ \sqrt{1} & 0 & -\sqrt{2} \\ 0 & \sqrt{2} & 0 \end{pmatrix}$$

$$= \frac{i\hbar}{2} \begin{pmatrix} 1 & 0 & -\sqrt{2} \\ 0 & 1 & 0 \\ \sqrt{2} & 0 & -2 \end{pmatrix}$$

$$\mathsf{p}^{(3)}\mathsf{q}^{(3)} = \frac{i\hbar}{2} \begin{pmatrix} -1 & 0 & -\sqrt{2} \\ 0 & -1 & 0 \\ \sqrt{2} & 0 & 2 \end{pmatrix}$$

よって

$$\mathsf{q}^{(3)}\mathsf{p}^{(3)} - \mathsf{p}^{(3)}\mathsf{q}^{(3)} = i\hbar \begin{pmatrix} 1 & 0 & 0 \\ 0 & 1 & 0 \\ 0 & 0 & -2 \end{pmatrix}$$

となります．これでめでたく正準交換関係が示されました … と言いたいところですが，本来はすべての対角成分が 1 になるべきところ，(3,3) 成分だけ −2 になってしまっています．

実は，このおかしな結果の原因は，行列サイズを有限にしたことに原因があります．試しに，4 × 4 成分まで計算してみると，(3,3) 成分が 1 になることがわかります（ただしその場合は，(4,4) 成分が −3 になってしまいます）．

このように，計算する成分を多くすればするほど対角成分は 1 になっていき，

無限個の成分を計算することで，すべての対角成分が1になり，結果として qp − pq = $i\hbar$ が成り立っているとわかります．

Coffee Break

量子力学と花粉症

前の Coffee Break で紹介したハイゼンベルクの休暇ですが，実はバカンスの類いではなく，酷い枯れ草熱（発熱をともなう花粉症）に悩まされ，草花の花粉から逃れるためにヘルゴランド島に向かったのでした．島に着いたときには，誰かに殴られたかと思えるほどに顔が腫れ上がっていたとか．

ヘルゴランドでは，高地への散歩と海辺の砂丘への海水浴と日光浴で，すっかり健康を取り戻したハイゼンベルクが，ゲッティンゲンにいたときよりも研究に集中でき，量子力学の発見に至ったことは前述のとおりです．

その他にも，休暇中の発見といえば，ニュートンの「創造的休暇」も有名です．当時，ヨーロッパではペストが猛威を振るっていました．ロンドンでも大流行し，ニュートンが所属していたケンブリッジ大学も閉鎖．仕方なくニュートンは故郷のウールソープに引きこもりました．しかしケンブリッジでの雑事から解放されたニュートンは，それまで温めてきたアイデアに集中的に取り組み，微積分法，光学，万有引力（ニュートンの三大業績ともよばれる）についての偉大な発見を成し遂げたのです．

独り静かに集中できる環境で気分転換することが創造的仕事には大変有効で，それにより，長々と考え抜いた（ここがポイント）ことが一気に晴れ渡るということは，多くの例によって示されています．

さぁ，花粉症の皆さん，もう花粉症で悩む必要なんてありません．勇気を出して休暇を取り，新しい創造的一歩を踏み出そうではありませんか!!

3.6 固有値問題としての行列力学

前節で見た行列力学の要点は，正準交換関係 (3.15) および量子力学における正準運動方程式 (3.18) を満たす q と p を見つけることでした．そして，これらを満たす q と p からハミルトニアン H を構成すれば，そのハミルトニアンは対角行列 (3.22) になっているということでした．つまり，いままでの内容は

　　　　（交換関係）＋（運動方程式）　→　（対角行列のハミルトニアン）

という論理展開になっていて，この論理展開の順を入れ替えれば，

　　　　（交換関係）＋（対角行列のハミルトニアン）　→　（運動方程式）

とすることもできます．したがって，交換関係を満たし，さらにハミルトニアンを対角行列にする q と p が見つかれば，その q と p は自動的に運動方程式を満たすことになります[9]．

　どちらの論理展開に従っても同じ結論が導かれるのですが，場合によっては後者の経路を辿る方が，数学的にはずっと簡単に計算できることがあります．ただしそのためには，行列演算の数学的な側面に慣れている必要があるので，以下では少し数学的なお話を展開します．決して難しいものではないので，困難なく読み通せると思いますが，線形代数についてはひととおり知識がある，あるいは物理的側面を中心に知りたい読者の方々は，本節を読み飛ばしていただいても構いません．

3.6.1　ユニタリ変換

　量子力学において特に重要な行列の性質について，先に見ておきましょう．ある行列 A の行列要素を A_{nm} としたとき，(n, m) 成分と (m, n) 成分とを入れ替えたものを**転置行列**といい，$^t A$ で表します．式で表せば，

$$[^t A]_{nm} = A_{mn} \tag{3.49}$$

となります（t は transpose の意）．A の転置をとった上で各成分の複素共役をとった行列を**エルミート共役**といい，$A^\dagger$ で表します（†はダガーと読み，諸刃の短剣のことです）．そして，エルミート共役をとった行列が元の行列と等しい，つまり

$$A^\dagger = A \tag{3.50}$$

を満たす行列を**エルミート行列**といいます．

　さらに，

$$U^\dagger U = U U^\dagger = I \quad (\text{I は単位行列}) \tag{3.51}$$

の性質をもつ行列 U を**ユニタリ行列**といい，これは逆行列を用いて

---

[9]　詳しい証明はやや長いので割愛しますが，証明が気になってしまう意欲的な読者は，例えば，朝永 振一郎 著：『量子力学 I』（みすず書房）を参照してください．

$$U^\dagger = U^{-1} \tag{3.52}$$

と表すこともできます．そして，このユニタリ行列を用いて，任意の行列 X から新たな行列

$$X' = U^\dagger X U \tag{3.53}$$

へと変換する操作を**ユニタリ変換**といいます．

 Training 3.1

次の行列がエルミート行列であり，ユニタリ行列であることを確かめなさい（この行列は，第6章で出てくるパウリ行列 σ_y に相当しています）．

$$A = \begin{pmatrix} 0 & -i \\ i & 0 \end{pmatrix} \tag{3.54}$$

 Exercise 3.5

q と p が交換関係 $qp - pq = i\hbar$ を満たすとき，$q' = U^\dagger q U$，$p' = U^\dagger p U$ で定義される p' と q' も交換関係を満たすことを示しなさい．

Coaching まず，$U^\dagger U = UU^\dagger = I$ の関係を用いると，

$$q'p' = (U^\dagger q U)(U^\dagger p U) = U^\dagger q p U \tag{3.55}$$
$$p'q' = (U^\dagger p U)(U^\dagger q U) = U^\dagger p q U \tag{3.56}$$

であることがわかります．このことから，

$$q'p' - p'q' = U^\dagger q p U - U^\dagger p q U = U^\dagger(qp - pq)U$$
$$= U^\dagger(i\hbar)U = i\hbar U^\dagger U = i\hbar \tag{3.57}$$

となって，交換関係を満たすことが示されます．■

このように，正準交換関係はユニタリ変換を施しても変わりません．これをユニタリ変換に対して不変といいます．

▶ **正準交換関係は，ユニタリ変換に対して不変である．**

3.6.2 ハミルトニアンの対角化

本節の冒頭で述べたとおり，私たちの課題は交換関係 $qp - pq = i\hbar$ を満

たし，かつ H(q, p) を対角化する q と p を見つけることです．例えば，調和振動子のときの (3.47) と (3.48) を取り上げてみましょう．それぞれを q_0, p_0 と表せば，それらは $q_0 p_0 - p_0 q_0 = i\hbar$ を満たしていることはすでに見たとおりです．これを調和振動子のハミルトニアンに代入すれば，確かに対角化されます（Practice [3.6] を参照）．しかし，q_0 と p_0 とを調和振動子ではない一般のハミルトニアン H に代入した

$$H(q_0, p_0) \tag{3.58}$$

は，対角行列にはなりません．では，どのようにして，この H を対角化する q, p を見つければよいのでしょうか？

ここで求めたい解 q, p を (3.53) を用いて q_0, p_0 のユニタリ変換

$$q = U^\dagger q_0 U \tag{3.59}$$
$$p = U^\dagger p_0 U \tag{3.60}$$

として表してみると，q と p で構成されるハミルトニアン

$$H(q, p) = H(U^\dagger q_0 U, U^\dagger p_0 U) \tag{3.61}$$

が対角化されるようにユニタリ行列 U を求めることができれば，この U を介して，H を対角化する q と p が見つかることになります．ここで Exercise 3.5 より，q, p は交換関係を満たしています．

さらに，(3.61) の右辺は

$$H(U^\dagger q_0 U, U^\dagger p_0 U) = U^\dagger H(q_0, p_0) U \tag{3.62}$$

と書き換えることができます．これは例えば，ある行列 f と g があったときに，

$$U^\dagger (f + g) U = U^\dagger f U + U^\dagger g U \tag{3.63}$$
$$U^\dagger f g U = (U^\dagger f U)(U^\dagger g U) \tag{3.64}$$

が成り立つことから明らかです（f と g の和と積で成り立つことから，f と g から成るすべての関数 F(f, g) で成り立つことになります）．

以上を整理すると，結局，私たちが解きたい問題は，

$$U^\dagger H(q_0, p_0) U = W \tag{3.65}$$

となるような U を見つけることにあるということがわかります（W は $W_{nm} = W_n \delta_{nm}$ となる対角行列です）．

(3.65) は，左から U を掛けると，

$$H(q_0, p_0) U = U W \tag{3.66}$$

と表すことができて，q_0, p_0, およびそれを代入しただけの $H(q_0, p_0)$ は（対角行列ではないものの）すでにわかっている行列なので，ここでの未知数は行列 U と W です．一般に $n \times n$ 行列であれば独立な成分は n^2 個あるのですが，W は対角成分以外はすべてゼロのため，W は $n \times n$ 行列であっても，いまの場合は n 個しか独立な成分をもちません．この特徴を上手く利用すると，(3.66) の関係式はさらに簡約化できます．

簡約化をわかりやすく実行するために，ユニタリ行列 U を縦ベクトルの集まりとみなすことにします．例えば，3×3 行列であれば

$$U = \begin{pmatrix} u_{11} & u_{12} & u_{13} \\ u_{21} & u_{22} & u_{23} \\ u_{31} & u_{32} & u_{33} \end{pmatrix} = (\boldsymbol{u}_1 \ \boldsymbol{u}_2 \ \boldsymbol{u}_3) \tag{3.67}$$

$$\boldsymbol{u}_1 = \begin{pmatrix} u_{11} \\ u_{21} \\ u_{31} \end{pmatrix}, \quad \boldsymbol{u}_2 = \begin{pmatrix} u_{12} \\ u_{22} \\ u_{23} \end{pmatrix}, \quad \boldsymbol{u}_3 = \begin{pmatrix} u_{13} \\ u_{23} \\ u_{33} \end{pmatrix} \tag{3.68}$$

と表せるので，(3.66) は，

$$H(\boldsymbol{u}_1 \ \boldsymbol{u}_2 \ \boldsymbol{u}_3) = (\boldsymbol{u}_1 \ \boldsymbol{u}_2 \ \boldsymbol{u}_3) \begin{pmatrix} W_1 & 0 & 0 \\ 0 & W_2 & 0 \\ 0 & 0 & W_3 \end{pmatrix} \tag{3.69}$$

となり[10]，これを列ごとに分けて書き表せば次のようになります．

$$H\boldsymbol{u}_1 = W_1 \boldsymbol{u}_1, \quad H\boldsymbol{u}_2 = W_2 \boldsymbol{u}_2, \quad H\boldsymbol{u}_3 = W_3 \boldsymbol{u}_3 \tag{3.70}$$

すなわち，(3.66) を解くことは，

$$H\boldsymbol{u} = W\boldsymbol{u} \tag{3.71}$$

において，H の固有値 W とその固有ベクトル $\boldsymbol{u}$ を求めること ― **固有値問題**を解くこと ― に他ならないのです！　ここまで来れば，後は線形代数のよく知られた手順に従って解を求めることができます．

まず，固有方程式

$$|H - W| = 0 \tag{3.72}$$

を解くことで，固有値 W が求まります．そして，それを元の方程式 (3.71)

---

[10] $H(q_0, p_0)$ の (q_0, p_0) は省略してあります．

に代入すれば，固有ベクトル u が得られます．

ただし，線形代数の一般的方法に従って得られた固有ベクトルをそのまま用いてはユニタリ行列の条件（3.51）を満たしません．そこで，

$$|u|^2 = 1 \tag{3.73}$$

を満たすように，全体に係数を掛けて1になるように**規格化**します．規格化された固有ベクトルが求まれば，それを行列の成分として並べることでユニタリ行列 U も求まるので，結果としてハミルトニアンを対角化できる q と p も求まります．

以上をまとめると，

▶ **量子力学の問題を解くことは，固有値問題を解くことに帰着する．**

といえます．前期量子論では熟練の技や勘に頼ることの大きかった問題の解法が一般化され，実に明確な方針も得られるに至りました．これにより，古典力学と同じように，量子力学も一貫性，系統性をもった理論へと進化したのです．

とはいえ，私たちはまだ量子力学の入口に立っただけで，その全貌が見えたわけではありません．次章で**行列力学と相補的な波動力学**を学び，両者の関係を紐解くことで，いよいよ量子力学の構造が見えてくることになります．

 Training 3.2

Training 3.1 で扱った行列 A の固有値と固有ベクトルを求めなさい．また，得られた固有ベクトルを用いてユニタリ行列 U を求め，実際に $U^{-1}AU$ を計算することで，A が対角化されることを確かめなさい．

☕ Coffee Break

科学なんかよりシューベルトの方が美しい！？

　天才的な物理学者の中には，物理学以外にも秀でた才能をもつ人が少なくありません．ハイゼンベルクもその1人．ピアノの名手で，モーツァルトのピアノ協奏曲第20番の演奏をレコードに残しているとか．若きハイゼンベルクは，音楽の道に進むか，物理学の道に進むか，真剣に悩み，友人たちとも何度も相談し合ったそうです．時には，友人の母親が登場する一幕も．

　優秀なチェリストであった友人ワルターの母親は，物理学の道に進もうとするハイゼンベルクを「どうして音楽を勉強することに決めなかったのか」と次のように諫めます．ワルターの母親曰く：

> 「あなたの演奏とあなたの音楽についての話し方から，私には芸術の方が自然科学や技術よりももっとあなたの心にぴったりしているような印象を受けます．あなたは心の底ではそうした音楽の内容の方が，器具や数式や，あるいは精巧を極めた技術的な装置の中に表現される本質よりももっと美しいと思っているように見えます．もしも本当にそうなのなら，どうしてあなたは自然科学をしようと決心したのですか？」

> 「シューベルトの変ロ長調三重奏曲を弾くことの方が，装置を作ったりあるいは数学的な公式を書くより美しくはないか，ということをこそよく考えなければなりません．」

（ハイゼンベルク 著，山崎和夫 訳：『部分と全体』（みすず書房）より）

　しかしワルターの母親の意見は，却ってハイゼンベルクの物理学に対する思いを強くさせたのかも知れません．最終的にハイゼンベルクは物理学の道を選び，この一件からわずか3年後に，あの世紀の大発見を遂げるのです．

本章のPoint

- **観測可能な量だけで理論を組み立てる**：ハイゼンベルクは，量子力学の理論体系を組み立てるに当たり，観測可能な物理量のみを用いる必要性を説いた．その発想から，行列力学が生まれた．

- **行列力学**：原子スペクトルの実験で観測される振動数は，2つの数の組合せから構成されていることから，例えば p_{nm} や q_{nm} のように，物理量は2つの数の組合せで表せる．そのような物理量は，線形代数で用いられる行列演算の規則に従うことから，観測可能な物理量を行列で表すことで量子力学の理論体系を組み立てることができる．このように，行列に基づいて記述する量子力学の形式を行列力学とよぶ．

- **正準交換関係**：座標と運動量に対応する行列 q と p は，次の関係を満たす．
$$\mathsf{qp} - \mathsf{pq} = i\hbar$$
これを量子力学の正準交換関係とよぶ．

- **ハイゼンベルクの運動方程式**：ある物理量に対応する演算子を g とすれば，その時間変化は系のハミルトニアン H を用いて
$$i\hbar \frac{d\mathsf{g}}{dt} = \mathsf{gH} - \mathsf{Hg}$$
で与えられる．これをハイゼンベルクの運動方程式とよぶ．g として座標 q と運動量 p を選べば，量子力学における正準運動方程式が得られる．

- **調和振動子**：行列力学によると，角振動数 ω をもつ調和振動子のエネルギーは
$$W_n = \hbar\omega\left(n + \frac{1}{2}\right) \quad (n = 1, 2, 3, \cdots)$$
と求まる．ボーア–ゾンマーフェルトの量子化条件を用いた結果である $W_n = n\hbar\omega$ にさらに $\hbar\omega/2$ が加わり，基底状態 $n = 0$ でも有限のエネルギー（零点エネルギー）が導かれる．この結果は，波動力学によるものと完全に一致する．

Practice

[3.1] 乗法規則の導出

量子力学における乗法は，なぜ線形代数における行列の乗法と同じになるのか？を簡単に説明しなさい．

[3.2] 正準交換関係の導出

正準交換関係はどのようにして導かれたのか？ その導出過程を簡単に説明しなさい（数式を用いなくても構いません）．

[3.3] 古典的な量の乗法規則

古典的な量について，状態 n に対する 2 つの力学量 $x_n(t)$ と $y_n(t)$ をそれぞれ

$$x_n(t) = \sum_\beta X_\beta(n) e^{i\omega(n,\beta)t} \tag{3.74}$$

$$y_n(t) = \sum_\gamma Y_\gamma(n) e^{i\omega(n,\gamma)t} \tag{3.75}$$

とフーリエ級数で表したとき，両者の積 $z_n(t) = x_n(t)y_n(t)$ をフーリエ級数を用いて表しなさい．その際，古典的な結合原理 $\omega(n,\alpha) + \omega(n,\beta) = \omega(n,\alpha+\beta)$ を用いて構いません．

また，$x_n(t)y_n(t) = y_n(t)x_n(t)$ が成り立つことを示しなさい．

[3.4] 行列の演算

行列 A, B について，次の関係が成り立つことを証明しなさい．
(1) $(AB)^\dagger = B^\dagger A^\dagger$
(2) $(AB)^{-1} = B^{-1}A^{-1}$

[3.5] エルミート行列とユニタリ行列の積

(1) エルミート行列の積はエルミートになるかを調べなさい．あるいは，積がエルミートになるための条件を求めなさい．
(2) ユニタリ行列の積はユニタリになるかを調べなさい．

[3.6] 調和振動子のハミルトニアンの行列表示

行列形式の q と p （(3.47) と (3.48)）を調和振動子のハミルトニアン (3.24) に代入し，H を行列形式で表しなさい．

[3.7] 行列力学で成り立つ関係式

q と p についての任意の多項式で与えられる，ある関数 $f(q,p)$ に対して，

$$\frac{\partial \mathsf{f}}{\partial \mathsf{q}} = \frac{i}{\hbar}(\mathsf{pf} - \mathsf{fp}), \qquad \frac{\partial \mathsf{f}}{\partial \mathsf{p}} = -\frac{i}{\hbar}(\mathsf{qf} - \mathsf{fq}) \tag{3.76}$$

が成り立つことを証明しなさい．

量子力学の展開
~波動力学~

　19世紀まで，物理学は大きく2つに分かれていました．1つは物質の物理学で，ニュートンの古典力学に従う粒子がその根底にありました．もう1つは光を含む電磁気学で，これはマクスウェル方程式から導かれる波動として理解されてきました．それが第1章で述べたように，20世紀初頭から，光は粒子としての側面をもつことが明らかになりました．これだけでも十分に画期的な出来事だったのですが，フランスの理論物理学者ド・ブロイは，さらに粒子が波動としての側面をもつことを提唱しました．これは，それまで全く検討されたことのない，革新的なアイデアでした．

　ド・ブロイのアイデアは，その後シュレーディンガーによってより精緻な理論へと展開され，波動力学が完成しました．しかもその波動力学は，前章で見た行列力学とは姿形が全く異なっており，どちらが正しいのかすぐには判断がつきませんでした．しかしその後，両者が完全に等価であることもシュレーディンガー自身によって証明されました．ほぼ同時期に，実験的にも電子の波動性が確認されるに至り，粒子の波動性は疑いようのない事実として確立しました．ついに，量子力学の全体像が人々の前に現れ始めたのです．

　本章では，行列力学と双璧を成す波動力学の新しい展開を見てみましょう．

4.1　ド・ブロイの物質波

　ここで改めて，1920年頃の物理学における問題点を整理しておきましょう．プランクによるエネルギー量子の導入に始まり，アインシュタインの光量子

仮説に至って，光は粒子としても理解できることが明らかになりました．しかし依然として，光の干渉や回折現象は，波動としてしか理解できませんでした．光の波動性と粒子性という2つの矛盾した側面を事実として受け入れるとしても，両者の関係性についてはまだ明らかになっていなかったのです．

次に，原子の構造，特に原子内の電子のエネルギーが量子化されることについては，ボーアの理論に始まる研究の積み重ねによって，徐々に確かなものとなっていました．しかし，なぜ

図 4.1 ルイ・ド・ブロイ
(1892 – 1987)

エネルギーが限られた値しかとることができないのかについては，まだよくわかっていませんでした．そして，これら2つの問題点を解決したのが，ド・ブロイの物質波の概念なのです．

それまでの物理学において，整数が登場するのは，干渉や固有振動など，波動現象のみでした．そこでド・ブロイは，電子などの微小粒子も光と似た二重性をもち，波動としての性質をもちうるのではないか，と考えました．これを**物質波**あるいは**ド・ブロイ波**といいます．

このアイデアを立証するためには，まず粒子の運動と波の伝播の間の関係性を明確にする必要があります．粒子の運動を特徴付けるのは，そのエネルギー E と運動量 p です．一方，波の伝播を特徴付けるのは，その振動数 ν と波長 λ です．なお，光に関しては，両者の関係性はすでに次のように示されています（第1章を参照）．

$$E = h\nu, \qquad p = \frac{h}{\lambda} \tag{4.1}$$

ド・ブロイは，この**光に関する対応関係が，電子などの粒子に対しても成り立つことを仮定しました．**例えば，電子の流れによる陰極線は，粒子の立場から見れば，エネルギー E と運動量 p をもちます．これを波動の立場から見れば，振動数 ν と波長 λ で表されるべきで，それぞれの関係が (4.1) で与えられるとしたのです．そのときの波長

$$\lambda = \frac{h}{p} \tag{4.2}$$

をド・ブロイ波長といいます．

この式だけを見ると，単に (4.1) を変形しただけに思われるかも知れません．しかし，(4.1) は光に対する関係であるのに対し，(4.2) は電子に対する関係です．それまで運動量 p をもつ粒子としか考えられてこなかった電子が，波長 λ をもつと考えたところにド・ブロイの独創性があります．

なお，(4.1) の関係は，角振動数 ω と波数ベクトル $\bm{k}$ を用いて，

$$E = \hbar\omega, \qquad \bm{p} = \hbar\bm{k} \tag{4.3}$$

と表すこともできます．ここで $\bm{k}$ は，大きさが $2\pi/\lambda$ で，向きが波の進行方向に平行なベクトルです．

Training 4.1

次の場合のド・ブロイ波長を求めなさい．
(1) 体重 70 kg の人が速度 1.0 m/s で歩く場合．
(2) 質量 10 g の弾丸が速度 1 km/s で飛んでいる場合．
(3) 質量 9.1×10^{-31} kg の電子が速度 10^8 cm/s で運動している場合．

具体的な例として，水素原子における電子の運動を考えてみましょう．簡単のために，電子は半径 r の円軌道を描いているとします[1]．このとき，軌道の円周は $2\pi r$ です．電子が波であるとすれば，その波長の整数倍がこの $2\pi r$ になっていなくてはいけません．そうでないと，図 4.2 (b) のように，電子は安定した波を形成できないからです．よって，次の関係が成り立つはずです．

$$2\pi r = n\lambda \quad (n = 1, 2, 3, \cdots) \tag{4.4}$$

ところで，波長と運動量の間には (4.2) の関係があるので，(4.4) は

$$2\pi r p = nh \tag{4.5}$$

として書き換えられます．これは，まさにボーア－ゾンマーフェルトの量子

---

1) 3.1 節で，軌道を捨てよ，とのハイゼンベルクの考えを紹介しましたが，それは 1925 年のこと．ここで紹介しているド・ブロイの理論は，1923～1924 年のことです．

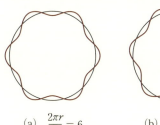

(a) $\dfrac{2\pi r}{\lambda} = 6$ (b) $\dfrac{2\pi r}{\lambda} = 6.3$

図 4.2 円軌道と波長の関係
(a) 円周が波長の整数倍のとき
(b) 円周が波長の整数倍からずれたとき

化条件 (2.19), (2.34) に他なりません．つまり，ボーアたちが考えた電子のエネルギーの量子化は，図 4.2 のように**電子が波であると考えれば，全く自然に理解できる**のです．そう考えれば，量子の世界では粒子の運動が従来の力学に従わないのも，当然に思えてくるでしょう．

これまでは，エネルギーがとびとびであるというのは摩訶不思議な現象でした．しかし，例えば，楽器の演奏を考えてみるとどうでしょう．ソプラノリコーダーで，一番下のドの音を出そうとして，ピーッと高い音が出た経験は皆さんもあるのではないでしょうか．あれは 1 オクターブ上のドの音が出ていたのでした．このように，指を動かさなければ（管の長さを変えなければ），出てくる音は 1 オクターブずつのとびとびの音程しか出ません．音程とは振動数のことですから，これはまさにエネルギーがとびとびになっているのです．そう考えれば，摩訶不思議であった量子の世界が一気に身近に感じられるのではないでしょうか．

4.2 デヴィッソン－ガーマーとトムソンの実験

4.2.1 物質波を検証するには

ド・ブロイが提唱した物質波の大胆な仮説は，確かに興味深いものではありましたが，それだけでは科学とはなり得ません．**仮説は，実験で証明されて初めて真の科学的理論となります**．物質波を証明するには，物質である電子が光と同じような回折現象を示すかを確かめることが必要です．回折現象は波長と密接に関連しており，波長がわからないとどのような回折格子を用

意すればよいのかわかりません．そこで，ここではまず，電子の物質波がどのくらいの波長をもっているかを求めてみましょう．

♊ Exercise 4.1

(4.2) を用いて，電位差 V によって加速された電子の波長を求めなさい．ただし，電子の速度 v は光速度より十分に遅いものとし，運動量は $p = m_e v$ で与えられるとします．なお，電子の質量と電荷の値は後見返しの物理定数表を参照して下さい．

Coaching 電気素量 e をもつ粒子が真空中で電位差 1V によって加速されたとき，$1\mathrm{eV} = 1.602 \times 10^{-19}\mathrm{J}$ のエネルギーをもちます．単位 eV は，電子ボルト (electron volt) といい，電位差 V (単位はボルト) であれば，電子はエネルギー eV (単位は電子ボルト) をもつことになります[2]．

エネルギー eV をもつ電子の速度は，$m_e v^2/2 = eV$ より

$$v = \sqrt{\frac{2eV}{m_e}} \tag{4.6}$$

で与えられるので，(4.2) より，

$$\lambda = \frac{h}{m_e v} = \frac{h}{\sqrt{2m_e eV}} \tag{4.7}$$

となります．ここに h と電子の m_e, e の値を代入すると，次の結果が得られます．

$$\lambda = \frac{6.626 \times 10^{-34}\mathrm{J \cdot s}}{\sqrt{2 \times (9.109 \times 10^{-31}\mathrm{kg}) \times (1.602 \times 10^{-19}\mathrm{C}) \times V}}$$

$$= \frac{1.227 \times 10^{-9}}{\sqrt{V}}\mathrm{m} = \frac{12.27}{\sqrt{V}}\mathrm{Å} \tag{4.8}$$

(2 行目の V には，単位をボルトにして数値だけ入れるものとします．) ∎

例えば，$V = 100\mathrm{V}$ の電圧を用いれば，(4.8) より物質波の波長は $\lambda = 1.227\mathrm{Å}$ と予想されます．これは，およそ水素原子の大きさ ($\simeq 2a_\mathrm{B}$) に対応しており，X 線の波長程度です (a_B は (2.28) のボーア半径)．当時，すでに X 線は結晶によって回折現象を示すことがよく知られていました[3]．X 線の

---

[2] 少しややこしいですが，立体の eV は単位記号であるのに対し，斜体の eV は，$e \cdot V$ を表していることに注意してください．

波長が原子間隔と同程度であることから，X線にとっては結晶がちょうど回折スリットの役割を果たすのです．

電子の波長もX線と同程度であるならば，電子は結晶によってX線と同様の回折現象を示さなくてはいけないことになります．はたして，結晶による電子の回折現象は，ド・ブロイの理論の数年後に実証されることになるのです．

4.2.2 実際に捉えられた物質波

量子力学の発展だけでなく，20世紀の科学において最も重要な発見がここに登場します．電子の波動性を実験的に示したデヴィッソン-ガーマーの実験と，G.P.トムソンの実験です．これらの実験は，**量子力学の理論体系を観測事実に基づいて構築する**という点で，極めて重要な役割を果たしました．

デヴィッソンたちは，ド・ブロイの理論が提出される前から，金属結晶の表面に電子を当て，反射されてきた電子の強度分布を調べていました．その強度分布の振舞は奇妙なもので，当初は説明しがたいものでした．しかし1927年に，アメリカの物理学者デヴィッソンとガーマーは，詳細な解析の結果，その強度分布は，金属原子をスリットに見立てた回折現象によるものであると結論しました．物質波の存在を実験的に証明することに成功したのです（図4.3）．

この実験により，粒子と思われてきた電子が，明らかに波の性質ももっていることが示されたのです．しかも，回折パターンから見積もられた電子の波長は，わずか1%〜2%の誤差の範囲内でド・ブロイが予測したものと良く一致していました．

デヴィッソン-ガーマーの実験とほぼ同時期に，イギリスの物理学者G.P.トムソン（あのJ.J.トムソンの息子）は，また別の実験手段で，物質波の存在を明らかにしました．デヴィッソンたちが用いたのは50V〜600Vの比較的小さな電圧で加速された"遅い"電子でした．これに対しG.P.トムソンは，

---

3) 結晶によるX線の回折現象を発見し，X線が電磁波であることを証明したのは，ドイツの理論物理学者ラウエ（1879-1960）です．この業績により，ラウエは1914年のノーベル物理学賞を受賞しました．

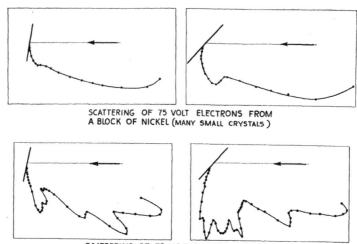

図4.3 デヴィッソン‐ガーマーによる電子線回折の実験. ニッケル結晶の表面（黒直線）に矢印の方向から電子線を当て，散乱強度を角度の関数として描いたもの."事故"の前（上段）と後（下段）では，強度分布が全く変わってしまっている（次頁のCoffee Break を参照）．図の左右では入射角度が異なる．
(C. Davisson and L. H. Germer: Phys. Rev. **30**, 705 (1927) による)

1万V～8万Vの電圧で加速された高速の電子を用いて，金属薄膜（金，白金，アルミニウムなど，厚さおよそ30 nm）を通り抜けた電子が干渉パターンを描くことを示しました．これも電子の波の性質を実験的に捉えたものです．**父のJ.J.トムソンは粒子としての電子の存在を証明し，息子のG.P.トムソンは波動としての電子の存在を証明したのです．**

光は，長らく波であると信じられてきましたが，それ以前のニュートンの時代には，粒子説もありました．一方の電子については，その存在が知られて以降，波であると考えられたことはありませんでした．しかし，電子が波であることの疑いようのない実験的証拠が人々の目の前に現れたのです．その衝撃たるや，如何ほどだったでしょうか．デヴィッソンとG.P.トムソンには，これらの業績に対して1937年にノーベル物理学賞が授与されました．

ひとたび電子が波動性を示すことがわかれば，今度は逆に，電子線を用い

て結晶の詳細な構造を調べることができるようになります．電子線回折には，X線回折にはないメリットがいくつかあります．

第一に，電子線は強度を高めることができるので，X線では数時間が必要な場合でも，電子線を用いれば1秒程度で測定できます．第二に，電子線の波長は電圧を変えることで自在に調整できます．これは(4.8)からも明らかです．第三に，電子線は電場や磁場で曲げることができます．この性質を用いて，レンズに相当する装置をつくり，電子線を焦点に集めることもできます[4]．ただし，結晶を通り抜けるX線に対し，電子線は結晶中の原子と強く相互作用するので，結晶中で急速に吸収されます．この性質のため，電子線は結晶表面の構造を調べる際に特に威力を発揮します．

いまでは，電子線回折は表面科学を支える極めて重要な測定手法です．デヴィッソンやG. P. トムソンたちの実験は，電子の波動性を実験的に証明しただけでなく，物質の構造を調べるための新しい実験手段を私たちに提供してくれたのです．

☕ Coffee Break

偶然のチャンスを逃さない

デヴィッソンとガーマーが電子の干渉現象を発見するまでの経緯は，多くの示唆に富んでいます．デヴィッソンたちは，ド・ブロイの理論が発表される以前より，金属結晶に陰極線を当てたときの反射の性質について調べていました．そして1921年には，すでにニッケル表面で反射された陰極線の強度がおかしな角度依存性をもつことを見出していました．しかし当初，その強度分布が何に由来して，何を意味しているのかはわかりませんでした．

ところが，1925年のある事故がきっかけで，事態は急展開します．研究に使っていた液体空気のボトルが爆発してしまい，標的として使っていたニッケルが酷く酸化してしまいました．この酸化膜を取り除くために，デヴィッソンたちはターゲットを真空中で熱しました．実験環境も無事元通りになり，いざ測定を再開すると，強度分布はすっかり変わっていました（図4.3の上段と下段）．どうしてそんなに結果が変わってしまったのでしょうか？

---

[4] この性質を利用した電子顕微鏡は，物理学に限らず，あらゆる科学分野で広く利用されています．

実は，酸化膜を取り除くために真空中で加熱したことにより，ターゲットの再結晶化が進み，非常に良質な結晶面ができ上がったのです．以前の品質では十分な回折パターンが現れませんでしたが，結晶の品質が大きく向上したことによって，明確な回折パターンが現れたというわけです．

デヴィッソンたちは，この偶然のチャンスを逃しませんでした．事故の後，ボルンを始めとする様々な物理学者たちとの意見交換を経て，彼らは本格的に物質波の検証に乗り出し，ついにその努力を結実させたのです．実験の開始から8〜9年を要したのですが，それだけの期間，1つの実験対象に真摯に向き合った結果が，歴史的な発見へとつながったのです．

4.3 波動力学の誕生

ド・ブロイによる物質波の概念は，デヴィッソンやG. P. トムソンたちの実験によって確かなものとなりました．しかし一体，物質波とはどのような性質をもっているのでしょうか？　波長と運動量との間に成り立つ関係以外に，物質波について私たちが知っていることはまだほとんどありません．物質波とは，私たちが普段慣れ親しんでいる音波のような性質なのでしょうか？　はたまた，私たちがこれまでに知っているどの波とも異なる，全く新しい種類の波なのでしょうか？

こうした問いに答えるためには，物質波に対する波動方程式を手にする必要があります．そしてそれを実現したのが，オーストリア出身のシュレーディンガーです．

図 4.4　エルヴィン・シュレーディンガー（1887 - 1961）

行列力学にまつわるハイゼンベルクたちの論文が立て続けに発表されたのは 1925 年でした．その翌年，1926 年の前半わずか 6 ヶ月の間に，シュレーディンガーは計 6 編（全部で 169 ページ）の論文を立て続けに発表し，事実上，たった 1 人で**波動力学**の基礎理論を一気に築き上げたのです．

4.3.1 古典力学における波動方程式

シュレーディンガーの理論に入る前に，古典力学における波動方程式がどういうものであったかを簡単に復習しておきましょう[5]．

一般に，波動方程式は次の形で表されます．

$$\frac{\partial^2 \Psi(x,t)}{\partial t^2} = u^2 \frac{\partial^2 \Psi(x,t)}{\partial x^2} \tag{4.9}$$

これは，時間と空間のそれぞれについて 2 階の微分方程式になっています．波動方程式は，弦を伝わる波でも，光などの電磁波でも，共通して (4.9) の形で表されます．$\Psi(x,t)$ は波を伝える媒質の変位を表し，弦を伝わる波では弦の変位，電磁波であれば電場と磁場の変位を表します．なお，比例係数 u の物理的意味は，すぐ後で明らかになります．

 Exercise 4.2

$\Psi(x,t) = \sin\left\{2\pi\left(\dfrac{x}{\lambda} - \nu t\right)\right\}$ が (4.9) を満たすことを確かめなさい．また，そのときの u を求めなさい．

Coaching (4.9) の左辺と右辺の微分をそれぞれ計算すれば，簡単に題意を証明することができます．

$$\frac{\partial^2 \Psi(x,t)}{\partial t^2} = -(2\pi\nu)^2 \Psi(x,t), \quad \frac{\partial^2 \Psi(x,t)}{\partial x^2} = -\left(\frac{2\pi}{\lambda}\right)^2 \Psi(x,t)$$

よって，

$$\frac{\partial^2 \Psi(x,t)}{\partial t^2} = (\lambda\nu)^2 \frac{\partial^2 \Psi(x,t)}{\partial x^2} \tag{4.10}$$

の関係が成り立ちます．このとき，

$$u = \lambda\nu \tag{4.11}$$

とすれば，$\Psi(x,t) = \sin\left\{2\pi\left(\dfrac{x}{\lambda} - \nu t\right)\right\}$ は (4.9) を確かに満たしていることがわかります． ■

---

[5] 波動方程式の詳しい内容については，「振動・波動」のテキストを参照してください．

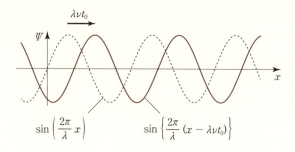

図 4.5 波の進行．時間が t_0 だけ進むと，波は $\lambda \nu t_0$ だけ移動する．つまり，波の進行速度は $u = \lambda \nu$ となる．

(4.11) の $u = \lambda \nu$ は，波の速度に当たります．u がどうして速度と関係しているのか，Exercise 4.2 の正弦波の例で見てみましょう．

時刻 $t = 0$ のとき，波の関数は $\Psi(x, 0) = \sin\left(\dfrac{2\pi}{\lambda} x\right)$ です．これが時刻 $t = t_0$ には，$\Psi(x, t_0) = \sin\left\{\dfrac{2\pi}{\lambda}(x - \lambda \nu t_0)\right\}$ となります．それぞれの関数形を実際に描いたのが図 4.5 です．

図を見ると，$\Psi(x, t_0)$ の関数は，$\Psi(x, 0)$ の関数を x の正方向に $\lambda \nu t_0$ だけ平行移動したものと見ることができます．つまり，波が時間 t_0 の間に $\lambda \nu t_0$ ($= \lambda \nu \times t_0$) だけ進行したことになります．このことから，波の進行速度は $u = \lambda \nu$ であることがわかります．一般に，$\Psi(x, t)$ の { } の部分は波の**位相**とよばれ，u は位相が進行する速度なので，**位相速度**とよばれています．

4.3.2 シュレーディンガーの波動方程式

古典的な波動方程式の復習を済ませたところで，いよいよ量子的な波動方程式について考えてみましょう．シュレーディンガーは，物質波の波動方程式を導くに当たり，その出発点として，解析力学におけるハミルトンの形式を選びました．物質の波動性を記述する理論を展開するために，力学を出発点に据えているのは大変興味深い思考経路です．

一般に，質量 m_e の粒子のエネルギー E は運動エネルギー $K = p^2/2m_e$ とポテンシャル V の和で与えられます．

$$E = \frac{p^2}{2m_\mathrm{e}} + V \tag{4.12}$$

このことから，運動量は

$$p = \sqrt{2m_\mathrm{e}(E - V)} \tag{4.13}$$

と表すことができますが，ここまでは古典力学の内容です．この関係を踏まえた上で，物質波について考えてみましょう．

物質波について，これまで私たちが知っていることは，(4.1) のド・ブロイ－アインシュタインの関係

$$E = h\nu, \qquad p = \frac{h}{\lambda} \tag{4.14}$$

です．この関係から，位相速度は

$$u = \lambda\nu = \frac{E}{p} = \frac{E}{\sqrt{2m_\mathrm{e}(E - V)}} \tag{4.15}$$

のように与えられます．物質波の波動方程式を導くに当たって，私たちが手にしている有用な情報は，実はこの位相速度だけです．たった 1 つの手掛りから，シュレーディンガーは鋭い感性と数学に裏付けられた確かな論理性で，物質波の正しい波動方程式を導いていったのです．以下で，その導出の過程を見ていきましょう．

(4.9) では，簡単のため 1 次元の場合（x 方向）のみを考えましたが，ここからは，これを 3 次元に拡張した，

$$\nabla^2 \Psi(\boldsymbol{r}, t) - \frac{1}{u^2}\frac{\partial^2 \Psi(\boldsymbol{r}, t)}{\partial t^2} = 0 \tag{4.16}$$

を考えることにします．ここで，$\boldsymbol{\nabla}$（ナブラ）は

$$\boldsymbol{\nabla} = \frac{\partial}{\partial \boldsymbol{r}} = \left(\frac{\partial}{\partial x}, \frac{\partial}{\partial y}, \frac{\partial}{\partial z}\right) \tag{4.17}$$

で表される，空間に対する微分演算子で，x, y, z の 3 成分をもっているため，ベクトルであることに注意してください．また，∇^2 はその 2 乗を表し，

$$\nabla^2 = \boldsymbol{\nabla} \cdot \boldsymbol{\nabla} = \frac{\partial^2}{\partial x^2} + \frac{\partial^2}{\partial y^2} + \frac{\partial^2}{\partial z^2} \tag{4.18}$$

を意味します．

なお，微分演算子である ∇ は，それ単独では存在し得ず，常にその右側に演算される関数をともなっている必要があります．

 Exercise 4.3

物質波が（行列力学でも考えたように）時間に対して $\Psi \propto e^{i\omega t}$ の依存性をもっている場合を考えます．波動関数を $\Psi(\mathbf{r}, t) = \phi(\mathbf{r}) e^{i\omega t}$ とおき，(4.16) から，時間を含まない，空間成分 $\phi(\mathbf{r})$ に対する偏微分方程式を導きなさい．

Coaching　まず，(4.16) の時間に関する微分は

$$\frac{\partial^2 \Psi(\mathbf{r}, t)}{\partial t^2} = \phi(\mathbf{r}) \frac{d^2}{dt^2} e^{i\omega t} = -\omega^2 \phi(\mathbf{r}) e^{i\omega t} \tag{4.19}$$

となります（空間と時間が分離されたので，それぞれの微分記号が $\partial \to d$ になります）．空間微分については，$\phi(\mathbf{r})$ の関数形がわからないので，これ以上，微分演算を進めることはできません．

よって，(4.16) は

$$\nabla^2 \phi(\mathbf{r}) + \frac{\omega^2}{u^2} \phi(\mathbf{r}) = 0 \tag{4.20}$$

となり，位相速度として (4.15) を用いれば，

$$\nabla^2 \phi(\mathbf{r}) + \frac{2m_e}{\hbar^2}(E - V)\phi(\mathbf{r}) = 0 \tag{4.21}$$

が導かれます（u の分子に (4.1) の $E = h\nu = \hbar\omega$ の関係を用いました）．

さらに上式を変形して，

$$\boxed{\left(-\frac{\hbar^2}{2m_e}\nabla^2 + V\right)\phi(\mathbf{r}) = E\phi(\mathbf{r})} \tag{4.22}$$

と表しておくと，後で一般化するときに便利です．　■

(4.22) を**時間に依存しないシュレーディンガー方程式**といいます．一般に，波動とは時間と空間に依存する関数で表されるため，波動方程式は時間と空間の双方についての方程式になっているべきです．実際，(4.22) も，時間と空間についての微分方程式である標準的な波動方程式 (4.16) から導いたものです．途中，(Exercise 4.3 で）波動関数の時間の依存性を仮定したため，時間に対する微分演算を済ますことができ，結果として空間のみに依存

する微分方程式となりました．実は，この段階のシュレーディンガー方程式 (4.22) はまだ完成途中なのですが，これだけでも十分多くのことがわかりますので，ここでは，まず (4.22) を用いて具体的な問題を解いてみることにしましょう．

シュレーディンガー方程式 (4.22) の大きな特徴の 1 つは，**そこに含まれるポテンシャル V を変えるだけで，様々な問題に対応できる**点です．例えばすぐ後で見るように，$V(x) = -kx^2/2$ とおけば調和振動子，$V(r) = -e^2/4\pi\varepsilon_0 r$ とおけば水素原子の問題を解くことができます．そして何よりも重要なことは，**シュレーディンガー方程式は微分方程式で表されている**という点です．物理学者にとって，微分方程式を解くことはニュートン以来ずっと行ってきたことですから，行列を用いて問題を解くことに比べてずっとなじみ深いものでした．またちょうどその頃，クーラントとヒルベルトによる有名な『数理物理学の方法』（1924 年）も出版されたばかりで，シュレーディンガーもこの本を愛読していたようです．そうしたこともあって，少々難解な微分方程式でも解けるだけの土壌が整っていたのです．

とはいえ，初学者にとってはそう簡単に解けるものばかりではありませんので，1 つずつ解き方をマスターしていくにはそれなりに時間がかかります．それは数学力や論理性を身に付ける上で欠かせない鍛錬ではあるのですが，そこで躓くとやる気が削がれてしまって，肝心な物理的内容を捉え損ねてしまうことが多くあります．そこで本書では，物理的な部分にできるだけ焦点を絞って話を進めていくことにしましょう．

☕ Coffee Break

あなたは大した問題もやってないのですから

チューリヒ大学に教授として在籍していたシュレーディンガーは，近隣のチューリヒ工科大学と共同でコロキウムを行っていました．コロキウムの主催者は，ピーター・デバイ（1936 年にノーベル化学賞を受賞）でした．

1925 年後半のある日のコロキウムで，デバイが次のように提案したそうです：

「シュレーディンガーさん，あなたは今，たいして重要な問題をやってるわけではないでしょう．ならば近ごろ注目されているらしいド・ブロイの博士論文について紹介してもらえませんか？」
(ブロッホ 著（筆者訳）：Physics Today **29**, 23 (1976) より)

当時デバイは41歳．シュレーディンガーは38歳．すでに科学的名声を得ていたデバイとはいえ，3歳しか変わらない，しかもすでに教授となっているシュレーディンガーに対して，この言い方が本当だとすれば，少々失礼な気もします．

ともかく，シュレーディンガーはすぐにド・ブロイの理論に取りかかり，コロキウムでその内容を紹介しました．当時学生として参加していたブロッホ（1952年にノーベル物理学賞を受賞）によれば，デバイはド・ブロイの理論の話を聞いて，「ちょっと子供じみた話だな」と漏らしたとか．数理物理学の権威であるゾンマーフェルトの学生だったデバイにとっては，波動方程式に立脚せずに波動を扱うド・ブロイの理論は物足りなかったようです．

その数週間後，シュレーディンガーは再びコロキウムで，「デバイさんは波動方程式があるべきだと提案されました．そして，私はそれを見つけました！」といって自身のアイデアを披露しました．そのアイデアこそが，後にシュレーディンガー方程式となる原案だったのです．デバイによる論文紹介の要請は少々強引だったかも知れませんが，シュレーディンガーはその機会を逃さず捉え，科学史に残る大発見を成し遂げたのです．

ところで，ずっと後になってブロッホがこの波動方程式の件をデバイに話したところ，デバイはそのことをすっかり忘れていたそうです．でも，にこやかに微笑んで一言．「で，私は正しかったでしょ？」．

4.4 波動力学における調和振動子

シュレーディンガー方程式を用いて量子力学の問題を解く実践例として，始めに1次元調和振動子の問題を考えてみましょう．少し計算が長くなりますが，調和振動子は量子力学でも非常に重要な課題なので[6]，頑張ってついてきてください．

3.5節で述べたように，質量 m_e の調和振動子のポテンシャルは

---

6) 例えば，磁場中の電子の運動を扱う場合も，調和振動子の問題に帰着します．

4.4 波動力学における調和振動子

で与えられました．これを (4.21) のシュレーディンガー方程式に代入すると，

$$V(q) = \frac{m_e \omega^2}{2} q^2 \quad (4.23)$$

$$\frac{d^2\phi(q)}{dq^2} + \frac{2m_e}{\hbar^2}\left(E - \frac{m_e\omega^2}{2}q^2\right)\phi(q) = 0 \quad (4.24)$$

となり，この方程式は，

$$\eta = \frac{2E}{\hbar\omega}, \quad x^2 = \frac{m_e\omega}{\hbar}q^2 \quad (4.25)$$

とおけば，

$$\frac{d^2\phi(x)}{dx^2} + (\eta - x^2)\phi(x) = 0 \quad (4.26)$$

のように単純化できます．

 Training 4.2

(4.24) を単純化し，(4.26) を導きなさい[7]．

4.4.1 エルミート多項式

微分方程式 (4.26) を解く前に，その解がどのような形になっているかを予想してみましょう．無限遠 ($|x| \to \infty$) では，η より x^2 がずっと大きいので，(4.26) は

$$\frac{d^2\phi(x)}{dx^2} \simeq x^2 \phi(x) \quad (4.27)$$

のように近似できます．この微分方程式の解は $\phi(x) = (x\text{の多項式}) \times e^{\pm x^2/2}$ のような形になっていることが予想できますが，このことは，次のTraining 4.3で実際に2階微分を計算すると，確かめることができます．

---

[7] 数式の単純化は，慣れてしまうと簡単ですが，初めて取り組む場合は意外に手こずることがあります．ここで扱う単純化の方法は，広く一般の場合にも応用が効きますので，ぜひ一度は実際に手を動かして解いてみてください．

Training 4.3

次の 2 階微分を実際に計算しなさい．

$$\frac{d^2}{dx^2} e^{\pm x^2/2} \tag{4.28}$$

ただし，$\phi(x) \propto e^{\pm x^2/2}$ の x^2 の符号が $+$ であった場合，$|x| \to \infty$ で $\phi(x) \to \infty$ となってしまい，物理的に意味がありません．そこで，方程式 (4.26) の解を

$$\phi(x) = H(x) e^{-x^2/2} \tag{4.29}$$

とおいてみます．ここで，$H(x)$ は x の多項式とします．これを (4.26) に代入すると，次の形を得ます．

$$\frac{d^2 H(x)}{dx^2} - 2x \frac{dH(x)}{dx} + (\eta - 1) H(x) = 0 \tag{4.30}$$

では，この $H(x)$ がどういう形をもっているのか，具体的に見ていくことにしましょう．

Exercise 4.4

$H(x)$ の多項式の簡単な例として次の形を考え，それぞれの場合について，方程式 (4.30) から η を求めなさい．

(1) $H(x) = 1$ (2) $H(x) = x$ (3) $H(x) = x^2$

Coaching　(1) (4.30) に代入すれば，直ちに $\eta = 1$ が求まります．

(2) 同様にして $-2x + (\eta - 1)x = 0$ となるので，これが恒等式として成り立つ条件より，$\eta = 3$ と求まります．

(3) $H(x) = x^2$ を (4.30) に代入すると，

$$(\eta - 5) x^2 + 2 = 0 \tag{4.31}$$

となり，(1) や (2) のようにすべての x について成り立つ形には惜しくもできません．ただ，定数 2 が消えさえしてくれれば，なんとか恒等式の形にできそうです．

そこで，定数 a を用いて $H(x) = x^2 + a$ としてみるとどうでしょうか？ その場合は，1 階微分，2 階微分の項は全く変わらないので，

4.4 波動力学における調和振動子

$$(\eta - 5)x^2 + (\eta - 1)a + 2 = 0 \quad (4.32)$$

となります．x^2 の項からは $\eta = 5$ が求まり，さらに定数項が $(5-1)a + 2 = 0$ となることから，$a = -1/2$ であれば恒等式として成り立つことがわかります．つまり，始めから $H(x) = x^2 - 1/2$ としておけば，$\eta = 5$ が直ちに求まったというわけです．■

さて，ここまで来ると，皆さんは不思議な法則に気付いたのではないでしょうか．Exercise 4.4 では，$H(x)$ の多項式の次数を増やすと，$\eta = 1, 3, 5$ のように奇数のみが現れています．そもそも η は連続的にどのような値をとってもよい数だったのに，いざ方程式を解いてみると，不思議なことに，整数で，しかも奇数しか現れないのです．これは偶然なのでしょうか？ あるいは，必然なのでしょうか？ 次の Exercise 4.5 で調べてみましょう．

 Exercise 4.5

多項式の一般形（$a_n, a_{n-1}, \cdots$ は定数係数）として，
$$H(x) = a_n x^n + a_{n-1} x^{n-1} + \cdots + a_1 x + a_0$$
を方程式 (4.30) に代入し，x^n の係数から η を求めなさい．

Coaching $H(x)$ の 1 階微分と 2 階微分は，それぞれ次のようになります．

$$\frac{dH(x)}{dx} = n a_n x^{n-1} + (n-1) a_{n-1} x^{n-2} + \cdots + 2 a_2 x + a_1 \quad (4.33)$$

$$\frac{d^2 H(x)}{dx^2} = n(n-1) a_n x^{n-2} + (n-1)(n-2) a_{n-1} x^{n-3} + \cdots + 2 a_2 \quad (4.34)$$

これらを (4.30) に代入して，x^n の係数を取り出すと，
$$\{(\eta - 1) - 2n\} a_n = 0 \quad (4.35)$$
となります．これより，$\eta = 2n + 1$ であることが示されます．■

Exercise 4.5 からわかるように，Exercise 4.4 で発見的に見出した法則は，一般の n 次多項式についても成り立っています．そもそも $\eta = 2E/\hbar\omega$ だったので，η が離散的になることは，エネルギーが離散的になることを意味しています．

なお，(4.35) は $a_n = 0$ の場合にも成り立ちます．その場合は，$H(x)$ の x^{n-1} の係数を見ると，

$$\{(\eta - 1) - 2(n - 1)\}a_{n-1} = 0 \tag{4.36}$$

となるので，やはり η が奇数しかとらないことがわかります．

(4.35) と (4.36) から，$a_n \neq 0$ のときは $\eta = 2n + 1$ かつ $a_{n-1} = 0$，反対に $a_{n-1} \neq 0$ のときは $\eta = 2n - 1$ かつ $a_n = 0$ となります．つまり，$H(x)$ は偶数次の項のみをもつ偶関数か，奇数次の項のみをもつ奇関数しかとり得ないことがわかります．

この他にも，数学的には，よりエレガントで厳密な解法がありますが，実際に新しいことが生み出される現場では，最初からそのような整った解法が見つかるわけではありません．ここでは，少々泥臭いやり方ではありますが，初めて新しいことに辿り着くには極めて有効な発見的方法を紹介しました．

数学的に厳密な方法に基づくと，(4.30) において $\eta = 2n + 1$ の場合の

$$\left(\frac{d^2}{dx^2} - 2x\frac{d}{dx} + 2n\right)H_n(x) = 0 \tag{4.37}$$

の解は，**エルミート多項式**とよばれる

$$H_n(x) = (-1)^n e^{x^2}\frac{d^n e^{-x^2}}{dx^n} \quad (n = 1, 2, 3, \cdots) \tag{4.38}$$

の形で与えられることが知られていて，$H_0 \sim H_5$ の具体的な形は次のとおりです（図 4.6 を参照）．

$$H_0(x) = 1$$
$$H_1(x) = 2x$$
$$H_2(x) = 4x^2 - 2$$
$$H_3(x) = 8x^3 - 12x$$
$$H_4(x) = 16x^4 - 48x^2 + 12$$
$$H_5(x) = 32x^5 - 160x^3 + 120x$$

H_0, H_1, H_2 が，Exercise 4.4 で求めた形に等しいことがわかります（いまの場合，解を定数倍しても解になります）．また，n の偶奇性に応じて関数の偶奇性が決まっていることもわかります．

このような解析的なアプローチだけでなく，(コンピュータを用いた) 数値

4.4 波動力学における調和振動子　103

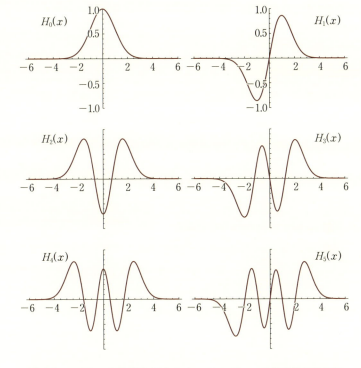

図 4.6 エルミート多項式 $H_n(x)$ $(n = 0 \sim 5)$. n の偶奇性に応じて，関数の偶奇性が決まる．

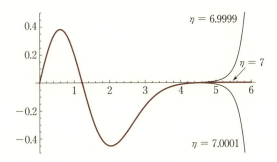

図 4.7 $\eta \simeq 7$ に対する (4.26) の数値解．ちょうど $\eta = 7$ のときのみ，$|x| \to \infty$ で収束する．η がわずか 1/10000 ずれただけで，解が発散してしまう．

的なアプローチも有効です．現在では，特別なプログラミングも必要なく，わずかなコマンドですぐに微分方程式が解けるアプリケーションがいろいろ用意されています．例えば図 4.7 には，$\eta \simeq 7$ のときの (4.26) に対する数値計算の結果を示しました．これを見ると，ちょうど $\eta = 7$ のときしか収束する解が得られず，η がわずかにずれただけで解がすぐに発散してしまうことが見てとれます．

　読者の皆さんも，こうした数値実験に一度チャレンジしてみてください．η を変えながら解を見ていくと，$\eta = 2n + 1$ のときのみ発散しない $\phi(x)$ が得られるとわかり，エネルギーが離散的になるのを実感できるはずです．

4.4.2　調和振動子の例からわかること

　少し数学的な内容に入り込んでしまったので，物理の話に戻しましょう．まずシュレーディンガーは，解析力学に基づいて，運動量をエネルギーとポテンシャルで表しました（(4.13) を参照）．次に，ド・ブロイ－アインシュタインの理論に基づき，位相速度を物質の質量，エネルギーとポテンシャルで表しました（(4.15) を参照）．そして，その位相速度を従来の波動方程式 (4.9) に代入することで，（時間に依存しない）シュレーディンガー方程式 (4.22) を得ました．

　シュレーディンガー方程式を用いれば，後は問題に応じたポテンシャルを代入して微分方程式を解くだけです．ここでは最も簡単な具体例として，1 次元調和振動子の問題を解いてみました．その結果，無限遠で発散しないという，極めて自然な条件を課すことで，エネルギーが次の形に**量子化**されることがわかりました（$\eta = 2n + 1$ を (4.25) の左の式に代入します）．

$$E_n = \hbar\omega\left(n + \frac{1}{2}\right) \quad (n = 1, 2, 3, \cdots) \tag{4.39}$$

　ド・ブロイの理論では，円軌道を描く物質波を考え，そこから波長の量子化条件を導きました．確かにそれは，波動性から量子化が導かれることを示すわかりやすい例にはなっています．しかし，そもそもなぜ円軌道に限定できるのかなど，不自然な点も残されていました．

一方，シュレーディンガーは，解となる波動関数が全空間において**一価で有限かつ連続**という自然な条件を課すだけで[8]，エネルギーが自然に量子化されることを示しました．もはや不自然な仮定もなく，エネルギーの量子化が理解されるに至ったのです．これはシュレーディンガー方程式の画期的な成果です．

さらに驚くべきことは，この結果がハイゼンベルクが行列力学で得た (3.41) と全く同じ結果であったことです．「同じ問題を解いたのだから，結果が同じなのは当然」と感じる方もいるかも知れません．しかし，皆さんがこれまで解いてきた問題を思い出すと，解は正確に与えられている上，複数の解き方があった場合でも，それぞれの解法はすでに確立されたものであったはずです．その場合は確かに，異なるアプローチで結果が一致しても大して不思議ではないでしょう．しかし当時の調和振動子の問題の場合，つい数年前までは $E_n = n\hbar\omega$ が正しいと思われてきたわけで，そもそも正しい解が何であるかすら（当時は）まだ確立されていませんでした．

さらにハイゼンベルクたちの行列力学も，まだ生まれ立ての理論で，海のものとも山のものともつかぬ段階でした．それまで信じられてきたエネルギー準位に，さらに $\hbar\omega/2$ が余分に加わるという新しい結論が導かれはしましたが，それが正しいのかどうかの確証が，まだ十分に得られたわけではありませんでした．そこに，行列力学とは概念も計算方法も全く異なる，波動方程式に基づく波動力学のアプローチで，全く同じ因子 $\hbar\omega/2$ が出てきたわけです．

ただし，この一致は，両者の正しさを証明する強力な一歩に違いありませんが，両者が共に間違っていた，あるいは，結果は合っていても，一方のアプローチは間違っていた，ということだってまだ大いにあり得たわけです．

しかしシュレーディンガーは，この一致は決して偶然ではなく，また互いに抵触するものでもなく，「互いに補い合うはずだ」と考えたのです．そしてすぐ後に，行列力学と波動力学の見かけ上の決定的な違いに反して，両者は等しい結果を導く理論になっていることを，シュレーディンガー自身が見事に証明しました．

---

8) 解が一価であるとは，1つの点ではただ1つの解しかもたないということです．

4.5 行列力学と波動力学の深いつながり

ハイゼンベルクたちの行列力学と，シュレーディンガーの波動力学とは，理論の出発点や概念，方法のいずれにおいても著しく異なっています．

行列力学では，古典力学における連続変数を離散的な数量（行列）に置き換え，代数方程式を基礎におきます．一方の波動力学では，連続体（場のようなもの）を考え，微分方程式を基礎におきます．にもかかわらず，2つの異なる新理論から導き出される結果は，全く奇妙なことに，ぴたりと一致します．しかも，ボーアたちの前期量子論からのずれ（例えば調和振動子の半整数性）までも一致しました．

当初シュレーディンガーは，自身の理論とハイゼンベルクたちの理論とが関係しているなどとは思ってもいませんでした．しかしこの奇妙な一致から，実は両者が深いところで結ばれているのではないかと，次第に考えるようになりました．そして，波動力学の第一論文の投稿から3ヶ月も経たないうちに，行列力学と波動力学が実は同等の理論であったことを自らの手で証明したのです．

表 4.1 行列力学と波動力学の比較

	行列力学	波動力学
基本的な考え方	軌道の考えを捨てる	直感的な時空間で記述
物理量の表現	離散量（行列）	連続関数（場）
基礎方程式	代数方程式	微分方程式

4.5.1 調和振動子から見たつながり

行列力学と波動力学の対応関係を見るのに，両者の形式で共に解法がよくわかっている調和振動子を例に考えてみましょう．

すでに繰り返し出てきていますが，1次元調和振動子のハミルトニアンは

$$H(q,p) = \frac{1}{2m_\mathrm{e}}p^2 + \frac{m_\mathrm{e}\omega^2}{2}q^2$$

であり，行列力学の基本方程式は

$$\mathsf{H}(\mathsf{q},\mathsf{p})\boldsymbol{u} - W\boldsymbol{u} = 0 \tag{4.40}$$

だったので，調和振動子の場合，

$$\left(\frac{1}{2m_\mathrm{e}}\mathsf{p}^2 + \frac{m_\mathrm{e}\omega^2}{2}\mathsf{q}^2\right)\boldsymbol{u} - W\boldsymbol{u} = 0 \tag{4.41}$$

となります．ここで，q と p は交換関係 $\mathsf{qp} - \mathsf{pq} = i\hbar$ を満たしています．

一方，すでに導いた波動力学の方程式（時間に依存しないシュレーディンガー方程式）は

$$\frac{d^2\psi(q)}{dq^2} + \frac{2m_\mathrm{e}}{\hbar^2}(E - V)\psi(q) = 0 \tag{4.42}$$

だったので，調和振動子の場合，

$$\frac{d^2\psi(q)}{dq^2} + \frac{2m_\mathrm{e}}{\hbar^2}\left(E - \frac{m_\mathrm{e}\omega^2}{2}q^2\right)\psi(q) = 0 \tag{4.43}$$

となります．そして，さらに (3.41) と (4.39) を比べると，両者の間に

$$W = E \tag{4.44}$$

の関係が成り立っていることがわかります．

そこで，波動力学の方程式 (4.43) を次のように書き換えてみます．

$$\left\{\frac{1}{2m_\mathrm{e}}\left(-i\hbar\frac{d}{dq}\right)^2 + \frac{m_\mathrm{e}\omega^2}{2}q^2\right\}\psi(q) - E\psi(q) = 0 \tag{4.45}$$

そして，この形と (4.41) を見比べると，次の対応関係があることがわかります．

$$\begin{array}{ccc} 行列力学 & \Leftrightarrow & 波動力学 \\ W & \Leftrightarrow & E \\ \boldsymbol{u} & \Leftrightarrow & \psi \\ \mathsf{q} & \Leftrightarrow & q \\ \mathsf{p} & \Leftrightarrow & -i\hbar\dfrac{d}{dq} \end{array} \tag{4.46}$$

4.5.2 行列と演算子の対応

(4.46) の中でも特に目を見張る対応関係は，最後の運動量と空間微分の対応です．予備知識なしにこの関係 — 行列と演算子の対応 — を見せられた人

は，到底受け入れることができないでしょう．また，$\boldsymbol{u}$ と ϕ の対応も奇異に映ります．片やベクトル，片や波動関数で，すぐにその関係を納得するのは難しそうです．しかしこれらの対応にこそ，行列力学と波動力学とを関係付ける"カギ"が隠されていたのです．それは次の微分演算子の性質を見れば，はっきりと浮かび上がってきます．

いま，任意の関数 $f(x)$ を考えます．この関数に x を掛けた後，全体を微分すると，

$$\frac{d}{dx}(xf(x)) = f(x) + x\frac{df(x)}{dx} \tag{4.47}$$

となることは，関数の積の微分としてよく知っていることでしょう．そして，右辺第2項を左辺に移項すると，

$$\frac{d}{dx}(xf(x)) - x\frac{d}{dx}f(x) = f(x) \tag{4.48}$$

$$\Leftrightarrow \left(\frac{d}{dx}\cdot x - x\cdot\frac{d}{dx}\right)f(x) = f(x) \tag{4.49}$$

が導かれ，さらに，両辺に $i\hbar$ を掛けて x を q で表すと，次の形が得られます．

$$\left\{q\left(-i\hbar\frac{d}{dq}\right) - \left(-i\hbar\frac{d}{dq}\right)q\right\}f(x) = i\hbar f(x) \tag{4.50}$$

驚いたことに，これはまさに行列力学で導いた正準交換関係と全く同じ形をしています！ シュレーディンガーは，行列 p や q がベクトル $\boldsymbol{u}$ に対して作用する機能と，演算子 $-i\hbar(d/dq)$ や q が関数 $f(x)$ に対して作用する機能とが全く同一であることを見出したのです．そして，それらはそれぞれの形式での基本方程式 (4.41)，(4.45) において同じように現れるわけですから，それらの解 W と E とが一致するのは，もはや必然といってよいでしょう．

行列力学における正準交換関係が，波動力学では微分演算子を用いて表せることがわかっただけでも，大きな成果でした．しかしシュレーディンガーは，さらに両者の対応関係を数学的により厳密に表すことによって，行列力学と波動力学の対応関係をより明瞭にし，それにより，奥底に潜んでいた量子力学の本質を私たちの目に見える形で浮かび上がらせたのです（巻末の付録 B を参照）．

4.5.3 一般化されたシュレーディンガー方程式を行列力学から導く

最後に，行列力学と波動力学の対応から，より一般的なシュレーディンガー方程式を導いておきましょう．

行列力学の基本方程式

$$\mathsf{H}(\mathsf{q},\mathsf{p})\boldsymbol{u} - W\boldsymbol{u} = 0$$

は，(4.46) の対応関係から，

$$H\left(q, -i\hbar\frac{d}{dq}\right)\phi(q) - E\phi(q) = 0 \tag{4.51}$$

へと変換できます．これこそが波動力学の一般的かつ基本的方程式で，真のシュレーディンガー方程式といえます．この形から出発すれば，粒子間に相互作用がはたらくような場合に対しても適切に対応することができます．

こうして，行列力学で得られる解は，すべて波動力学からも求められることがわかりました（巻末の付録Bを参照）．行列力学は，それまでの量子論を包括しながらも完全な理論的枠組みを提供したという点で，驚くべき成果でした．しかしその一方で，実際に問題を解こうとすると，行列で計算しないといけないという数学的不便さから，なかなか扱いにくい理論でもありました．

これに対して波動方程式は，物理学者たちが長年馴染んできた微分方程式で記述され，ずっと簡単に解に辿り着くことができます．そこで，まず波動力学で解を得た後，対応関係から行列力学へと変換することで，行列力学でしか辿り着けなかったことも，より簡単に求めることができるようになったのです．これにより，例えばエネルギー準位間の遷移の確率が計算でき，その結果をスペクトル線の強度の実験と比べることが，簡便にできるようになりました．

4.6 時間に依存するシュレーディンガー方程式

シュレーディンガーは，自身の（時間に依存しない）方程式 (4.22) によって調和振動子や水素原子の正しい結果を得た上，行列力学との正確な対応も証明し，いよいよ時間に依存する「真の波動方程式」の導出に乗り出しまし

た．というのも，(4.22) を導く際，Exercise 4.3 で波動関数の時間依存性を $\Psi(\boldsymbol{r},t) = \phi(\boldsymbol{r})e^{iEt/\hbar}$ のように仮定したので，このままでは，エネルギーが一定で波動関数が振動する場合にしか適用できないからです．エネルギーが保存しない系やポテンシャルが時間に依存するような問題にも取り組むためには，時間の依存性を仮定しない，時間と空間の双方に対する微分方程式が必要だったのです．

時間に依存しないシュレーディンガー方程式は，もともと一般的な波動方程式と同じ形の方程式 (4.9) から出発しました．これにド・ブロイ-アインシュタインの関係から (4.15) を用いれば，1 次元の場合，

$$\frac{\partial^2 \Psi(x,t)}{\partial t^2} = \frac{E^2}{p^2}\frac{\partial^2 \Psi(x,t)}{\partial x^2} \qquad (4.52)$$

となります．(4.52) を見ると，すでに時間に依存する方程式になっているので，一見するとこれでよいようにも思えます．確かに，E や p が時間変化しない定常状態を扱う場合はこれでもよいのですが，一般に E や p は時間の変数です．そこでシュレーディンガーは，如何なる場合にも対応できる，より普遍的な方程式として，E や p を含まず，$\hbar$ や電子質量 m_e などの基本定数のみを含む形の方程式を目指しました．

そこで改めて，波動方程式はどのような形になっているべきかを考えてみましょう．

古典力学でよく現れる一般的な波動方程式は，(4.9) のように，時間に対する 2 階微分と空間に対する 2 階微分とを関係付ける方程式でした．これは，音波や弦を伝わる波などの場合に，力学的考察から導かれた関係式です．しかし，より一般的には，必ずしも 2 階微分同士である必要はありません．波とは，媒質が空間的にも時間的にも変動するものを指すので，とにかく時間に対する微分と空間に対する微分とを関係付けることができれば，微分の階数とは関係なく，それは波動方程式として機能するからです．

波動関数の位相は，例えば Exercise 4.2 のように，一般に $2\pi\left(\dfrac{x}{\lambda} - \nu t\right)$ の形で表されます．したがって，量子的な波動関数では，$\lambda = h/p$，$\nu = E/h$ の関係を用いて，

$$\cos\left(\frac{px - Et}{\hbar}\right), \quad \sin\left(\frac{px - Et}{\hbar}\right), \quad e^{\pm i(px - Et)/\hbar}$$

のうちのどれか1つ，あるいはそれらの線形結合で表されるでしょう．このとき，波動関数の各係数には

$$\begin{cases} \text{時間の1階微分} & \to & E \\ \text{空間の1階微分} & \to & p \\ \text{空間の2階微分} & \to & p^2 \end{cases} \tag{4.53}$$

が現れます．

ところで，自由粒子の場合は，$E = p^2/2m$ の関係がありました（(4.12) でポテンシャル $V = 0$ とします）．この関係を用いれば，時間の1階微分と空間の2階微分が比例関係にありそうなことが見えてきます．そこで，正確な関係式を導くために，次の Exercise 4.6 に取り組んでみましょう．

 Exercise 4.6

量子的な波動関数を次の (1)，(2) のように表したとき（A は定数），それぞれについて，時間の1階微分と空間の2階微分を関係づける方程式を導きなさい．

(1) $\Psi(x,t) = A\cos\left(\dfrac{px - Et}{\hbar}\right)$ (2) $\Psi(x,t) = Ae^{i(px - Et)/\hbar}$

Coaching 時間の1階微分と空間の2階微分の間に成り立つ比例関係を

$$\frac{\partial \Psi(x,t)}{\partial t} = \gamma \frac{\partial^2 \Psi(x,t)}{\partial x^2} \tag{4.54}$$

と表してみます（γ は比例定数）．

(1) $\Psi(x,t) = A\cos\left(\dfrac{px - Et}{\hbar}\right)$ の場合，

$$\frac{\partial \Psi(x,t)}{\partial t} = \frac{E}{\hbar} A \sin\left(\frac{px - Et}{\hbar}\right) \tag{4.55}$$

$$\frac{\partial^2 \Psi(x,t)}{\partial x^2} = -\frac{p^2}{\hbar^2} A \cos\left(\frac{px - Et}{\hbar}\right) \tag{4.56}$$

となります．この場合は，関数形が sin と cos とで異なるので，残念ながら，(4.54) の形にはもち込めません．このことは，cos を sin にして $\Psi(x,t) =$

$A\sin\left(\dfrac{px-Et}{\hbar}\right)$ とした場合でも同様です.

(2) $\Psi(x,t)=Ae^{i(px-Et)/\hbar}$ の場合,

$$\frac{\partial \Psi(x,t)}{\partial t} = -i\frac{E}{\hbar} Ae^{i(px-Et)/\hbar} \tag{4.57}$$

$$\frac{\partial^2 \Psi(x,t)}{\partial x^2} = -\frac{p^2}{\hbar^2} Ae^{i(px-Et)/\hbar} \tag{4.58}$$

となるので, 2つの関数形が一致します. そこで, これらを用いて (4.54) の形で表すと,

$$-i\frac{E}{\hbar} = -\gamma \frac{p^2}{\hbar^2} \Rightarrow \gamma = i\hbar \frac{E}{p^2} = \frac{i\hbar}{2m_e} \tag{4.59}$$

と求まります(最後の等号で, $E=p^2/2m_e$ を用いました).

したがって, (4.54) の両辺に $i\hbar$ を掛けて形を整えると, 最終的に次の方程式が得られます.

$$i\hbar \frac{\partial \Psi(x,t)}{\partial t} = -\frac{\hbar^2}{2m_e} \frac{\partial^2 \Psi(x,t)}{\partial x^2} \tag{4.60}$$

これが**自由粒子に対する時間に依存したシュレーディンガー方程式**です. ∎

この Exercise 4.6 で実際に経験したように, 波動関数を cos や sin で実数として与えてしまっては, 時間微分と空間微分をうまく結び付けられませんでした. 波動関数を複素関数として exp の形で与えたことによって, 初めて時間微分と空間微分を結び付けることができたのです. このことは, 古典的な波動関数と決定的に異なります.

古典的な場合でも, 便宜上 exp の形を考えることはありますが, 常にその実部のみが物理的に意味をもつ波動関数でした. 一方, 量子的な場合は, 決して便宜的なものではなく,

▶ **波動関数は本質的に複素数である.**

という必要があるのです.

波動関数が複素数である必要性がどこから出てきたかを振り返ってみると, 時間の 1 階微分と空間の 2 階微分を結び付ける必要があったことに原因があることがわかります. それは波動方程式と粒子のエネルギー $E=p^2/2m_e$ を両立させるために必要でした. つまり, **波動性と粒子性を両立させるには**,

波動関数が複素数で与えられなければならないのです（古典的な波動の場合は $E = p^2/2m_e$ の要請がないので，2階微分同士を結び付ければよく，その場合は cos や sin でも波動方程式が成り立ちます）．

ここまでの1次元の議論は，そのまま3次元にも拡張できて，(4.60) で空間に関する微分を $\partial/\partial x$ → ∇ へと置き換えると，

$$i\hbar \frac{\partial \Psi(\boldsymbol{r},t)}{\partial t} = -\frac{\hbar^2}{2m_e} \nabla^2 \Psi(\boldsymbol{r},t) \tag{4.61}$$

が得られます．

ところで，波動方程式の両辺に $i\hbar$ を掛けてこの形に整理したのには訳があります．行列力学と波動力学には $\mathbf{p} \Leftrightarrow -i\hbar\nabla$ の関係があったので，$-\hbar^2\nabla^2$ は p^2 に対応しています．さらに，自由粒子で成り立つ関係 $E = p^2/2m_e$ と (4.61) の波動方程式を見比べると，

$$E \Leftrightarrow i\hbar \frac{\partial}{\partial t}, \quad \boldsymbol{p} \Leftrightarrow -i\hbar\nabla \tag{4.62}$$

の対応があることが示唆されます．

この対応関係は，ポテンシャル V がゼロの自由粒子に限らず，有限であった場合にも拡張できます．この場合，エネルギーは

$$E = \frac{p^2}{2m_e} + V$$

となるので，(4.62) の対応関係を適用すると，(4.61) は

$$i\hbar \frac{\partial \Psi(\boldsymbol{r},t)}{\partial t} = -\frac{\hbar^2}{2m_e} \nabla^2 \Psi(\boldsymbol{r},t) + V(\boldsymbol{r},t) \Psi(\boldsymbol{r},t) \tag{4.63}$$

と一般化することができます．これが**時間に依存するシュレーディンガー方程式**です．

この方程式には，E や p が含まれていないことから，一定のエネルギーをもたない状態に対しても通用できる方程式だとシュレーディンガーは考えました．なお，(4.63) の方程式は，(4.51) のハミルトニアン $H(q_i, p_i)$ を用いて，より一般的に次の形で表すこともできます．

$$i\hbar \frac{\partial}{\partial t} \Psi(q_i, t) = H\left(q_i, -i\hbar \frac{\partial}{\partial q_i}\right) \Psi(q_i, t) \tag{4.64}$$

以上により，真のシュレーディンガー方程式が導かれました．ただ，「導かれた」とはいうものの，すべて数学的に正確な式変形だけを頼りに進めたわけではありません．読者の中には，論理展開に少し違和感を覚えた方もいるかも知れません．波動関数が平面波 $e^{i(px-Et)/\hbar}$ の形で書けなかった場合はどうなるのか？ ポテンシャルがある場合に"自然に"拡張したように見えるが，それを保証する論拠はないのではないか？ などなど．

そうした違和感は全く正しい違和感です．シュレーディンガーは，可能な限り確かな根拠を保ちつつ，「量子的な波動方程式はこうあるべきであろう」という推測により，論理的には飛躍した部分を含んだまま，波動方程式を導きました．プランクにしてもボーアにしても，偉大な理論には偉大な論理的飛躍を含んでいました．偉大な理論が始めから完全であることは，むしろ稀です．その時点では，「なぜそうなるのか」を完璧に証明できていないこともあり，ときには厳しい批判に晒されることもあります．**その論理的飛躍が正しいかどうかは，得られた理論や法則を具体的な問題に適用して，その結果が測定結果と一致するかどうかをもってのみ証明されるのです**．

本章のPoint

▶ **物質波**（ド・ブロイ波）：粒子の運動状態は，エネルギー E と運動量 $\boldsymbol{p}$ によって表される．一方，波動の状態は角振動数 ω と波数 $\boldsymbol{k}$ によって表される．ド・ブロイは，両者の間に

$$E = \hbar\omega, \qquad \boldsymbol{p} = \hbar\boldsymbol{k}$$

の関係が成り立つと考えた．このような物質粒子の波を物質波あるいはド・ブロイ波という．

▶ **波動力学**：シュレーディンガーは，ド・ブロイの物質波の考えを発展させ，波動関数 Ψ が従うべき次の方程式を導いた．

$$i\hbar \frac{\partial}{\partial t}\Psi(\boldsymbol{r},t) = \left\{-\frac{\hbar^2}{2m_e}\nabla^2 + V(\boldsymbol{r},t)\right\}\Psi(\boldsymbol{r},t)$$

これを時間に依存するシュレーディンガー方程式とよぶ．ポテンシャルが時間で変化せず，波動関数が $\Psi(\boldsymbol{r},t) = \phi(\boldsymbol{r})e^{-iEt/\hbar}$ のような時間依存性をもつ場合は，上のシュレーディンガー方程式は

$$\left\{-\frac{\hbar^2}{2m_e}\nabla^2 + V(\boldsymbol{r})\right\}\phi(\boldsymbol{r}) = E\phi(\boldsymbol{r})$$

となる．この形を時間に依存しないシュレーディンガー方程式という．このように，波動方程式に基づいて記述する量子力学の形式を波動力学という．

▶ **調和振動子**：調和振動子のポテンシャル $V(q) = m_e\omega^2 q^2/2$ をシュレーディンガー方程式に代入して解けば，

$$E = \hbar\omega\left(n + \frac{1}{2}\right) \tag{4.65}$$

が得られる．この結果は，行列力学によるものと完全に一致する．また，そのときの波動関数はエルミート多項式で表される．

▶ **行列と演算子の対応**：行列力学と波動力学の間には，次の対応関係がある．

	行列力学	波動力学
運動量	p	$-i\hbar\dfrac{d}{dq}$
固有状態	ベクトル $\boldsymbol{u}$	波動関数 $\phi(q)$

Practice

[4.1] シュレーディンガー方程式の導出過程

シュレーディンガー方程式はどのようにして導かれたでしょうか？その導出過程を簡単に説明しなさい（数式を用いなくても構いません）．

[4.2] 波動力学と行列力学が等価であること

波動力学が行列力学と等価であることはどのようにして示されたでしょうか？その証明過程を簡単に説明しなさい（数式を用いなくても構いません）．

[4.3] 運動量演算子のエルミート性

運動量演算子の行列形式

$$P_{nm} = \int \psi_n^*(q) \left(-i\hbar \frac{d}{dq} \right) \psi_m(q) \, dq \qquad (m, n \text{ は正の整数}) \tag{4.66}$$

が，エルミート行列であることを示しなさい．

[4.4] 正準交換関係の別の導き方

次の正準交換関係が成り立つことを示しなさい．

$$\sum_l (q_{nl} p_{lm} - p_{nl} q_{lm}) = i\hbar \delta_{nm} \tag{4.67}$$

ここで，$p_{nm} = P_{nm} e^{i\omega_{nm} t}$, $q_{nm} = Q_{nm} e^{i\omega_{nm} t}$, $Q_{nm} = \int \psi_n^*(q) q \psi_m(q) \, dq$ とし，P_{nm} は (4.66) で与えられるものとします．

[4.5] エルミート演算子の計算

座標 q の関数に作用する線形な演算子 A に対して，

$$A_{nm} = \int \chi_n^*(q) A \chi_m(q) \, dq \tag{4.68}$$

で定義された行列 A_{nm} がエルミート行列のとき，q の関数 $f(q), g(q)$ に対して

$$\int f^*(q) A g(q) \, dq = \int \{A f(q)\}^* g(q) \, dq \tag{4.69}$$

の関係が成り立つことを示しなさい．

[4.6] 演算子の積のエルミート性

2つの演算子 A と B の間に

$$(AB)^\dagger = B^\dagger A^\dagger \tag{4.70}$$

の関係が成り立つことを示しなさい．

量子力学の深化
~ 統計的解釈と不確定性原理 ~

　行列力学と波動力学が創始され，全く異なる理論形式の両者が等しいことも示されたことで，わずか2年ほどの間に量子力学の基礎理論が整いました．しかし，それはどちらかといえば理論形式の確立であり，波動関数や正準交換関係の意味するところは未だはっきりしていませんでした．

　本章では，量子力学の理解をより深めるため，波動関数の**統計的解釈**（**確率解釈**）と**不確定性原理**について見ていくことにしましょう．これらは日常生活を通して得た私たちの直感とは大きくかけ離れたものです．そのため，話はより抽象的・哲学的になり，少々理解するのが難しくなります．そこで，まず二重スリットの実験を通して量子力学の不思議な世界を体験することで，後に続く抽象的な議論の，より直感的な理解につなげていただければと思います．

5.1 二重スリットの実験

　ここではまず，量子力学の不思議さ，面白さを最も端的に表している，**二重スリットの実験**について見ていくことにしましょう．始めに古典力学の対象となるマクロな系（砂粒ほどの微粒子と光）での二重スリットの実験を調べ，その後，量子力学の対象となるミクロな系（電子）での二重スリットの実験を考えることにします．

微粒子の場合

　図5.1のように，S_1とS_2の2箇所に小さな穴の空いた二重スリットを用

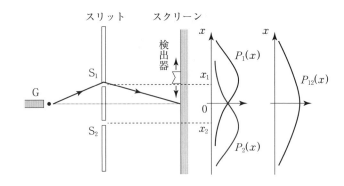

図 5.1 砂粒ほどの大きさをもつ微粒子を使った二重スリットの実験.微粒子の発射装置を S_1-S_2 間の垂直二等分線上の点 G に置き,その反対側にスクリーンをスリットと平行に配置する.G はスリットから十分離れた位置にあり,発射装置は,ある角度の範囲内でランダムな方向に連続に発射するものとする.

意し,砂粒ほどの大きさをもつ微粒子をスリットから十分離れた位置 G から発射します.スリットを通り抜けた微粒子は,最初の発射角度や速度などのわずかな条件の違いによって,全く同じ位置に到達するわけではなく,スクリーン上である程度の広がりをもって到達します.そこで,スクリーンのある位置 x に到達した微粒子の数を検出器で数え,それを発射した数で割れば,x における到達確率 $P(x)$ を求めたことになります.

まず,スリット S_2 を閉じた場合を考えてみましょう.このときスクリーンに到達するのは,S_1 を通り抜けた微粒子だけです.G が S_1-S_2 間の距離に比べて十分に遠方であれば,微粒子が到達する確率 $P_1(x)$ は,発射装置と S_1 を直線で結んだ延長線上の位置 x_1 を最大値として分布します.反対に,S_1 を閉じた場合は,発射装置と S_2 を結んだ延長線上の x_2 を最大値とした分布 $P_2(x)$ になります.

では,両方のスリットを開けた場合はどうなるでしょうか? その場合は,微粒子は S_1 か S_2 のどちらかを通り,その確率分布 $P_{12}(x)$ はスリットの垂直二等分線上 ($x=0$) で最大となります.x_1 でも x_2 でもないところで最大になるのは少し不思議に思われるかも知れませんが,先に観測しておいた $P_1(x), P_2(x)$ との関係を調べると,

$$P_{12}(x) = P_1(x) + P_2(x) \tag{5.1}$$

となっていることがわかります．つまり，両方のスリットを開けたときの確率は，スリットが1つだけ開いている場合の確率の単純な足し算になっており，その結果，x_1 でも x_2 でもない $x = 0$ に最大値が現れたのです．

波の干渉

次に，図5.2のように光を使った二重スリットの実験を考えてみましょう．これは**ヤングの実験**としてよく知られていて，装置は図5.2のように先ほどと同じ配置にしますが，微粒子の発射装置の代わりに，光源を置きます．それぞれのスリット S_1, S_2 を通り抜けた光は回折を起こして広がり，ぶつかり合います．このとき，それぞれのスリットからの光の位相が一致している場合は互いの強度を強め合い，位相がずれれば弱め合う現象，すなわち**干渉**が起こります．その結果，スクリーン上には明暗の模様（干渉縞）が現れます[1]（図5.2の写真）．光の強度の分布 $I_{12}(x)$ は，極大と極小が $x = 0$ を対称にいくつも連なります（図5.2のグラフ）．**この干渉縞こそ，光が波であることの決定的な証拠**なのでした（1.4節を参照）．

さて，微粒子の実験のときのように，スリットを片方ずつ閉じるとどうなるでしょうか？ S_2 を閉じて S_1 だけを通り抜けた光は回折はしますが，S_2 から光が来ないため，干渉せずにそのままスクリーンに到達します．その

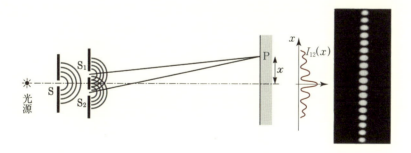

図5.2　ヤングの実験

---

1) 干渉縞の間隔 Δx は，光の波長 λ，スリットの間隔 d と，スリットとスクリーンの距離 D を用いて，$\Delta x = \lambda D/d$ で与えられます．これは高等学校の物理で学習していますので，忘れてしまった人は復習しておいてください．

結果,光の強度分布 $I_1(x)$ は単純に S_1 に対応する位置 x_1 で極大値をとるだけです[2]. また, S_2 のみを開いたときの強度分布 $I_2(x)$ も同様です. つまり, 干渉があるときは明らかに $I_{12}(x)$ は $I_1(x)$ と $I_2(x)$ の単純な和では表すことはできず, これを式で表せば,

$$I_{12}(x) \neq I_1(x) + I_2(x) \tag{5.2}$$

となります.

電子の干渉

ではいよいよ,電子による二重スリットの実験を行ってみましょう. 実際に行うには高度な技術が求められるため, 二重スリットの実験は, 長い間, 期待される現象を思考的に追求するだけの**思考実験**でした. しかしその後, 実験技術が進み, 1961 年にはドイツのイェンソンが複数の電子で, 1974 年にはイタリアのメルリたちが単一の電子で理想的な二重スリットの実験を行うことに成功しました. 優れた技術と巧妙な実験デザインにより, 電子を1個ずつ発射し, それらがうまく二重スリットを通り抜けるようになったのです (発射した1個の電子がスクリーンに到達するまで, 次の電子を発射しないように装置が調整されています). 実験に用いたセットアップの概要は, 図 5.3 に示したとおり, 微粒子や光の実験と同様です. そして, スクリーンで観測された電子の像は, 驚くべきことに図 5.4 のようになりました.

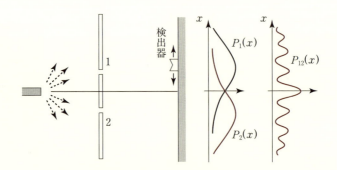

図 5.3 電子による二重スリットの実験. 実際の装置は大掛かりなものですが, この図では, 実験の基本的構造を示してあります.

---

[2] 正確には, スリットの幅によって細かい構造が x_1 から離れて現れることもありますが, いまは大きな構造だけを考えることにします.

5.1 二重スリットの実験

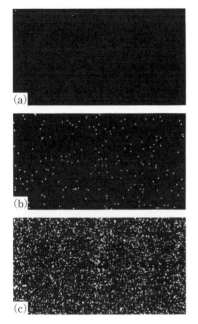

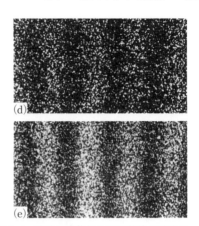

図5.4 電子が清算されて干渉縞が形成される様子（日立製作所中央研究所 提供）
(a) 電子の数 5
(b) 電子の数 200
(c) 電子の数 6000
(d) 電子の数 40000
(e) 電子の数 1400000

　図5.3のセットアップと図5.4の結果（外村 彰によるもの）を見る限り，電子は S_1 あるいは S_2 のどちらかを通り抜けて，スクリーンに到達したに違いありません．スクリーンでは，電子1個1個が点となって捉えられます．この点の大きさはすべて同じで，倍の大きさや半分の大きさのものはありません．また，複数の電子が同時にスクリーンに現れることもありません．このことから，「電子は粒子として観測される」といえます．これは古典物理学における電子のイメージと一致します．

　電子の数が200個程度であれば，電子の位置は完全にランダムに見えます（図5.4）．いくら実験の精度を高めても，狙った位置に電子を到達させることはできません．電子が6000個程度スクリーンに到達しても，まだランダムに見えます．しかし，40000個程度積算していくとどうでしょう．電子が多いところとそうでないところがだんだん現れてきます．そして140000個程度まで積算されると，いよいよ縞模様がはっきりと認識できるようになります．

　このような縞模様は，砂粒のような微粒子のときには得られませんでした．

これはむしろ，光の干渉縞とよく似ています．干渉縞は，これまで波でしか見られたことがありませんでした．電子を用いた実験で干渉縞が現れたということは，「電子は波の性質をもっている」ことが，実験で示されたことになります．

しかし，ちょっと待ってください．電子のときは，縞模様が見えたといっても，それは電子の点の集合として現れたのであって，光の干渉縞とは決定的に異なります．観測された電子はあくまでも点状のもので，粒子の性質が失われた様子はどこにもありません．得られた縞模様の正体は，波のような強度の分布ではなく，微粒子のときのように到達した個数，すなわち確率分布なのです．先に見た2種類の実験と同様に，スリット S_1 と S_2 をそれぞれ閉じた際にスクリーンに現れる電子の確率分布 $P_1(x), P_2(x)$ は，それぞれ x_1, x_2 の位置で最大になるはずです．しかし，S_1 と S_2 を共に開けた際の確率分布 $P_{12}(x)$ は縞模様となり，明らかに $P_1(x)$ と $P_2(x)$ の和では表されません．つまり，

$$P_{12}(x) \neq P_1(x) + P_2(x) \tag{5.3}$$

となっています．これは波の干渉のときに成り立つ関係でした．

以上のことから，**電子は粒子と波の両方の性質をもっている**と結論せざるを得ないことになります．

少し注意しておきたいのは，ときに電子は「粒子でもあり，波でもある」と表現されることです．これは大きく間違っているわけではありませんが，誤解を生みやすい表現でもあり，このような表現だけが独り歩きすると，電子とは，私たちが日常生活を通して知っている粒子と波であるかのようにイメージしてしまう場合があります．しかし，それは間違いです．電子は，私たちがよく知っている粒子でも波でもなく，そのどちらにも似ていない存在と表現した方が，より正しい認識に近づけるでしょう．

▶ **電子は，粒子でも波でもなく，そのどちらにも似ていない存在である．**

電子が私たちの常識からかけ離れた存在であることを決定づける事実が，先ほどの二重スリットの実験に隠されています．

光のとき，なぜ干渉が起こったのかを思い出してみましょう．スリット S_1

と S_2 を通り抜けてきた2種類の波が時には強め合い，時には弱め合うことで，光の強度に強弱が現れたのでした．しかし電子の場合，スクリーンに現れる電子は常に1個ずつで，同時に複数の電子が到達することはありませんし，スクリーンに到達する前に次の電子が発射されることもありません．つまり，到達した電子には，強め合ったり弱め合ったりする相手がどこにもいないのです！ **一体全体，電子はどうやって干渉できたのでしょうか？ これこそが，不可思議な量子の世界の特徴を端的に表した「謎」なのです．**

前章で見たとおり，シュレーディンガー方程式では，一方の軸足を物質波の考えに基づく波動方程式に置き，もう一方の軸足を粒子描像に立脚した，力学のハミルトニアンに置いています．そして，その主役たる電子は波動関数によって表されていました．したがって，二重スリットの実験の謎を解く"カギ"も，きっとこの波動関数に隠されているに違いありません．

次節以降で，波動関数とは何か？ 観測とは何か？ について，より詳しく見ていくことにします．そして，再び二重スリットの謎に戻ってくるようにしましょう．そのときまでに，きっと皆さんは二重スリットの謎を解く"カギ"を手にしているはずです．

5.2 残された問題

ハイゼンベルクたちが創った行列力学では，観測との関係が明確な量だけを用いて理論を構成していくという考え方が強く意識されていました．これに対して，ド・ブロイやシュレーディンガーたちが創った波動力学では，物理的な意味は明確になっていなくとも，とにかく波動関数なるものを導入し，そこを起点に理論を組み立てていきました．そうして得られたシュレーディンガー方程式 (4.63) は完全に正しいものとして受け入れられましたが，「波動関数 Ψ は一体何を意味しているのか？」という疑問については，当時の学界を2分する大論争が巻き起こりました．

シュレーディンガーは，波動力学における波動関数は「実在」するものであり，波の強度 $|\Psi|^2$ に電荷 e を掛けた

$$\rho(\mathbf{r}, t) = e|\Psi(\mathbf{r}, t)|^2 \tag{5.4}$$

が，位置 r，時刻 t における**電荷密度**を表すと考えました．つまり，シュレーディンガーは電子を粒子と考えたのではなく，電子は空間的に広がりをもって分布していると考えたのです．例えば原子であれば，原子核の周りに雲のように電子が広がって連続的に分布していると考えます．そのため，このイメージを表すのに，しばしば「電子雲」という呼び方が使われます．この考え方に基づくと，考えている全空間で積分した

$$\int \rho(r)\,dr = e \tag{5.5}$$

が，ちょうど電子1個の電荷に相当することになります．

シュレーディンガーは，自身の波動関数は実在する電子雲の波と捉え，電子の粒子性も波動性から一元的に説明できるのではないかと考えました．例えば，先ほど見た二重スリットの実験で干渉が現れたのは，この電荷密度の考え方で説明できます．しかし，スクリーンに映る電子は広がりをもったものではありません．1電子の二重スリットの実験は1970年代にやっと観測されるに至りましたが，1920年代の当時でも，すでにシンチレーション計数管やガイガー・カウンターによって電子を1個ずつ数えることができました．しかし，明らかにこれは電荷密度の考え方では説明できませんでした．さらに，ウィルソンの霧箱を用いた電子の軌跡についても同様でした．

シュレーディンガーの考え方に比較的近い立場であったアインシュタインも，電荷密度の考え方の問題点を次のように指摘しています．

電子の波動関数が空間的な広がりをもっていたとします．その電子の位置を，例えば蛍光板に当てるなどして実験的に測定したとき，蛍光板上では電子の位置は1点に定まります．とすると，電子がもともと広がりをもっていたのであれば，ある点に電子が存在することを確認した瞬間に，電子雲はその点に収縮しなくてはなりません．すなわち，電子雲は光速よりも速く収縮することになって，明らかに相対性理論に反します．

アインシュタインの指摘とは別に，例えば波動関数が広がりをもたず，ごく狭い領域でのみ大きな振幅をもつのであれば（これを**波束**とよびます），それを粒子と考えることができるかも知れません．実際，波束の重心の運動は古典力学のものと同じように記述できます（5.4節のエーレンフェストの定

理を参照).しかし,実際に波束についてシュレーディンガー方程式を解いてみると,時間と共に波束が広がっていくという結果が得られます.波束がシャープであればあるほど,広がる速度も速くなってしまい,直ちに粒子とみなせなくなってしまいます.

そもそも,電子の質量や電荷が空間の1点に集中していることを示す実験結果は多くありますが,質量や電荷が広がって分布しているということを示す実験は1つもありませんでした.

5.3 波動関数の正体は？

では,どのようにして波動関数の正体を突き止めればよいのでしょうか？それは,波動関数が観測とどういう関係にあるかを調べることによって果たされます.本書で繰り返し述べてきたように,理論や解釈の正しさは,最後には観測によって決定づけられるのです.これは波動関数の問題に限らず,**物理学を始めとする自然科学の最も重要な考え方**です.したがって,考えるべき問題は,「波動関数の正体を突き止められる実験は何か？」ということになります.

行列力学にはない,波動力学の優れた点は,原子内の電子のような周期的な運動の定常状態だけでなく,非周期的な運動や非定常状態をも扱えることです.例えば,原子による電子の散乱現象がそれに当たります.そこで電子の散乱問題を波動力学で解析し,実験において波動関数が果たす役割を見ることにしましょう.

電子の散乱問題について,最初に重要な一歩を踏み出したのは,行列力学の創始者の一人でもあるボルンでした.ゲッティンゲン大学で物理学教室の主任を務めていたボルンは,フランクを実験部門の教授として招聘した人でもあります[3].

フランクと密接に協力していたボルンは,彼らの電子の散乱実験を何とか量子力学的に扱えないか,その方法を探し求めていました.そんな中で現れ

---

[3] すでにフランク–ヘルツの実験 (2.6節を参照) を発表していましたが,招聘時には,まだノーベル賞は受賞していません.

たシュレーディンガーの波動力学は，散乱問題にうってつけだったのです．シュレーディンガーの波動力学が発表されるやいなや，ボルンは直ちにそれを散乱問題に適用しました[4]．

前述のとおり，電子は最終的には粒子として観測されます．空間的な広がりをもった電荷密度の考え方では，これを説明できません．そこでボルンは，粒子性と波動性を調和させるために統計的解釈 ― **確率密度** ― という考え方を導入しました[5]．

5.3.1 確率密度

波動関数 $\Psi(\boldsymbol{r},t)$ を用いて，確率密度 $P(\boldsymbol{r},t)$ を次のように定義します．
$$P(\boldsymbol{r},t) = \Psi^*(\boldsymbol{r},t)\Psi(\boldsymbol{r},t) = |\Psi(\boldsymbol{r},t)|^2 \tag{5.6}$$
$\Psi(\boldsymbol{r},t)$ は一般に複素数ですが，Ψ とそれに複素共役な Ψ^* を掛けたものは必ず実数になるので，$P(\boldsymbol{r},t)$ を確率と対応づける上で矛盾は生じません．そうすると，波動関数 $\Psi(\boldsymbol{r},t)$ で表される粒子の位置 $\boldsymbol{r}$ を時刻 t に測定したとき，位置 $\boldsymbol{r}$ の周りの微小領域 $d\boldsymbol{r} = dx\,dy\,dz$ にその粒子が見出される確率は
$$|\Psi(\boldsymbol{r},t)|^2\,d\boldsymbol{r} \tag{5.7}$$
で与えられます（確率"密度"は体積を掛けて初めて確率となります）．いま考えている全空間内では必ずどこかで粒子を見出せるはずなので，確率密度を全空間で積分すれば，それは必ず 1 になるはずです．

$$\int |\Psi(\boldsymbol{r},t)|^2\,d\boldsymbol{r} = 1 \tag{5.8}$$

これは波動関数の規格化に相当し，(5.7) は規格化された波動関数に対して成り立っていると考えれば，計算が単純化されます．

しかし，波動関数の 2 乗を確率密度と仮定するだけでは，科学にはなりません．その仮定が正しいかどうかは，実験によって裁定する必要があります．

---

[4] シュレーディンガーの波動力学に関する第 4 論文が投稿されたのは 1926 年 6 月 21 日で，ボルンの論文は同年 6 月 25 日と 7 月 21 日に投稿されています．

[5] 実はこの考え方は，アインシュタインが光量子を考えるに当たり，粒子性と波動性の二重性を理解するために，光の振幅の 2 乗を光子が現れる確率密度としていたことを参考にしたものでした．

ボルンは，この仮定を用いて原子による電子の散乱過程を計算し，散乱によって電子がエネルギーを失い（非弾性散乱），原子の状態が励起する確率を求めました．そして，この結果はフランク-ヘルツの非弾性散乱の実験を正しく説明できたのです．これにより，ボルンは自らが立てた確率密度の考え方が正しいことを証明してみせました．

さらにその後，ウェンツェル（1898-1978）がボルンの理論を α 線の散乱問題に適用し，古典物理学に基づいて得られたラザフォードの式を量子力学に則って導くことに成功しました．こうした計算の積み重ねにより，確率密度の解釈（**統計的解釈**）の正しさがより確かなものになったのです．

この波動関数の統計的解釈を与えた業績に対して，ボルンは 1954 年のノーベル物理学賞を受賞しました．ボルンの散乱理論は，確率密度の考え方を導入しただけでなく，前期量子論の時代にはなかなか手がつけられなかった，粒子の衝突・散乱問題を量子力学的に扱う道に先鞭をつけたという点でも，重要な意義をもっています．その後，散乱理論はディラックやモット，ベーテらによってさらに発展し，量子力学の中でも重要な位置を占めるに至りました．

5.3.2 波動関数の統計的解釈

波動関数の統計的解釈に基づく量子力学の考え方を改めて整理しておきましょう．「確率」という言葉が現れたことで，何でも偶然に支配されているかのように受け止めてしまうかもしれませんが，そうではありません．波動関数の形自体はシュレーディンガー方程式により，初期値あるいは境界条件を定めることによって，曖昧さなく決めることができます．ここに不確かな要素は一切入りません．

ただし，そうして得られた波動関数は，1 個の粒子の 1 回限りの実験の結果を予言するものではありません．1 個の粒子を用いた実験を多数回繰り返したときに，**その観測回数に対して確率の概念が適用されます**．

例えば，ある位置 r_0，ある時刻 t_0 において単位体積当たりの確率密度が $P(r_0, t_0) = 0.10$ と理論で求まった場合，同一条件のもとで測定を 10000 回繰り返せば，そのうち 1000 回は t_0, r_0（を含む単位体積）において粒子が観

測されることになります．

一般に，確率密度は時間に依存しますが，定常状態についてはそうではありません．ある定常状態の固有値 E_n に対する固有関数（波動関数）は，$\Psi(\boldsymbol{r},t) = \phi(\boldsymbol{r})e^{-iE_n t/\hbar}$ と表せました（Exercise 4.3 を参照）．その2乗は，系のエネルギーが E_n である定常状態の確率密度を表し，

$$|\Psi(\boldsymbol{r},t)|^2 = |\phi(\boldsymbol{r})e^{-iE_n t/\hbar}|^2 = |\phi(\boldsymbol{r})|^2 \tag{5.9}$$

となり，時間に依存しないことがわかります．

5.3.3 波動関数の重ね合わせ

非弾性散乱のような非定常状態を扱う場合は，定常状態の波動関数だけを考えるのは不十分で，その重ね合わせを考える必要があります．例えば，定常状態の固有エネルギー E_1 と E_2 に属する波動関数が $\phi_1(q)$ と $\phi_2(q)$ だったとし，これら2つの波動関数の重ね合わせ

$$\Psi(q,t) = a_1\phi_1(q)e^{-iE_1 t/\hbar} + a_2\phi_2(q)e^{-iE_2 t/\hbar} \tag{5.10}$$

で表される状態を考えてみましょう（a_1, a_2 は定数係数）．ここで，$\phi_1(q)$，$\phi_2(q)$ は共に考えている領域内で規格化されているとします．

Exercise 5.1

(5.10) の重ね合わせた波動関数の規格化条件について，考えるべき領域を $-\infty < q < \infty$ として求めなさい．

Coaching 規格化条件を求めるために，波動関数の2乗を全範囲で積分します．

$$\begin{aligned}
\int_{-\infty}^{\infty} |\Psi(q,t)|^2 dq &= \int_{-\infty}^{\infty} \Psi^*(q,t)\Psi(q,t)\, dq \\
&= \int_{-\infty}^{\infty} \{a_1^*\phi_1^*(q)e^{iE_1 t/\hbar} + a_2^*\phi_2^*(q)e^{iE_2 t/\hbar}\} \\
&\quad \times \{a_1\phi_1(q)e^{-iE_1 t/\hbar} + a_2\phi_2(q)e^{-iE_2 t/\hbar}\}\, dq \tag{5.11}
\end{aligned}$$

シュレーディンガー方程式の解は正規直交系を成すので（巻末の付録 B を参照），

$$\int_{-\infty}^{\infty} \phi_1^*(q)\phi_2(q)\, dq = \int_{-\infty}^{\infty} \phi_2^*(q)\phi_1\, dq = 0 \tag{5.12}$$

となり，上の積のうち1と2の積は消え，結局

$$\int_{-\infty}^{\infty} |\Psi(q,t)|^2 dq = |a_1|^2 \int_{-\infty}^{\infty} |\phi_1(q)|^2 dq + |a_2|^2 \int_{-\infty}^{\infty} |\phi_2(q)|^2 dq \tag{5.13}$$

となります．ここで，$\phi_1(q)$ と $\phi_2(q)$ は共に規格化されているので，(5.13) の右辺の2つの積分は共に1となります．

よって，重ね合わせた波動関数 (5.10) を規格化する条件 $|\Psi(q,t)|^2 = 1$ は，

$$|a_1|^2 + |a_2|^2 = 1 \tag{5.14}$$

であることがわかります．　∎

ところで，量子力学における重ね合わせの状態とはどういう状態を意味するのでしょうか．素朴に考えれば，ϕ_1 と ϕ_2 の状態が共存している状態と考えられそうです．しかし，ϕ_1 と ϕ_2 はそれぞれ異なるエネルギー E_1 と E_2 をもっている状態ですから，両者が単純に共存するのであれば，1個の粒子が同時に2つのエネルギーをもっているという，明らかにおかしい結論が導かれてしまいます．

実はこの問題も，統計的解釈に基づけば次のように矛盾なく解決することができます．E_1 と E_2 のエネルギーをもつ固有関数の重ね合わせで得られた状態は，エネルギーが E_1 として観測される確率が $|a_1|^2$，E_2 として観測される確率が $|a_2|^2$ で与えられるのです．したがって，観測して得られるエネルギーは必ず E_1 か E_2 のどちらか一方になり，1個の粒子が同時に2つのエネルギーをもって観測されることはありません．そしてもちろん，この理解は2つの状態の重ね合わせだけでなく，より多くの重ね合わせに対しても拡張して考えることができます．

☕ Coffee Break

オリビアを聴きながら

「オリビアを聴きながら」(1978年) は歌手の杏里のデビュー・シングルで，世代を超えた名曲として知られています．リリース当時を知らない筆者でも自然と楽曲を覚えてしまうほど，80年代から90年代はラジオやテレビで繰り返し流れていました．最近のシティ・ポップの世界的流行を受けて，当時をご存じなくても耳にされた方がいらっしゃるかも知れません．

ところで，曲の中の主人公が聴いている"オリビア"とは，英国およびオーストラリアの歌手，オリビア・ニュートン＝ジョンのことです．こちらは70年代から80年代にかけて世界的ヒット曲をいくつも出し，グラミー賞を4度も受賞しまし

た．ヒット曲の1つ「Physical」（1981 年）は，米ビルボードによる 80 年代ヒットランキングの1位に輝いた楽曲です．メロディーもさることながら，そのミュージック・ビデオが非常にユニークで，強烈なインパクトがあり，これまたリリース当時を知らない筆者にとっても強く印象に残っています．

と，ここまでは 20 世紀ポップスのお話．ところが，本書の原稿を執筆中であった 2022 年 8 月に，オリビア・ニュートン＝ジョンの訃報に接しました．故人を偲んで「Physical」を聴きながら，本人の経歴を調べてびっくり．何と，彼女の祖父はマックス・ボルンというのです‼ とすると，曲のタイトル "Physical" は，「物理的に」という意味なのかと勘ぐってしまいましたが，さすがにそれは全く関係なさそうでした（そればかりか，エクササイズするミュージック・ビデオの内容とも関係なかったのでした）．

それにしても．「Physical」でメガヒットを飛ばし，ニュートンの名を冠するオリビアがボルンの孫だったとは．何とも不思議な縁を感じます．

5.4 物理量の期待値とエーレンフェストの定理

前節で，量子力学が本質的に確率の考え方を内包していることを見ました．であるならば，**期待値**についても量子力学で考えておく必要があるでしょう．

一般に，A という量が値 $a_1, a_2, a_3, \cdots$ をとるときの確率が $p_1, p_2, p_3, \cdots$ であった場合，A の期待値 $\langle A \rangle$ は

$$\langle A \rangle = a_1 p_1 + a_2 p_2 + a_3 p_3 + \cdots = \sum_i a_i p_i \tag{5.15}$$

で与えられます（ただし，$\sum_i p_i = 1$ となります）．つまり，考えたい量のとり得る値に，そのときどきの確率を掛けて，それをすべての場合について足し合わせたものが期待値です．

量子力学においても，確率密度 $P(\bm{r}, t)$ を用いれば同様に考えることができ，ある物理量 A の期待値は次のようにして求められます．

$$\langle A \rangle = \int A P(\bm{r}, t)\, d\bm{r} = \int \Psi^*(\bm{r}, t) A \Psi(\bm{r}, t)\, d\bm{r} \tag{5.16}$$

このとき，積分は考えている全範囲でとるものとし，その領域で確率密度は

$\int P(\boldsymbol{r},t)\,d\boldsymbol{r}=1$ を満たしている必要があります．

期待値の時間変化

波動関数 $\Psi(\boldsymbol{r},t)$ は時間によって変化するので，期待値も時間と共に変化します．ここでは，期待値がどのように時間変化するのかを調べてみましょう．

物理学において「どのように時間変化するかを調べる」ことは，**「時間に対する微分方程式を解く」**ことを意味します．そこで，次の Exercise 5.2 では，ある物理量 A として位置 x を取り上げ，その期待値 $\langle x \rangle$ の時間微分を考えてみましょう．ここで $\langle x \rangle$ は，波動関数の波束の重心に当たります．（簡単のため，以下では1次元系で考えることにしますが，ほぼ同じ道筋で3次元系へ拡張できます．）

その前に，準備運動として，次の Training 5.1 に取り組んでおくと，後の計算がスムーズに行えるようになるでしょう．

 Training 5.1

次の微分演算を実行しなさい．ただし，Ψ は x の関数とします．
(1) $\nabla(x\Psi)$ (2) $\nabla^2(x\Psi)$

 Exercise 5.2

位置の演算子 x の期待値を $\langle x \rangle$ とし，その時間微分が $\langle p \rangle/m_\mathrm{e}$ となることを示しなさい．ただし，x 自体は時間に依存しないものとし，期待値の時間変化は波動関数の時間変化によってもたらされるものとします．また，ハミルトニアンは $H = -\dfrac{\hbar^2}{2m_\mathrm{e}}\nabla^2 + V(x)$ で与えられるものとします．

Coaching 期待値の定義 (5.16) から，$\langle x \rangle$ の時間微分は

$$\frac{d\langle x \rangle}{dt} = \frac{d}{dt}\int_{-\infty}^{\infty} \Psi^* x \Psi \, dx = \int_{-\infty}^{\infty} \left(\frac{\partial \Psi^*}{\partial t} x \Psi + \Psi^* x \frac{\partial \Psi}{\partial t} \right) dx \quad (5.17)$$

となります．ここで波動関数は $\Psi(x,t) \to \Psi$ と略記しました．また，x と t はそれぞれ独立した変数としています．

ところで，時間に依存するシュレーディンガー方程式 (4.63) より，

$$\frac{\partial \Psi}{\partial t} = \frac{1}{i\hbar} H\Psi, \qquad \frac{\partial \Psi^*}{\partial t} = -\frac{1}{i\hbar} H^* \Psi^* = -\frac{1}{i\hbar} H\Psi^* \qquad (5.18)$$

が得られます．ハミルトニアンは $H = -\dfrac{\hbar^2}{2m_e}\nabla^2 + V(x)$ でしたから，$H^* = H$ としました．(5.18) を用いれば，(5.17) は

$$\frac{d\langle x \rangle}{dt} = \frac{1}{i\hbar} \int_{-\infty}^{\infty} \{\Psi^* x H\Psi - (H\Psi^*) x \Psi\}\, dx \qquad (5.19)$$

となります．

H の中には微分演算子が含まれているので，H の位置は勝手に動かせないことに十分注意してください．ただし，H の中でも，ポテンシャル $V(x)$ は演算子ではありませんので，$V(x)$ が関係する部分は $\Psi^* x V(x) \Psi - V(x) \Psi^* x \Psi = V(x) \Psi^* x \Psi - V(x) \Psi^* x \Psi = 0$ となって消えます．したがって，運動エネルギー $-\hbar^2/2m_e$ に関する部分が残り，

$$\frac{d\langle x \rangle}{dt} = \frac{i\hbar}{2m_e} \int_{-\infty}^{\infty} \{\Psi^* x \nabla^2 \Psi - (\nabla^2 \Psi^*) x \Psi\}\, dx \qquad (5.20)$$

となります．右辺第 2 項を部分積分すると，

$$\int_{-\infty}^{\infty} (\nabla^2 \Psi^*) x\Psi\, dx = [(\nabla \Psi^*) x\Psi]_{-\infty}^{\infty} - \int_{-\infty}^{\infty} (\nabla \Psi^*) \nabla (x\Psi)\, dx \qquad (5.21)$$

と変形できます．ここで $|x| \to \infty$ では，波束の波動関数は $\Psi \to 0, \nabla \Psi^* \to 0$ と考えてよいので，右辺第 1 項はゼロになります．さらに，残りの右辺第 2 項を部分積分すると，次のようになります．

$$-\int_{-\infty}^{\infty} (\nabla \Psi^*) \nabla (x\Psi)\, dx = -[\Psi^* \nabla (x\Psi)]_{-\infty}^{\infty} + \int_{-\infty}^{\infty} \Psi^* \nabla^2 (x\Psi)\, dx$$

$$= \int_{-\infty}^{\infty} \Psi^* (2\nabla + x\nabla^2) \Psi\, dx \qquad (5.22)$$

(5.22) の ( ) 内の第 2 項は (5.20) の { } 内の第 1 項と打ち消し合うので，残った 2∇ の部分から，

$$\frac{d\langle x \rangle}{dt} = \frac{1}{m_e} \int_{-\infty}^{\infty} \Psi^* (-i\hbar \nabla) \Psi\, dx = \frac{\langle p \rangle}{m_e} \qquad (5.23)$$

となり，$\langle x \rangle$ の時間微分が $\langle p \rangle/m_e$ に等しいことが示されました．∎

Exercese 5.2 で，$\langle x \rangle$ の時間変化が，運動量の期待値 $\langle p \rangle$ で表されることがわかりました．そこで，さらに $\langle p \rangle$ の時間変化について考えてみましょう．

✍ Exercise 5.3

Exercise 5.2 と同様にして，$\langle p \rangle$ の時間微分を求めなさい．

5.4 物理量の期待値とエーレンフェストの定理

Coaching　期待値の定義 (5.16) から，

$$\frac{d\langle p \rangle}{dt} = \frac{d}{dt}\int_{-\infty}^{\infty} \Psi^*(-i\hbar\nabla)\Psi\, dx$$

$$= -i\hbar \int_{-\infty}^{\infty} \left(\frac{\partial \Psi^*}{\partial t}\nabla\Psi + \Psi^*\nabla\frac{\partial \Psi}{\partial t}\right) \quad (5.24)$$

となり，時間に依存するシュレーディンガー方程式 (4.63) から得られる関係式 (5.18) を用いると，(5.24) は次の形になります．

$$\frac{d\langle p \rangle}{dt} = \int_{-\infty}^{\infty}\left\{\left(-\frac{\hbar^2}{2m_\mathrm{e}}\nabla^2\Psi^* + V\Psi^*\right)\nabla\Psi - \Psi^*\nabla\left(-\frac{\hbar^2}{2m_\mathrm{e}}\nabla^2\Psi + V\Psi\right)\right\}dx \quad (5.25)$$

右辺第2項を展開すると，

$$\Psi^*\left\{-\frac{\hbar^2}{2m_\mathrm{e}}\nabla^3\Psi + (\nabla V)\Psi + V\nabla\Psi\right\} \quad (5.26)$$

となるので，$\Psi^* V \nabla \Psi$ の項は右辺第1項に含まれる V の部分と打ち消し合います．$\Psi^* \nabla^3 \Psi$ の項は2度部分積分すると，

$$\int_{-\infty}^{\infty} \Psi^*\nabla^3\Psi\, dx = [\Psi^*\nabla^2\Psi]_{-\infty}^{\infty} - \int_{-\infty}^{\infty}(\nabla\Psi^*)\nabla^2\Psi\, dx$$

$$= -[(\nabla\Psi^*)\nabla\Psi]_{-\infty}^{\infty} + \int_{-\infty}^{\infty}\nabla^2\Psi^*\nabla\Psi\, dx \quad (5.27)$$

となるので（途中，無限遠で $\Psi \to 0, \nabla\Psi^* \to 0$ となることを用いています），これも右辺第1項の残りと打ち消し合います．

結局，∇V の項だけが残って，

$$\frac{d\langle p \rangle}{dt} = -\int_{-\infty}^{\infty} \Psi^*(\nabla V)\Psi\, dx = \left\langle -\frac{\partial V}{\partial x}\right\rangle \quad (5.28)$$

となります．■

Exercise 5.2 と 5.3 の結果を合わせると，(5.23) より $\langle p \rangle = m_\mathrm{e}\dfrac{d\langle x \rangle}{dt}$ なので，(5.28) より

$$m_\mathrm{e}\frac{d^2\langle x \rangle}{dt^2} = \left\langle -\frac{\partial V}{\partial x}\right\rangle \quad (5.29)$$

が成り立ちます．ところで，$-\partial V/\partial x$ は力の x 成分 F_x なので，この方程式は古典力学の運動方程式に対応していることがわかります．このことから，

▶ 波束の重心の運動は，古典的粒子の運動に一致する．

ことがわかります．これを**エーレンフェストの定理**といいます．

マクロなスケールから見れば，電子の波束の広がりは無視できるため，その場合は古典力学に基づいて運動を考えてよいことになります．従来の電磁気学で，電子の運動を古典力学に則して議論しても問題がなかったのは，この関係があったからだったのです．この定理により，**量子力学と古典力学とが矛盾なく連続的につながる**ことが保証されています．これは対応原理の一例に当たります．

5.5 不確定性原理

いま私たちは，量子力学の核心に迫りつつあります．そして 5.1 節で見たとおり，「量子力学とは何か？」を考えれば考えるほど，測定している状況を詳しく検討する必要が出てきます．そこで，まずは測定に関して，Exercise 5.4 のような例題を考えてみましょう．

Exercise 5.4

物体の速度を測るにはどのようにすればよいか，次の2つの場合において，測定方法を具体的に考えなさい．
(1) 走っている自転車の速度
(2) 投げられたボールの速度

Coaching 自動車に乗ればスピードメーターが付いており，速度をリアルタイムで知ることができます．また野球中継では，ピッチャーが投げるごとに球速が画面に表示されます．速度を目にする機会は他にも多くあり，速度はとても身近な物理量の1つです．しかし，あまりにも身近すぎて，速度がどのようにして測定されたのか，ということをいままであまり気にしたことはなかったのではないでしょうか．

(1) 走っている自転車の速度は，例えば予めタイヤの円周（半径）を測っておき，そのタイヤが1秒間に何回転するか（角速度に相当する量）を測定すれば，

図 5.5 自転車のフォークとスポーク

割り出すことができます．具体的には，車輪のスポークに磁石を取り付け，車輪を挟んでいるフォーク側にセンサー（ホール素子）を付けておけば，磁石がセンサーを横切るたびに電気信号を送ることができます．

（2）球速は，スピードガンとよばれるもので測られることが一般的でしょう．スピードガンは，ドップラー効果を利用して球速を測っています．具体的には，電磁波（マイクロ波）をボールに当て，その反射した電磁波の周波数を測定します．反射した電磁波の周波数は，ボールの速度に応じてドップラー効果により変化するので，周波数の変化から球速を割り出すことができます．ちなみにこの方法は，自動車の速度違反を取り締まる場合にも用いられているそうです．■

5.5.1 マクロな世界における運動の観測

物体の運動を知るには，位置と速度（運動量）の情報が必要です．両者の関係を調べるには，ストロボスコープ（ストロボ）を使って連続撮影するのが便利でしょう．ストロボスコープとは，短時間に規則的に点滅する光を用いて運動の様子を観測する装置です．

ストロボを用いた図 5.6 (a) のような装置を考えてみましょう．外部からの光を遮断できる暗室に，ボールの発射装置を備え，一定間隔で連続して点滅できる光源を用意します．このときの様子をカメラで撮影するのですが，シャッターは運動の間ずっと開放したままにします．例えば，光を 0.1 秒間隔で点滅させ，シャッター速度を 1 秒とすると，写真には 10 個のボールが写ります．ボールの背景に目印となるマス目などを用意しておけば，10 個のボールの位置は簡単に決定できます．

また，ボールとボールの間隔も決定できるので，それを 0.1 秒で割れば，速度も決定できます（ボールの質量がわかれば，運動量も決定できます）．スト

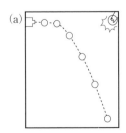
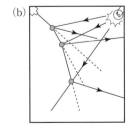

図 5.6 ストロボスコープを用いた観測装置
(a) マクロなボール
(b) ミクロな電子

ロボの点滅間隔を短くすれば，写るボールの個数は増え，ボール同士が重なってくると，（ボールの幅をもった）曲線が描かれることでしょう．それがボールの軌道です．

このように，私たちの日常世界では，位置と運動量，そして軌道を観測に基づいて明確に決定できます．ここで注意しておきたいことは，ストロボを用いたことは，単に連続写真を撮るためだけではない，ということです．そもそも，ボールを「見る」ためには必ず光が必要です．真っ暗闇でボールを発射しても，何が起こっているか判断がつきません．ボールが存在しているかどうかもわかりません．「そんなこと，当たり前でしょ」と思われるかも知れません．そうなのです！　当たり前過ぎて，私たちは普段「見る」ということが観測行為になっていることを意識していません．しかし，物体がそこにあると見えるのは，光を当て，その反射光が私たちの目やカメラに入ってくることによって初めて達成されるということを，ここで改めて強く意識しておきましょう．

5.5.2　ミクロな世界における運動の観測

では，量子力学が支配するミクロな世界では，観測はどうなるのでしょうか？　先の図 5.6 (a) の装置のボールを電子に置き換えた，図 5.6 (b) を考えてみましょう．運動している電子を観測するためには，光（より一般には電磁波）を当てる必要があり，電子に当たって跳ね返ってきた光を捉えることになります．

ここでマクロな世界と決定的に異なる事情に遭遇します．それは，**コンプトン散乱**です．第 1 章で見たとおり，コンプトン散乱では，光が電子に当たると，両者の運動量が変化しました．つまり，**電子の運動を観測しようと，光を当てた瞬間に，その運動量が変化してしまう**のです．したがって，連続してストロボを使ってしまうと，運動量の変化がどんどん蓄積され，本来電子が到達するはずであった位置とは全く異なる位置に辿り着いてしまうことになります．

そうであるならば，光を当てたことによる影響が限りなく小さくなるようにすればよいのでは？と思われるかも知れません．一般に用いられるストロ

ボ光は強烈な光を発しますが，電子1個を捉えるのに，それほど強烈な光を当てる必要はありません．ならば，もっと光を弱くすればよいことになります．

しかし，ここでもう1つ，マクロな世界とは異なる問題が生じます．古典力学では，いくらでも当てる光を弱くすることができるかに思えましたが，量子力学ではそれは通用しません．なぜなら，光は光量子でしたから，どれだけ弱くしても，$E = h\nu$ よりもエネルギーを小さくはできないからです．これは，運動量に置き換えると，$p = h\nu/c$ が最小単位ということになります．つまり，ミクロな世界ではどれだけ光を弱くしても，$p = h\nu/c$ の運動量は光から受け取ってしまうので，電子の運動量 p は最低でも

$$\Delta p \simeq \frac{h\nu}{c} \tag{5.30}$$

だけは変化してしまうのです．

それでも，まだ可能性があるようにも見えます．h や c は物理定数なので変えようがありませんが，振動数 ν を無限小まで小さくすれば，最終的に Δp を無限小にできるのではないでしょうか？ しかし，そうすると，今度はまた別の問題が現れてしまいます．

$\lambda = c/\nu$ ですから，振動数は波長に反比例します．ν を小さくするということは，光の波長を長くすることに他なりません．電子に当たって返ってくる光は，最終的にはスクリーン上で結像して我々の目に「見える」ことになるのですが，この結像は λ より小さくはなり得ません．そうすると今度は，電子の位置 q の測定結果には，

$$\Delta q \simeq \lambda = \frac{c}{\nu} \tag{5.31}$$

の不確かさがともなうことになります．

つまり，光を弱めようと光の振動数 ν をどんどん小さくしていくと，今度は光の波長 λ がどんどん長くなり，しまいには装置全体のサイズと変わらないくらいになってしまいます．その場合，電子は「この装置のどこかにいる」ということしか知り得ないことになってしまいます．これでは，全く答えになっていませんね．

反対に，位置を正確に決めるためには λ を短くすればよいのですが，そう

すると，コンプトン散乱によって運動量を大きくかき乱すことになってしまうのです．この議論には，光の粒子性（コンプトン散乱）と波動性（回折）の両面が組み込まれており，まさに量子の世界の特徴が顕著に現れています．

5.5.3 不確定性原理の確立

運動量を正確に決めようとすれば位置が不正確になり，位置を正確に決めようとすれば運動量が不正確になってしまうことを (5.30) と (5.31) とを合わせて式で表すと，どれだけ測定精度を高めようとも，必ず次の**不確定性関係**

$$\Delta q \cdot \Delta p \gtrsim h \tag{5.32}$$

が成り立つことがわかります．これがハイゼンベルクが 1927 年に提唱した**不確定性原理**の基本的な考え方です．

別の言い方をすると，

▶ 量子力学では，位置と運動量を同時に決定することはできない．

ことになります．これまで古典力学では，位置や運動量はその測定方法の如何にかかわらず，どこまでも正確に決められると考えられてきました．しかし量子力学では，位置や運動量の正確さは測定方法に依存し，**どんなに正確さを求めても，不確定性原理によって定められる限界以上に正確には決められない**のです．

不確定性原理は，厳密にはマクロな世界にも存在します．しかし，その不確定性は，マクロな世界の測定による不確かさよりも小さいため，結果に影響を与えることはありませんでした．一方，ミクロな世界では，その影響が無視できないほど大きくなってしまうのです．古典力学と量子力学とで，不確定性原理の影響の強さが決定的に異なってくることは，次の Training 5.2 で実感していただけると思います．

 Training 5.2

速度と位置の不確定性が実際にどの程度の大きさになるか，次の 2 つの場合について具体的に見積もりなさい．

(1) 1.0 mg の微粒子　　(2) 9.1×10^{-31} kg の電子

5.5 不確定性原理

なるほど確かに,光を使った実験では不確定性原理が成り立ったかも知れません.しかし,別の巧妙な実験装置を用いれば,不確定性原理を破ることができるのではないか? そう考えた読者は,科学者にとって極めて重要な批判的精神を備えもっているといえるでしょう.実際,アインシュタインは不確定性原理の反例をいくつも挙げようとしました.しかし,それはことごとくボーアによって解決されていき,結果として,不確定性原理が確固たるものとなったのです.

不確定性関係 (5.32) は,より厳密に導くこともできます.そのためには,位置と運動量の不確定性を標準偏差として改めて定義し,

$$(\Delta q)^2 = \langle (q - \langle q \rangle)^2 \rangle, \quad (\Delta p)^2 = \langle (p - \langle p \rangle)^2 \rangle \quad (5.33)$$

を考えることにします.少し計算はややこしくなりますが,近似なしに次の不等式を得ることができます (Practice 5.5 を参照).

$$\Delta q \cdot \Delta p \geq \frac{\hbar}{2} \quad (5.34)$$

これはハイゼンベルクの不確定性原理が発表された直後に,コペンハーゲンに滞在していたケナード (アメリカの理論物理学者) によって導かれたので,**ケナードの不等式**ともよばれています.

なお,ハイゼンベルクが導いた不確定性関係 (5.32) は実際に測定したときの避けられない不確かさを表しているのに対し,ケナードのものは統計的な不確かさを表しており,1つ1つの実験に対する不確かさではありません.いずれにしても,位置と運動量を同時に決定することができないことが量子力学の本質で,そのことを最初に指摘したのがハイゼンベルクだったのです.

不確定性原理に基づくと,電子の位置や運動量は,測定の前と後で同じ値をもっていると考えることはできません.そもそも,測定前に電子の位置と運動量は確定した値をもっておらず,それぞれが同時に確定した値をもちえぬ程度が (5.32), (5.34) であると解釈します.本来,位置や運動量という概念は古典的な粒子の運動に基づくものですが,その適用限界を不確定性関係が定めているのです.

古典力学では,運動のすべての過程において位置と運動量が確定していることを"前提"としています.それは観測の有無に関係ありません.しかし

量子力学では，観測していない状態の位置と運動量はそもそも確定しておらず，観測することによって初めて確定するのです．そして，位置と運動量の一方を観測して確定すれば，他方は完全に乱されて不確定になります．すなわち，

▶ 観測の有無によって状態が決定的に変わる．

のです．

測定する前の電子の位置は不明なのではなく，そもそも不確定なものなのです．そして，位置を測定することで，その不確定な状態をより確定した状態に変え，同時に，今度は運動量が不確定なものになるのです．

5.6 二重スリットの実験，再び

長い道のりでしたが，本章の冒頭で掲げた二重スリットの実験を理解するための準備がようやく整いました．以前棚上げになっていた問題を，ここでもう一度考え直してみましょう．

5.6.1 どちらのスリットを通ったか？

第一の素朴な疑問は，電子はいったいスリット S_1 と S_2 のどちらを通ってきたのか？ということでした．この疑問に答えるには，それを確かめるための実験環境を考えることが重要です．そこで，次の Exercise 5.5 を考えてみましょう．

Exercise 5.5

図 5.7 のように，間隔 d の二重スリット S_1, S_2 を用意し，そこから D 離れた位置にスクリーンを用意します．十分遠方からやってくる電子（波長 λ）は，スリットを通り抜ける際，スリットに衝突してわずかにその進路を曲げることになります．

(1) この衝突によって，スリットも x 方向にわずかに δx だけ上下するこ

5.6 二重スリットの実験, 再び

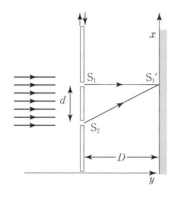

図 5.7 二重スリットの実験, 再び (縦に x 軸, 横に y 軸をとっていることに注意).

とになります. 明瞭な干渉縞を得るためには, δx はどの程度に小さく抑えなければならないかを見積もりなさい.

(2) さらに, 電子が通過する際に, スリットに受け渡した運動量を測ることにします. 電子が S_1, S_2 のどちらを通ったかを見極めるためには, 運動量の精度 δp はどの程度に小さく抑えなければならないかを見積もりなさい.

Coaching (1) 図5.2のヤングの実験のときと同様に, いまの場合も干渉縞の幅は $\lambda D/d$ で与えられます (119頁の脚注1)を参照). 電子の衝突によって, スリットも δx だけ上下するのですが, この δx が干渉縞の幅以上に大きくなってしまうと, 明点の濃淡がぼやけてしまいます. すなわち, 干渉縞が明瞭に現れるためには,

$$\delta x < \frac{\lambda D}{d} \tag{5.35}$$

の精度でスリットが動かないことが求められます.

(2) スリットに受け渡された運動量を見積もるために, 図5.7のように, S_1 と上下の位置が同じスクリーン上の点 S_1' に現れた電子の明点について考えてみましょう.

S_1 を通り抜けた電子は, スリットに衝突することなくスクリーンに到達しているので, そのときにスリットに受け渡した運動量はゼロです. 一方, S_2 を通り抜けた電子は, スリットと衝突して進路が変わり, x 方向に d だけ進んだことになります. つまり, x 方向に運動量 p_x が付加されたわけです.

例えば, スリットからスクリーンに到達するまでに時間 t_0 だけかかったとしましょう. このとき, スクリーンに垂直な y 方向の速度は $v_y = D/t_0$ です. これに対し, x 方向の速度は $v_x = d/t_0$ なので, 両者の比は $v_x/v_y = d/D$ となります. そして, これはそのまま運動量の比となるので, $p_x = pd/D = hd/\lambda D$ となります

($p = h/\lambda$ を用いました).

以上より, 電子が S_1 を通った際は運動量の受け渡しはゼロで, S_2 の場合は p_x なので, どちらを通ったかを判別するためには, 運動量の測定の精度が p_x より小さいこと, すなわち

$$\delta p < \frac{hd}{\lambda D} \tag{5.36}$$

であることが求められます. ∎

以上のことから, 干渉縞を明瞭に観測しながらどちらのスリットを通り抜けたかを突き止めるには, 観測装置が $\delta x, \delta p$ の精度を同時に満たす必要があり, (5.35) と (5.36) より,

$$\delta x \cdot \delta p < h \tag{5.37}$$

ということになります. しかし, どれほど精巧につくった観測装置でも不確定性原理の制約を受けるので, 上の不等式 (5.37) は原理上成り立ちません. つまり,

▶ 干渉縞を観測しながらどちらのスリットを通ったかを確定することは不可能

なのです!

5.6.2 なぜ干渉縞が現れるのか?

不確定性原理や確率解釈を一旦受け入れてしまうと, あまりのショックのため, 「量子の世界では, もう何も正確に決めることなんてできないんだ」と, 落胆ムードが漂うことがあります. しかし忘れないでいただきたいのは, シュレーディンガー方程式は健在で, 波動関数の時間発展は正確に予測できるということです. 電子がスリットを通り抜けてからスクリーンに辿り着くまでに観測を行わなければ, 電子の状態, すなわち波動関数はシュレーディンガー方程式が予測するとおりに振る舞います.

電子が S_1 を通り抜けてスクリーン上の点 x に到達した波動関数を $\psi_1(x)$, S_2 を通ったものを $\psi_2(x)$ とすれば, x において観測される波動関数は両者を重ね合わせた $\psi_1(x) + \psi_2(x)$ となります. ただしこの波動関数は, 実体とし

ての電子を表しているのではなく，あくまでその確率密度に対応するものであったので，いまの場合，確率密度 $P_{12}(x)$ は重ね合わせた波動関数の2乗をとって

$$P_{12}(x) = |\phi_1(x) + \phi_2(x)|^2 \tag{5.38}$$

となります．

よって，形式上は古典力学における波の干渉と全く同じになります．異なるのは，**古典力学では波の振幅を表していた**ものが，**量子力学では確率密度に置き換わっている**という点です．

ヤングの実験では光の明暗で干渉縞ができていたのに対し，電子の実験では確率の高低で干渉縞ができたことになります．孤立した電子を何度も打ち込めば，結果的に，スクリーンに現れた明点の密度の高低によって干渉縞が形成されます．これがまさしく，図5.4で見えていたものに相当します．

5.6.3 波動関数の収縮

電子の二重スリットの実験のほとんどの結果は，波動関数の統計的解釈と不確定性原理によって説明されてきました．しかしよく考えると，最後にもう1つ，疑問が残ります．電子はスクリーンに辿り着く直前まで，波動関数として広がりをもっていたはずです．だからこそ，干渉縞が広い範囲で見られたわけです．とすれば，電子を打ち込み始めると，直ちにスクリーンの広い範囲で干渉縞が現れ，次第に明暗がはっきりしていく，ということが起こってもよさそうに思えます．しかし，スクリーンに現れるのは電子1個1個に対応する明るい点です．決して広がりをもっているわけではありません．波動関数は広がっていながら，スクリーンの像が点で観測されるのは一体どういうことなのでしょうか？

この最後のミステリーを解決するのが，**波動関数の収縮**という考え方です．いまの場合，スクリーンは位置を決定する装置に相当します．そして，この測定を位置 x_i で行った瞬間，波動関数は x_i の1点に収縮すると考えます．

波動関数 $\phi(x)$ で表される電子の物理量（位置 $\hat{x}$）を測定して x_i が得られた場合，その瞬間に波動関数は固有値 x_i に対応する固有関数 ϕ_{x_i} に変わります．これを固有値方程式で表せば次のようになります．

$$\hat{x}\phi_{x_i} = x_i \phi_{x_i} \tag{5.39}$$

ここで，物理量 x が演算子であることを明示するために ⌒ （ハット）を付けて $\hat{x}$ としました．

このように，**測定した瞬間に波動関数が変化することを波動関数の収縮といいます**．シュレーディンガー方程式に基づいて電子の波動関数は変化していたのですが，測定が入ることによって，測定前の状態と測定後の状態との間の因果関係はすべて壊されることになるのです．

なお，測定して一旦 ϕ_{x_i} となった後は，すでに $\hat{x}$ の固有関数となっているので，測定の後，再び $\hat{x}$ を測っても，その測定値は x_i のままになります．あるいは，異なる物理量 x と y が同じ固有関数 ϕ_i をもっている場合，それぞれに対応する測定を行っても固有関数は変わらないので，測定で x と y を同時に決定することができます．

電子の二重スリットの実験の場合，スクリーン上の 1 点 x_i で観測した瞬間に，広がっていた波動関数が点 x_i に収縮するのです．このように瞬間的に状態が変わることは古典力学ではありえないことです．波動関数の収縮は量子力学特有の現象で，私たちの"常識"からは，かなりかけ離れています．実際，アインシュタインはこの解釈に強く反発しました．

例えば，波動関数の電荷密度解釈の立場をとれば，波動関数が瞬間的に縮むことは，光速をも超えて電荷密度が変化することを意味します．この世に実存するすべての物質は光速より速く運動することはできないことを見出したアインシュタインが，そのような考え方に強く反発することも無理はありません．しかし，**波動関数は電荷密度のような実体をともなうものではなく，あくまで確率に関するものです**．したがって，**何か実存する物質が光速で運動しているわけではなく，波動関数の収縮は相対性理論とも矛盾しないのです**．

本章のPoint

- **波動関数の統計的解釈**：粒子の状態を記述する波動関数 $\Psi(\boldsymbol{r},t)$ について，$|\Psi(\boldsymbol{r},t)|^2$ は確率密度を与え，$|\Psi(\boldsymbol{r},t)|^2 d\boldsymbol{r}$ は，微小領域 $d\boldsymbol{r}$ においてその粒子が見出される確率を表す．

- **エーレンフェストの定理**：位置の演算子の期待値 $\langle x \rangle$ は，波束の重心位置に対応し，あるポテンシャル V に対して
$$m\frac{d^2\langle x \rangle}{dt^2} = \left\langle -\frac{\partial V}{\partial x} \right\rangle$$
に従って時間変化する．このことから，波束の重心の運動は，古典粒子の運動に一致することがわかる．これをエーレンフェストの定理という．

- **不確定性原理**：量子力学では，位置 q と運動量 p を同時に決定することはできない．測定における両者の不確定さは次の不等式で表される．
$$\Delta q \cdot \Delta p \gtrsim h$$

- **波動関数の収縮**：測定により粒子の位置を確定した場合，測定した瞬間に波動関数がその位置に収縮する．波動関数は実体をともなうものではなく，確率を表すものなので，波動関数の収縮は相対性理論とも矛盾しない．

Practice

[5.1] 運動量の期待値

波動関数 $\phi(x)$ が次の形をもつ場合の運動量の期待値を求めなさい．ただし，$\phi(x)$ は $-\infty < x < \infty$ の範囲で規格化されているものとします．

(1) 波動関数 $\phi(x)$ について，$\phi^*(x) = \phi(x)$ が成り立つとき（つまり，波動関数は実数のみで表される）．

(2) 波動関数が実数のみで表される部分 $\varphi(x)$ と平面波の積で，$\phi(x) = \varphi(x)e^{ikx}$ のように表されるとき．ただし k は実数で，$\varphi^*(x) = \varphi(x)$ が成り立つものとします．

[5.2] ガウス関数型の波動関数（I）

波動関数が次のようにガウシアン[6]と平面波の積で表されている場合を考えます．

---

[6] $f(x) = e^{-x^2/a^2}$ の形に類する関数を**ガウス関数**，あるいは**ガウシアン**といいます．いまの場合，$f(x)$ は $x=0$ をピークとした，幅 $2a$ の山型の関数です．

$$\phi(x) = Ae^{-x^2/2a^2}e^{ikx} \quad \left(\text{ただし,}\ A = \frac{1}{(\sqrt{\pi}a)^{1/2}}\right) \tag{5.40}$$

このとき,次の各問いに答えなさい.

(1) $\langle x \rangle, \langle x^2 \rangle, \langle p \rangle$ を求めなさい.ただし,次の公式を用いても構いません.

$$\int_{-\infty}^{\infty} e^{-x^2/a^2}\,dx = \sqrt{\pi}\,a, \quad \int_{-\infty}^{\infty} x^2 e^{-x^2/a^2}\,dx = \frac{\sqrt{\pi}}{2}a^3 \tag{5.41}$$

(2) $(\Delta x)^2 = \langle (x - \langle x \rangle)^2 \rangle$, $(\Delta p)^2 = \langle (p - \langle p \rangle)^2 \rangle$ として,不確定性関係 $\Delta x \cdot \Delta p$ を求めなさい.

[5.3] ガウス関数型の波動関数(Ⅱ)

ハイゼンベルクの不確定性関係は,波動関数 $\phi(x)$ の広がりとそのフーリエ変換 $\varphi(k)$ の広がりを同時にいくらでも小さくすることはできないことを意味しています.このことについて具体例を通して考えてみましょう.

波動関数が次のようにガウシアンと平面波の積で表されている場合を考えます.

$$\phi(x) = Ae^{-x^2/2a^2}e^{ik_0 x} \quad (A\text{は定数}) \tag{5.42}$$

このとき,次の各問いに答えなさい.

(1) この波動関数の確率密度 $P(x)$ を位置 x の関数として表しなさい.

(2) 波動関数をフーリエ変換し,波数 k の関数として求めなさい.ただし,次の積分を用いても構いません.

$$\int_0^\infty e^{-x^2} \cos 2\lambda x\,dx = \frac{\sqrt{\pi}}{2} e^{-\lambda^2} \quad (\lambda\text{は実定数}) \tag{5.43}$$

(3) フーリエ変換した波動関数の確率密度 $P(k)$ を波数 k の関数として表しなさい.

(4) $P(x)$ の幅と $P(k)$ の幅をそれぞれ $\Delta x, \Delta k$ とし,それらと不確定性原理との対応を調べなさい.

[5.4] 水素原子と不確定性原理

水素原子の大きさの目安を a とします.その場合,水素原子中の電子の位置の不確かさは $r = a$ 程度と考えられます.さらに不確定性原理から,運動量の不確かさは $p = \hbar/a$ 程度と考えられます.そこで $r = a$ と $p = \hbar/a$ の関係を用いて,ボーアの水素原子模型のエネルギー

$$W = K + U = \frac{p^2}{2m_e} - \frac{e^2}{4\pi\varepsilon_0 r} \tag{5.44}$$

を最小にする a_0 と,そのときのエネルギーを求めなさい.

[5.5] ケナードの不等式

$q' = q - \langle q \rangle$,$p' = p - \langle p \rangle$ とおいて $\langle q'^2 \rangle, \langle p'^2 \rangle$ を求め,

$$\int |i\alpha p'\psi + q'\psi|^2 \, dq \geq 0 \tag{5.45}$$

の関係を用いて,ケナードの不等式 $\Delta q \cdot \Delta p \geq \hbar/2$ を示しなさい.ここで α は任意の実数で,(5.45) の関係は複素数の絶対値の 2 乗は負にならないことに基づいています(簡単のため,q, p は 1 次元の成分しかもっていないとして構いません).

[5.6] **時間とエネルギーに対する不確定性関係**

ある粒子の波動関数が幅 Δx をもち,群速度 v で x 軸に沿って移動しているとします.

(1) この波動関数が x 軸上のある点を通る時刻を決める際,時間についての不確定さ Δt を求めなさい.

(2) この波動関数は,運動量空間においてもある幅 Δp をもっています.このことから,粒子のエネルギーについての不確定さ ΔE を求めなさい.

(3) 上の 2 つの不確定さから,時間とエネルギーに対する不確定性関係を求めなさい.

スピンと排他原理から原子の構造へ

　前章までで，行列力学，波動力学から確率解釈，不確定性原理に至り，量子力学の基本的な枠組みはひととおり完成しました．その量子力学の誕生と成長のきっかけの1つに，原子構造の探求がありました．量子力学の進展は原子構造の探求からは一旦切り離されて進んだかに見えますが，実は，量子力学の構築とほぼ並行して，原子の構造についての謎解きも進んでいました．その謎解きの経緯から，**パウリの排他原理**，そして**スピン**という，量子力学において重要な新概念も生み出されました．本章では，その経緯を辿ってみることにしましょう．

　謎解きの過程を楽しむには，行列力学や波動力学が登場する以前まで，時計の針を一旦戻す必要があります．本書でいえば，ちょうど第2章が終わったあたりに遡ったつもりで，本章を読み進めてみてください．

6.1　メンデレーエフの周期律

　1869年，ロシアの化学者メンデレーエフは，元素の化学的性質を経験的に整理した結果に基づいて，**周期律**を発表しました．元素の周期表（本書の後見返しを参照）では，縦に並んだ元素の性質が非常に似通ったものになることは，皆さんもよく知っていると思います．

　ここで周期律について簡単に復習しておきましょう．周期表の横の並びは，上から順に第1周期，第2周期，…と名付けられています．それぞれを順に見ていくと，第1周期はHとHeの2つしかありません．第2周期はLiから

Neまで8つ,第3周期も8つ元素が並んでいます.続く第4と第5周期は元素が18個並び,第6,第7周期では(ランタノイドとアクチノイドを含んで)32個も元素があります.原子番号は電子の個数に対応しているので,周期律は電子数の周期とみることもでき,これはその周期が

$$2,\ 8,\ 18,\ 32$$

と変わっていくことを意味しています.

図6.1 ドミトリ・メンデレーエフ(1834-1907)

どうでしょう?この数列を見て何かピンとくるものがあるでしょうか?この数字は化学的な性質を整理することで現れたもので,あくまで経験的な数字でした.しかし大変興味深いことに,(光学における)原子スペクトルの測定結果を解析すると,元素の化学的性質から得られた周期律と同様の周期が見出されました.当時,原子スペクトルはボーアの量子論から始まる量子力学の中心的研究対象でしたから,光学と化学における周期律の対応を頼りに,量子力学に基づいて光学と化学の不思議を一網打尽に解決できる機運が一気に高まったのです.

次節以降で量子力学による原子構造の理論を展開する前に,先ほどの数列(電子数の周期)について考えてみるのも悪くないでしょう.

Exercise 6.1

周期律に現れる 2, 8, 18, 32 の数列に潜む規則性を見出しなさい.

 Coaching この数列の規則性を見出すのは決して難しいことではありませんので,ぜひ自身の頭で考えてみてください.4つの数字だけを覚えてしまえば,机に向かわずとも,散歩や通学,あるいは掃除中などでも考えることができるはずです.そして規則性を見つけたら,当時の物理学者になったつもりで,なぜそのような規則が現れるのかを,これまでに学んだ量子力学に基づいて考えてみてください.(もしそれを解明できたら,あなたの頭脳はノーベル賞級です.実際パウリは,それでノーベル物理学賞を受賞したのですから!)

この問いの答えは,本章を読み進めていけば自然に明らかにされますので,ここではあえて解答を示さずにおきましょう(答えは 6.7 節で). ■

6.2 水素原子

ボーアは,自身の量子論の全体像がおよそはっきりしてきた 1918 年に,その内容を『線スペクトルの量子論』と題する著作にまとめました.また,前期量子論の発展に大きく貢献したゾンマーフェルトも,『原子構造とスペクトル線』を 1919 年に著しました.そして,ボーアとゾンマーフェルトの理論は,水素原子のスペクトルに対して大きな成功を収めました.

ここでは,水素原子のエネルギーとスペクトルをシュレーディンガー方程式から求めてみましょう.第 4 章ではシュレーディンガー方程式の応用例として調和振動子を扱いましたが,実際には,シュレーディンガーは計算のやさしい調和振動子より先に,より複雑な水素原子の問題を扱って論文を発表しています.それほど,当時は水素原子の問題が重要視されていたのです.

座標の原点に,ほとんど動かない正の電荷 $+e$ をもつ粒子(陽子に対応)を置き,その周囲を運動する負の電荷 $-e$ をもつ粒子(電子に対応)を考えます(図 2.7 を参照).このとき,陽子からの距離 $r = \sqrt{x^2 + y^2 + z^2}$ にあるときの電子が感じるポテンシャルは

$$V(r) = -\frac{e^2}{4\pi\varepsilon_0 r} \tag{6.1}$$

となります.これはボーアたちが考えたものと同じです.

このように,大きさが中心からの距離 r だけに依存する球対称なポテンシャルのことを**中心力ポテンシャル**あるいは**球対称ポテンシャル**といいます.

一般に,中心力ポテンシャルを考える場合は,直交座標 (x, y, z) を用いるよりも球座標 (r, θ, ϕ) を用いる方が便利で,この座標を使って時間に依存しないシュレーディンガー方程式 (4.22) を表すと次の形になります.

$$\left[-\frac{\hbar^2}{2m_\text{e}} \left\{ \frac{\partial^2}{\partial r^2} + \frac{2}{r}\frac{\partial}{\partial r} + \frac{1}{r^2}\Lambda(\theta, \phi) \right\} + V(r) \right] \phi(r, \theta, \phi) = E\phi(r, \theta, \phi) \tag{6.2}$$

ここで $\Lambda(\theta,\phi)$ は偏角 θ,ϕ のみに依存する関数で[1]，次の形で与えられます（Λ は微分演算子を含むことを忘れないようにしてください）．

$$\Lambda(\theta,\phi) = \frac{1}{\sin\theta}\frac{\partial}{\partial\theta}\left(\sin\theta\frac{\partial}{\partial\theta}\right) + \frac{1}{\sin^2\theta}\frac{\partial^2}{\partial\phi^2} \tag{6.3}$$

上式の導出は Practice 6.1 で詳しく扱っています．計算が煩雑ですが，（一生に一度くらいは）実際に計算して導くようにしてください．

(6.2) を解くのは，数学的に少々難しいところがあります．実際，シュレーディンガーもこの方程式を解くに当たり，数学者ワイルの力を大いに借りたと，波動力学の第一論文の中で素直に述べています．そこで (6.2) の詳しい解法は他書に譲ることにして，ここでは物理的理解を優先して先に進むことにしましょう．

これからしばらくの間，**球面調和関数** $Y_l^m(\theta,\phi)$ や**ルジャンドルの多項式** $P_l(z)$，**ラゲールの同伴多項式** $L_k^s(\rho)$ といった難解な関数が出てき（てしまい）ます．シュレーディンガー方程式の解を正確に与えるため，複雑な関数を避けて通ることはできないのですが，入門の段階では，「**ややこしい関数で表されるんだなぁ**」という程度で，流し読みしていただいて結構です．それらの関数の詳細な形まで理解する必要はありません．それよりも，本章では，例えば図 6.3 や図 6.4 などに描かれているような，およその関数の形と，そこから導かれる物理的理解をまず掴んでいただければと思います．

6.2.1 球面調和関数

球座標のシュレーディンガー方程式 (6.2) に中心力ポテンシャル (6.1) を代入した方程式の解は，変数分離型

$$\phi(r,\theta,\phi) = R(r)Y(\theta,\phi) \tag{6.4}$$

で与えられます．角度方向の解 $Y(\theta,\phi)$ の実際の形は，

$$Y_l^m(\theta,\phi) = (-1)^{(m+|m|)/2}\sqrt{\frac{2l+1}{4\pi}\frac{(l-|m|)!}{(l+|m|)!}}P_l^{|m|}(\cos\theta)e^{im\phi}$$

$$\tag{6.5}$$

---

[1] θ はある軸（通常は z 軸）と原点から r を結んだ線（動径）との間の角，ϕ はその軸と垂直な平面への動径の射影とその平面上にある軸（通常は x 軸）との間の角を表します．

で定義される，球面調和関数になります．添字の l は 0 以上の整数，m はその大きさが l を超えない整数

$$l = 0, 1, 2, \cdots, \qquad m = -l, -l+1, \cdots, l-1, l$$

で，いまの場合，l を**方位量子数**，m を**磁気量子数**とよびます．ここで**ルジャンドルの同伴関数**

$$P_l^{|m|}(z) = (1-z^2)^{|m|/2} \frac{d^{|m|}}{dz^{|m|}} P_l(z) \tag{6.6}$$

および**ルジャンドルの多項式**

$$P_l(z) \equiv P_l^0(z) = \frac{1}{2^l l!} \frac{d^l}{dz^l} (z^2-1)^l \tag{6.7}$$

を用いました．

偏角 θ, ϕ に依存する微分演算子 (6.3) と球面調和関数 (6.5) には，次の関係が成り立つことが知られています．

$$\Lambda Y_l^m(\theta, \phi) = -l(l+1) Y_l^m(\theta, \phi) \tag{6.8}$$

すなわち，球面調和関数 $Y_l^m(\theta, \phi)$ は演算子 Λ の固有関数になっており，その固有値が $-l(l+1)$ といえます．(6.3) と (6.5) の複雑な式の間に (6.8) のような簡単な関係があることは，ちょっと驚きです．

ここで，$l = 0, 1, 2$ の球面調和関数 $Y_l^m(\theta, \phi)$ の具体的な形をいくつか示しておきます．

$$\begin{cases} l = 0: \quad Y_0^0 = \dfrac{1}{\sqrt{4\pi}} \\[2mm] l = 1: \quad Y_1^0 = \sqrt{\dfrac{3}{4\pi}} \cos\theta, \quad Y_1^{\pm 1} = \mp\sqrt{\dfrac{3}{8\pi}} \sin\theta\, e^{\pm i\phi} \\[2mm] l = 2: \quad Y_2^0 = \sqrt{\dfrac{5}{16\pi}} (3\cos^2\theta - 1) \\[2mm] \qquad\qquad Y_2^{\pm 1} = \mp\sqrt{\dfrac{15}{8\pi}} \sin\theta \cos\theta\, e^{\pm i\phi}, \quad Y_2^{\pm 2} = \sqrt{\dfrac{15}{32\pi}} \sin^2\theta\, e^{\pm 2i\phi} \end{cases} \tag{6.9}$$

なお，これらの球面調和関数は，

$$\int_0^\pi d\theta \int_0^{2\pi} d\phi\, Y_l^m(\theta, \phi)^* Y_{l'}^{m'}(\theta, \phi) \sin\theta = \delta_{ll'} \delta_{mm'} \tag{6.10}$$

の関係が成り立ちます[2)]．

6.2.2　3つの量子数と動径波動関数

(6.4) の波動関数を球面調和関数を用いて $\phi = R(r)\, Y_l^m(\theta, \phi)$ と表し、これを (6.2) に代入すると、(6.8) を用いて、

$$\left[-\frac{\hbar^2}{2m_e}\left\{ \frac{d^2}{dr^2} + \frac{2}{r}\frac{d}{dr} - \frac{l(l+1)}{r^2} \right\} + V(r) \right] R_l(r) = E\, R_l(r) \tag{6.11}$$

となります（一般に、R は l に依存するので、R_l としました）。

後は、4.4.2 項でも見たように、「解となる波動関数が全空間において一価で有限かつ連続」という自然な条件を課してこの方程式を解くと、調和振動子のときと同じように、量子化されたエネルギーしか解をもたないことがわかります。

そして水素原子の場合には、(2.16) より $V(r) = -e^2/4\pi\varepsilon_0 r$ として、最終的にエネルギーは次の形に求まります（図 6.2）。

$$E_n = -\frac{m_e}{2\hbar^2}\left(\frac{e^2}{4\pi\varepsilon_0}\right)^2 \frac{1}{n^2} \quad (n = 1, 2, 3, \cdots) \tag{6.12}$$

これは、ボーア-ゾンマーフェルトの理論で得られた結果（本書の Web ページにある「補足事項」の (B.2)）と形が一致します。このとき、n を**主量子数**とよびます。

慣例的には、$l=0$ を s, $l=1$ を p, $l=2$ を d, $l=3$ を f と表します。

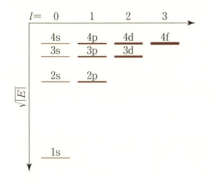

図 6.2 水素原子のエネルギー準位。$l = 0, 1, 2, 3$ の準位はそれぞれ $1, 3, 5, 7$ 重に縮退している。見やすくするため、縦軸はエネルギーの平方根をとってある。

---
2) (6.10) のような関係は、「関数が正規直交系を成している」といい、$Y_l^m(\theta, \phi)$ を用いて任意の関数を展開することができます（巻末の付録 B.1 を参照）。

エネルギーの式 (6.12) は表面的には l や m を含んでいませんが，ここで

▶ **n は常に $n \geq l+1$ を満たしている．**

ことに注意してください．つまり，ある固有値 E_n に対する固有関数が l, m の個数分だけ存在することになります．

このように，ある固有値に対し，独立な固有関数が n 個あるとき，その固有値は n 重に**縮退**しているといいます（**縮重**と表現することもあります）．

いまのように異なる方位量子数 l の状態のエネルギーが縮退しているのは，r に反比例するクーロンポテンシャルを用いたことによる，偶然の縮退です．一般の中心力ポテンシャルの場合は，異なる l のエネルギーは縮退していません．ただし，異なる磁気量子数 m の縮退は，いかなる中心力ポテンシャルの場合でも起こります．

♑ Exercise 6.2

水素原子模型のエネルギー (6.12) は，n のみに依存して，l, m には依存しません．各 n に対するエネルギーは何重に縮退しているかを求めなさい．

Coaching 各 n に対して l は（$n \geq l+1$ より）$0 \leq l \leq n-1$ の範囲の整数なので，n 個の値をとります．さらに各 l に対して，m は $-l \leq m \leq +l$ の範囲の整数なので，$2l+1$ 個の値をとります．よって，ある n に対してとり得る l, m の個数は

$$\sum_{l=0}^{n-1}(2l+1) = 1+3+5+\cdots+2n-1 = n\frac{1+(2n-1)}{2} = n^2 \quad (6.13)$$

つまり，各 n のエネルギーは n^2 重に縮退していることになります．■

波動関数のうち，動径方向（r 方向）の部分を**動径波動関数**といい，n と l の両方に依存しているので $R_{nl}(r)$ と表し，次で与えられます．

$$R_{nl}(r) = -\left[\left(\frac{2}{na_\mathrm{B}}\right)^3 \frac{(n-l-1)!}{2n\{(n+l)!\}^3}\right]^{1/2} \left(\frac{2r}{na_\mathrm{B}}\right)^l L_{n+l}^{2l+1}\left(\frac{2r}{na_\mathrm{B}}\right) e^{-r/na_\mathrm{B}}$$

(6.14)

負符号は，原点近くが正になるように付けたものです．また，$a_\mathrm{B} =$

$4\pi\varepsilon_0(\hbar^2/me^2) = 0.529 \times 10^{-10}$ m は (2.28) で出てきたボーア半径と全く同じです.

ここで,

$$L_k^s(\rho) = \frac{d^s}{d\rho^s}\left(e^\rho \frac{d^k}{d\rho^k}(\rho^k e^{-\rho})\right) \quad (k = 0, 1, 2, \cdots,\ s = 0, 1, 2, \cdots)$$
(6.15)

を**ラゲールの同伴多項式**といいます.

$n = 1, 2, 3$ のときの $R_{nl}(r)$ の具体的な形は次のとおりです.

$$\begin{cases} R_{1s}(r) = 2\left(\dfrac{1}{a_B}\right)^{3/2} e^{-r/a_B} \\[6pt] R_{2s}(r) = \dfrac{1}{\sqrt{2}}\left(\dfrac{1}{a_B}\right)^{3/2}\left(1 - \dfrac{r}{2a_B}\right) e^{-r/2a_B} \\[6pt] R_{2p}(r) = \dfrac{1}{2\sqrt{6}}\left(\dfrac{1}{a_B}\right)^{3/2} \dfrac{r}{a_B} e^{-r/2a_B} \\[6pt] R_{3s}(r) = \dfrac{2}{3\sqrt{3}}\left(\dfrac{1}{a_B}\right)^{3/2}\left(1 - \dfrac{2r}{3a_B} + \dfrac{2r^2}{27a_B^2}\right) e^{-r/3a_B} \\[6pt] R_{3p}(r) = \dfrac{8}{27\sqrt{6}}\left(\dfrac{1}{a_B}\right)^{3/2} \dfrac{r}{a_B}\left(1 - \dfrac{r}{6a_B}\right) e^{-r/3a_B} \\[6pt] R_{3d}(r) = \dfrac{4}{81\sqrt{30}}\left(\dfrac{1}{a_B}\right)^{3/2} \dfrac{r^2}{a_B^2} e^{-r/3a_B} \end{cases}$$
(6.16)

(6.16) から, 動径波動関数には, いくつかの特徴があることがわかります.

1. 原点から離れたところでは, e^{-r/na_B} に従って減衰する.
2. s 状態 ($l = 0$) の場合のみ $R_{ns}(0) \neq 0$ で, それ以外は原点でゼロとなる.
3. $0 < r < \infty$ の範囲で $n - l - 1$ 個の節 (ゼロとなる点) をもつ.

さらに, (6.14) の動径波動関数は

$$\int_0^\infty |R_{nl}(r)|^2 r^2\, dr = 1$$
(6.17)

によって規格化されています (r^2 は球座標の積分に現れる因子です). よって, 動径方向の確率密度 $P_{nl}(r) = r^2|R_{nl}(r)|^2$ を定義すると, $P_{nl}(r)\, dr$ は, 電子が半径 r から $r + dr$ の間の球殻中にある確率を表すことになります.

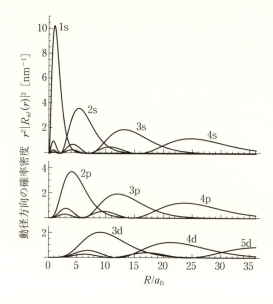

図 6.3 動径方向の確率密度 $P_{nl}(r) = r^2|R_{nl}(r)|^2$ の r 依存性

その r 依存性を図 6.3 に示しました.

Exercise 6.3

動径方向のシュレーディンガー方程式 (6.11) でクーロンポテンシャル $V(r) = -e^2/4\pi\varepsilon_0 r$ を考えたとき, $R(r) = e^{-r/a}$ が $l=0$ のときの解になっていることを示し, そのときの a の値と固有エネルギー E を求めなさい.

Coaching (6.11) に $R(r) = e^{-r/a}$ を代入すると,

$$\left\{-\frac{\hbar^2}{2m_e}\left(\frac{1}{a^2} - \frac{2}{ra}\right) - \frac{e^2}{4\pi\varepsilon_0 r}\right\}e^{-r/a} = Ee^{-r/a} \tag{6.18}$$

となります ($l=0$ としました). 調和振動子のエルミート多項式 (4.4 節を参照) のときのように, この式が恒等式として成り立つには, $1/r$ の係数がゼロになる必要があります. よって, 左辺の { } 内を $1/r$ について整理して,

$$\frac{\hbar^2}{m_e a} - \frac{e^2}{4\pi\varepsilon_0} = 0 \quad \Rightarrow \quad a = \frac{4\pi\varepsilon_0 \hbar^2}{m_e e^2} \tag{6.19}$$

が求まります. これはボーア半径と一致します.

このとき, a の値を (6.18) に代入すると,

$$E = -\frac{\hbar^2}{2m_e}\left(\frac{m_e e^2}{4\pi\varepsilon_0 \hbar^2}\right)^2 = -\frac{m_e e^4}{2(4\pi\varepsilon_0)^2 \hbar^2} \quad (6.20)$$

となり，これもボーアとゾンマーフェルトの理論および (6.12) に一致します．■

 Exercise 6.4

$r > 0$ における動径方向の確率密度の極大点を，水素原子の基底状態（1s 状態）について求めなさい．

Coaching (6.16) より，1s 状態の動径方向の確率密度は $P_{1s}(r) = r^2|2a_B^{-3/2}e^{-r/a_B}|^2 \propto r^2 e^{-2r/a_B}$ で与えられたので，その微分をとると次式になります．

$$\frac{dP_{1s}(r)}{dr} \propto 2r\left(1 - \frac{r}{a_B}\right)e^{-2r/a_B} \quad (6.21)$$

よって，$r = a_B$ で極大（1 階微分がゼロ）となることがわかります．■

(6.9) より，s 状態 ($l = 0$) の球面調和関数は定数になるので，その波動関数は角度依存性をもちません．ということは，Exercise 6.4 の結果から，水素原子の基底状態の電子は，ボーア半径 a_B の球殻上で最も見出される確率が高いことがわかります．つまり，ボーアの考えた軌道の描像はあながち間違ってはいなかったのです．

この結果には全く驚かされます．ボーアの理論が出た当時は，原子の構造は多くの謎に包まれていました．量子化の仮説を用いたとはいえ，大部分は古典的な計算によるもので，量子力学の理論的枠組みが完成した後で見れば，ずいぶん初等的な計算であったと言わざるを得ません．にもかかわらず，そうして得られたエネルギーやボーア半径が，シュレーディンガー方程式を解いて得られた結果と完全に一致したのです！

第 2 章で見たように，ボーアの理論は，多くの分岐点（仮定）を含んでおり，理論の途中でいくらでも別の道に迷い込む可能性は十分にあったのです．しかし，ボーアはその優れた洞察力で，こうして正しい結論を得たのです．

革新的な研究には，多くの場合，大胆な仮説を含んでいます．しかし真に優れた研究では，後の精緻な理論によって大胆な仮説の正当性が証明されます．これは，科学史の中で繰り返されてきたことです．ここで紹介した水素

158 6. スピンと排他原理から原子の構造へ

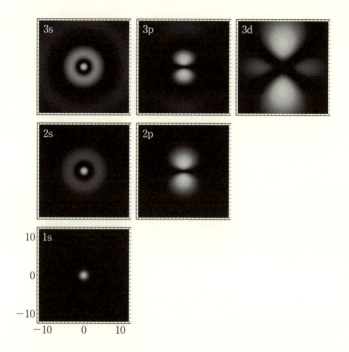

図 6.4 波動関数 $|\psi(r)|^2 = |R_{nl}(r)Y_l^m(\theta,\phi)|^2$ を xz 平面上で表した．長さの単位はボーア半径 a_B にとってある．いずれの場合も $m=0$ とした．3s, 3p 状態では，半径約 $10\,a_B$ の円もかすかに見える．

原子におけるボーアとシュレーディンガーの理論は，まさにその典型といえるでしょう．

6.3 軌道角運動量

Exercise 6.2 で，n 番目の固有エネルギーをもつ固有関数は n^2 重に縮退していることを見ました．量子力学では，理論的に導かれた事実が実験的に観測されるかどうかが極めて重要な課題になることも前章で学びました．それでは，n^2 重に縮退していることを実験的に確かめることはできるのでしょうか？

その答えは yes です．実際には，固有エネルギーと固有関数の概念が登場

するずっと以前から，そのことは原子のスペクトル線が分裂するという形で観測されていました．そのスペクトル線の分裂の仕組みを理解するため，ここでは角運動量について考えてみましょう．

2.4 節でも扱いましたが，古典力学における角運動量 $\boldsymbol{L}$ は，位置 $\boldsymbol{r} = (x, y, z)$ と運動量 $\boldsymbol{p} = (p_x, p_y, p_z)$ を用いて，$\boldsymbol{L} = \boldsymbol{r} \times \boldsymbol{p}$ で与えられます．これを成分ごとに表すと，

$$\begin{cases} L_x = yp_z - zp_y \\ L_y = zp_x - xp_z \\ L_z = xp_y - yp_x \end{cases} \tag{6.22}$$

となります．そして，量子力学では運動量を微分演算子 $\boldsymbol{p} = -i\hbar \nabla = -i\hbar \left(\dfrac{\partial}{\partial x}, \dfrac{\partial}{\partial y}, \dfrac{\partial}{\partial z} \right)$ に置き換えるので，角運動量も次のように微分演算子の形で与えられます．

$$\begin{cases} L_x = -i\hbar \left(y \dfrac{\partial}{\partial z} - z \dfrac{\partial}{\partial y} \right) \\ L_y = -i\hbar \left(z \dfrac{\partial}{\partial x} - x \dfrac{\partial}{\partial z} \right) \\ L_z = -i\hbar \left(x \dfrac{\partial}{\partial y} - y \dfrac{\partial}{\partial x} \right) \end{cases} \tag{6.23}$$

後で解説するスピン角運動量と区別するため，この角運動量のことを**軌道角運動量**といいます．

軌道角運動量の 2 乗 $\boldsymbol{L}^2 = L_x^2 + L_y^2 + L_z^2$ を計算すると，(6.3) を用いて次の形に整理できます（Practice 6.2 を参照）．

$$\boldsymbol{L}^2 = -\hbar^2 \Lambda \tag{6.24}$$

この Λ には (6.8) の関係が成り立っていたので，結果として球面調和関数 $Y_l^m(r, \theta, \phi)$ との間に

$$\boldsymbol{L}^2 Y_l^m(r, \theta, \phi) = l(l+1)\hbar^2 Y_l^m(r, \theta, \phi) \tag{6.25}$$

の関係があることがわかります．

さらに，

$$L_z = -i\hbar \dfrac{\partial}{\partial \phi} \tag{6.26}$$

が成り立つので（同じく Practice 6.2），
$$L_z Y_l^m(r,\theta,\phi) = m\hbar\, Y_l^m(r,\theta,\phi) \tag{6.27}$$
の関係があることもわかります．ここで (6.5) の $Y_l^m(\theta,\phi)$ の形より，ϕ に対する微分には（$e^{im\phi}$ の微分から im が出てくるので）係数 im が付くことを用いました．

以上より，軌道角運動量については，次のことが結論できます．

▶ **軌道角運動量**
- 演算子 $\boldsymbol{L}^2$ の固有値は $l(l+1)\hbar^2$ で，その固有関数は球面調和関数である．
- 演算子 L_z の固有値は $m\hbar$ で，その固有関数も球面調和関数である．

この結論は，「球面調和関数」の部分を水素原子模型の波動関数 $\psi_{nlm}(r,\theta,\phi)$ に置き換えても成り立ちます．

$Y_l^m(\theta,\phi)$ が $\boldsymbol{L}^2$ の固有関数であると同時に L_z の固有関数でもあるという上記の事実は，測定によって $\boldsymbol{L}^2$ と L_z を同時に決定することができることを意味します．一方，球面調和関数は L_x や L_y の固有関数ではありませんので，L_z と L_x あるいは L_y を同時に決定することはできません．

♎ Exercise 6.5

軌道角運動量が次の交換関係を満たすことを示しなさい．
$$\begin{cases} L_x L_y - L_y L_x = i\hbar L_z \\ L_y L_z - L_z L_y = i\hbar L_x \\ L_z L_x - L_x L_z = i\hbar L_y \end{cases} \tag{6.28}$$

Coaching 角運動量の定義 (6.23) をそのまま適用して，
$$L_x L_y = -\hbar^2 \left(y\frac{\partial}{\partial z} - z\frac{\partial}{\partial y}\right)\left(z\frac{\partial}{\partial x} - x\frac{\partial}{\partial z}\right) \tag{6.29}$$
を愚直に計算すれば簡単に示すことができます．ただし，微分演算子はその右にある関数すべてに演算されることに注意が必要です．

間違いの例 例えば (6.29) の右辺括弧内の第 1 成分同士の積を，ついうっかり次のように計算してしまう方がいますが，これは間違いです．

$$y\frac{\partial}{\partial z}z\frac{\partial}{\partial x} = yz\frac{\partial^2}{\partial z\,\partial x} \tag{6.30}$$

上の例では，$\partial/\partial z$ が何事もなかったかのように z を飛び越えてしまっています．単なる数量の場合はそれで問題ありませんが，演算子の場合はそうはいきません．

正しい計算 例えば (6.29) の右辺括弧内の第 1 成分同士の積は，正しくは次のように計算します（関数の積の微分も思い出してください）．

$$\begin{aligned}
y\frac{\partial}{\partial z}z\frac{\partial}{\partial x} &= y\frac{\partial}{\partial z}\left(z\frac{\partial}{\partial x}\right) = y\left(\frac{\partial}{\partial z}z\right)\frac{\partial}{\partial x} + yz\left(\frac{\partial}{\partial z}\frac{\partial}{\partial x}\right) \\
&= y\frac{\partial}{\partial x} + yz\frac{\partial^2}{\partial z\,\partial x}
\end{aligned} \tag{6.31}$$

正しく計算を行えば，(6.30) にはなかった項が現れます．

量子力学では，演算子を含んだ計算をする機会が非常に多くあります．その際に，これまで慣れ親しんだ，通常の数量として計算を行ってしまうと，大変な過ちを犯してしまう危険性があります．演算子の計算に慣れるまでのしばらくの間は，式の展開や因数分解を暗算でやってしまうのではなく，計算の過程を細かく書き下し，演算子がどこまで作用するのかを常に見える形にした上で計算するなど，工夫が必要でしょう．

演算子の計算に注意さえすれば，後は単純な問題です．残りの成分は次のとおりです．

$$y\frac{\partial}{\partial z}x\frac{\partial}{\partial z} = xy\frac{\partial^2}{\partial z^2}, \quad z\frac{\partial}{\partial y}z\frac{\partial}{\partial x} = z^2\frac{\partial^2}{\partial x\,\partial y}, \quad z\frac{\partial}{\partial y}x\frac{\partial}{\partial z} = zx\frac{\partial^2}{\partial y\,\partial z} \tag{6.32}$$

同様に，$L_y L_x$ の計算では

$$x\frac{\partial}{\partial z}z\frac{\partial}{\partial y} = x\frac{\partial}{\partial y} + zx\frac{\partial^2}{\partial y\,\partial z} \tag{6.33}$$

であることに注意すると，

$$L_x L_y - L_y L_x = -\hbar^2\left(y\frac{\partial}{\partial x} - x\frac{\partial}{\partial y}\right) = i\hbar L_z \tag{6.34}$$

の交換関係が導けます．そして，残りの交換関係も同様に示すことができます[3]．■

交換関係 (6.28) は，次のようにベクトル表示を用いると，よりコンパクトに表すことができます．

$$\boldsymbol{L}\times\boldsymbol{L} = i\hbar\boldsymbol{L} \tag{6.35}$$

---

[3] ここでは，正しい演算子の計算方法を着実に習得するため，面倒がらずに，実際に手を動かして，何も見なくても残りの交換関係が正しく導けるようにしてみてください．

L と L を掛けると（外積ですが）また L に戻るかに見えるこの表現は，量子力学における角運動量の不思議さ，奥深さを物語っています．係数に虚数 i と $\hbar$ が現れているところにも，量子力学の特徴がよく現れています．

6.4 磁場中の電子とゼーマン効果

円運動する粒子が電荷をもつ場合，それは環状電流が流れていることに相当します．電磁気学では，電流が流れる回路が磁場中に置かれた場合，その回路には力のモーメントがはたらきます．このことから，環状電流は磁気的な力のモーメント，すなわち**磁気モーメント**をもっていることになります．

古典物理学では，円運動する電子（電荷 $-e$，質量 m_e）がつくる磁気モーメント $\mu_\text{古}$ と，電子の角運動量 $L_\text{古}$ の間には，

$$\mu_\text{古} = -\frac{e}{2m_e} L_\text{古} \tag{6.36}$$

の関係が成り立ちます（Practice 6.4 を参照）．磁気モーメントをもつ対象に磁場 B をかけると，磁気モーメントは $\mu_\text{古} \cdot B$ に比例した力を受け，磁場の方向に揃うように力がはたらきます．これはちょうど，方位磁針が地磁気の方向に向く原理と同じです．ただし，電荷が負の電子では，角運動量の向き（回転方向に対する右ねじの進む向き）と，磁気モーメントの向きは逆になっていることに注意してください．

さて，上で紹介したのはあくまで古典物理学での話です．量子力学ではどうなるでしょうか？ 単純には，古典的な磁気モーメントに含まれる角運動量を量子力学のものに置き換えるという方法が考えられます．それでも結果は同じになるのですが，ここではもう少し正攻法で量子力学における磁気モーメントを考えてみましょう．

6.4.1 磁場中のシュレーディンガー方程式

古典物理学（解析力学）では，磁場中における荷電粒子（電荷 $-e$，質量 m）のハミルトニアンは次の形で表されます．

6.4 磁場中の電子とゼーマン効果

$$H(\boldsymbol{r}) = \frac{1}{2m_e}(\boldsymbol{p} + e\boldsymbol{A})^2 \tag{6.37}$$

ここで，$\boldsymbol{A}$ はベクトルポテンシャルで，磁場 $\boldsymbol{B}$ に対して次の関係を満たします．

$$\boldsymbol{B} = \nabla \times \boldsymbol{A} \tag{6.38}$$

量子力学では，古典力学で成り立っている (6.37) において，$\boldsymbol{p} \to -i\hbar\nabla$ の置き換えをすることで，磁場中のシュレーディンガー方程式が得られます．

$$\left\{-\frac{\hbar^2}{2m_e}\left(\nabla + \frac{ie}{\hbar}\boldsymbol{A}\right)^2\right\}\phi(\boldsymbol{r}) = E\,\phi(\boldsymbol{r}) \tag{6.39}$$

(6.39) で電磁場中のシュレーディンガー方程式が一応得られたのですが，このままでは，磁場の影響がよくわかりません．そこで，(6.39) を展開し，その物理的意味を探ってみましょう．

間違いの例 この方程式も演算子を含んでいるので，その計算には落とし穴が潜んでいます．例えば，左辺の 2 乗の部分は，

$$\left(\nabla + \frac{ie}{\hbar}\boldsymbol{A}\right)^2 = \nabla^2 + \frac{ie}{\hbar}(\nabla \cdot \boldsymbol{A} + \boldsymbol{A} \cdot \nabla) - \frac{e^2}{\hbar^2}\boldsymbol{A}^2 \tag{6.40}$$

と展開したくなります．しかしこのまま計算を進めると，うっかり間違った結果を導く可能性が非常に高いのです．ちゃんと微分演算子の順番に気を付けているのに，何がよくないのでしょうか？

正しい計算法の解説を読む前に，まずは次の Training 6.1 で考えてみてください．

 Training 6.1

(6.40) に潜む間違いを指摘しなさい．

正しい計算 実は，(6.40) のように，シュレーディンガー方程式の一部だけを取り出して計算しようとすると，この式の右に波動関数 $\phi(\boldsymbol{r})$ が掛かっていることを見逃しやすいのです．(6.40) で，$\nabla \cdot \boldsymbol{A}$ となっている部分は，正確に書くと $\nabla \cdot \boldsymbol{A}(\boldsymbol{r})\phi(\boldsymbol{r})$ で，この ∇ は，$\boldsymbol{A}(\boldsymbol{r})$ にも $\phi(\boldsymbol{r})$ にも演算しなければいけません．つまり，次式のようになります．

$$\nabla \cdot A(r)\phi(r) = \{\nabla \cdot A(r)\}\phi(r) + A(r) \cdot \{\nabla \phi(r)\}$$
$$= \{\nabla \cdot A(r) + A(r) \cdot \nabla\}\phi(r) \tag{6.41}$$

したがって，(6.39) の正しい展開は，

$$\left\{ -\frac{\hbar^2}{2m_\mathrm{e}} \nabla^2 - \frac{ie\hbar}{m_\mathrm{e}} A \cdot \nabla - \frac{ie\hbar}{2m_\mathrm{e}} (\nabla \cdot A) + \frac{e^2}{2m_\mathrm{e}} A^2 \right\} \phi(r) = E\phi(r) \tag{6.42}$$

となります．$A \cdot \nabla$ と $\nabla \cdot A$ では，掛かっている係数が2倍異なっていることに注意してください．

このように，微分演算子が出てきたら，その右にある関数すべてに演算子の影響が届くことに十分気を付けてください．演算の済んでいない微分演算子が右端（波動関数のすぐ左隣）に来るまで，油断をせずに微分演算を続けるのがコツです[4]．その道中で微分演算をし終わった部分については，(6.42) の左辺第3項のように，括弧を付けて，その微分演算操作が終了していることを明確に表す，というような工夫もオススメです．

Exercise 6.6

z 軸の正の方向に一様な磁場 $B = (0, 0, B)$ をかけたときのベクトルポテンシャルは，例えば，

$$A_x = -\frac{1}{2}By, \qquad A_y = \frac{1}{2}Bx, \qquad A_z = 0 \tag{6.43}$$

で表されることを確認しなさい．その上で，B を用いて（A を用いずに）磁場中のシュレーディンガー方程式 (6.39) を書き改めなさい．

Coaching ベクトルポテンシャルは，$B = \nabla \times A$ の関係を満たせば任意に選ぶことができます．(6.43) で与えられたベクトルポテンシャルは，**対称ゲージ**とよばれる選び方に相当します．このベクトルの回転（rotation）をとると，

---

4) 先の $L \times L$ の計算では，一度の計算ですべての微分演算子が右に集まったので，波動関数の存在を意識しなくても正しい結果に辿り着けました．そのため，波動関数の存在を忘れても計算できるかのように，却って勘違いを誘発しかねません．慣れるまでは，少々面倒でも波動関数を加えた上で計算した方が安全でしょう．

6.4 磁場中の電子とゼーマン効果

$$\begin{cases} (\boldsymbol{\nabla} \times \boldsymbol{A})_x = \nabla_y A_z - \nabla_z A_y = 0 \\ (\boldsymbol{\nabla} \times \boldsymbol{A})_y = \nabla_z A_x - \nabla_x A_z = 0 \\ (\boldsymbol{\nabla} \times \boldsymbol{A})_z = \nabla_x A_y - \nabla_y A_x = B \end{cases} \quad (6.44)$$

となり，確かに $\boldsymbol{B} = \boldsymbol{\nabla} \times \boldsymbol{A}$ を満たしていることがわかります．

対称ゲージのベクトルポテンシャルを (6.42) に代入すると，

$$\boldsymbol{A} \cdot \boldsymbol{\nabla} = A_x \nabla_x + A_y \nabla_y + A_z \nabla_z = -\frac{B}{2} y \nabla_x + \frac{B}{2} x \nabla_y \quad (6.45)$$

$$\boldsymbol{\nabla} \cdot \boldsymbol{A} = \nabla_x A_x + \nabla_y A_y + \nabla_z A_z = 0 \quad (6.46)$$

$$A^2 = A_x^2 + A_y^2 + A_z^2 = \frac{B^2}{4} y^2 + \frac{B^2}{4} x^2 \quad (6.47)$$

より，その左辺は

$$\left\{ -\frac{\hbar^2}{2m_\mathrm{e}} \nabla^2 - \frac{ie\hbar B}{2m_\mathrm{e}} (x\nabla_y - y\nabla_x) + \frac{e^2 B^2}{8m_\mathrm{e}} (x^2 + y^2) \right\} \psi(\boldsymbol{r}) \quad (6.48)$$

となり，磁場中のシュレーディンガー方程式は次の形になります．

$$\left\{ -\frac{\hbar^2}{2m_\mathrm{e}} \nabla^2 + \frac{e}{2m_\mathrm{e}} B L_z + \frac{e^2}{8m_\mathrm{e}} B^2 (x^2 + y^2) \right\} \psi(\boldsymbol{r}) = E \psi(\boldsymbol{r}) \quad (6.49)$$

ここで，(6.23) から $L_z = -i\hbar (x\nabla_y - y\nabla_x)$ を用いました． ∎

(6.49) を，より一般的に書き表すと，

$$\left(-\frac{\hbar^2}{2m_\mathrm{e}} \nabla^2 + \frac{e}{2m_\mathrm{e}} \boldsymbol{B} \cdot \boldsymbol{L} + \frac{e^2}{8m_\mathrm{e}} B^2 r^2 \sin^2 \theta \right) \psi(\boldsymbol{r}) = E \psi(\boldsymbol{r}) \quad (6.50)$$

となります．ここで，θ は位置ベクトル $\boldsymbol{r}$ と $\boldsymbol{B}$ との間の角です．弱い磁場であれば，B^2 の項は無視できるので（水素原子であれば約 10 T 以下），結果として，磁場中のシュレーディンガー方程式には，新たな項として

$$\frac{e}{2m_\mathrm{e}} \boldsymbol{B} \cdot \boldsymbol{L} \quad (6.51)$$

が加わることになります．

そこで，改めて量子力学における磁気モーメントを，古典物理学の場合と同様に

$$\boldsymbol{\mu} = -\frac{e}{2m_\mathrm{e}} \boldsymbol{L} \quad (6.52)$$

のように定義することにします（後で解説するスピン磁気モーメントと区別するため，この磁気モーメントのことを**軌道磁気モーメント**といいます）．

すると，(6.51) は $-\boldsymbol{B}\cdot\boldsymbol{\mu}$ となり，これを H' とおくと，磁場中ではハミルトニアン H に

$$H' = -\boldsymbol{B}\cdot\boldsymbol{\mu} \tag{6.53}$$

を付け加えればよいことがわかります．これを**ゼーマンエネルギー**といいます．なお，(6.52) は，ボーア磁子 $\mu_\mathrm{B} = e\hbar/2m_\mathrm{e}$ を用いて，

$$\boldsymbol{\mu} = -\frac{\mu_\mathrm{B}}{\hbar}\boldsymbol{L} \tag{6.54}$$

と表すこともできます．

こうして得られた電子の軌道磁気モーメント (6.52) は，やはりボーアが求めたもの (2.32) に一致します．エネルギー，軌道半径に加えて軌道磁気モーメントまでピタリと一致することには驚く他ありません．

(6.27) で見たとおり，L_z の固有値は $m\hbar$ で，固有関数は $Y_l^m(\theta,\phi)$ でした．したがって，μ_z の固有値も $-m(e\hbar/2m_\mathrm{e})$ $(m = -l, -l+1, \cdots, l-1, l)$ のとびとびの値をもつことになり，固有関数が $Y_l^m(\theta,\phi)$ という性質もそのまま引き継がれます．

古典的に考えれば，ベクトルである磁気モーメントはどの方向を向いても構いません．しかし量子的には，図 6.5 のようにその方向に対しても量子化が起こることになります．

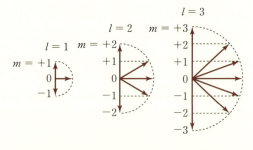

図 6.5 軌道角運動量の方向の量子化

以上のことより，弱い磁場中での水素原子模型の電子のエネルギーは，新たにゼーマンエネルギーが加わって，

$$E = E_n + m\mu_\mathrm{B}B \tag{6.55}$$

となることがわかります．つまり，水素原子に磁場を加えると，$2l+1$ 重に縮退していたエネルギーが間隔 $\mu_\mathrm{B}B$ で等間隔に分裂することがわかります．例えば，p 状態 ($l=1$) であれば 3 本に，d 状態 ($l=2$) であれば 5 本に分裂することになります．一方，s 状態 ($l=0$) はもともと縮退していないの

6.4 磁場中の電子とゼーマン効果

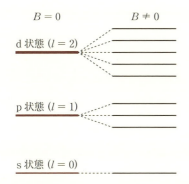

図 6.6 水素原子のエネルギー準位の分裂（この図では，まだスピンは考慮されていません．）

で，軌道磁気モーメントに関する分裂は起こりません（図 6.6）．

6.4.2 ゼーマン効果

原子のスペクトル線が磁場によって分裂するという現象（これを**ゼーマン効果**といいます）は，オランダの物理学者ゼーマンによって 1896 年に発見されていました．そしてゼーマン効果は，同じくオランダの理論物理学者ローレンツの完全に古典物理学に基づく理論によって説明され，その概要は次のようなものでした．

速度 v で運動する荷電粒子に磁場 B をかけると，磁場からローレンツ力 $F = -ev \times B$ を受け，磁場がないときの運動に回転成分が加わります．そのため，もともと電子が円運動のような周期的な運動をしていた場合は，元の振動数 ν から

図 6.7 ピーター・ゼーマン (1865 - 1943)

$$\Delta\nu = \pm \frac{B}{4\pi} \frac{e}{m_e} \tag{6.56}$$

だけ変化することが知られています．そして，これに応じて，スペクトル線が分裂するというわけです．

例えば，磁場のないときには 1 本だった亜鉛のスペクトル線に磁場をかけ

ると，3本に分かれることが観測されます．この結果を逆に用いると，スペクトル線の分裂幅から，e/m_e を決定することができます．ゼーマン効果から決定された e/m_e は，その直後にトムソンが陰極線の実験から確かめた値と一致したことから，原子からスペクトル線を生む粒子が電子であることを確かなものにしました．この業績により，ゼーマンはローレンツと一緒に1902年のノーベル物理学賞を受賞しました．

(6.56) の結果にプランク定数 h を掛ければ，エネルギーに換算できます．その結果は，$E_Z = h\,\Delta\nu = \pm\dfrac{e\hbar}{2m_\mathrm{e}}B = \pm\mu_\mathrm{B} B$ となり，(6.53) の量子力学に基づいて得られたゼーマンエネルギーに一致します．

ここで述べたように，エネルギーの準位間隔が $\mu_\mathrm{B} B$ で与えられるものを，特に**正常ゼーマン効果**といいます．量子の誕生以前に見出されていた実験事実が，量子力学でシュレーディンガー方程式から出発して改めて正確に説明できた上，水素原子模型の固有状態が n, l, m の3つの量子数で記述されるということも，実験的に確立しました．

ということで，「これにて一件落着！」と言いたいところですが，そこで終わらないのが，量子力学の面白さなのです．

6.5 新たな謎 ―スピンの登場―

6.5.1 第4の量子数

道路やトンネルで，橙色に光るナトリウムランプを見たことがあると思います．あれはナトリウムの原子スペクトルのうち，**D線**とよばれるスペクトルの光です．このD線のスペクトルは一見したところ1本に見えますが，詳しく観察すると，実は接近した2本のスペクトルから成っていることがわかります（図6.8）．

これはD線だけでなく，ナトリウムの他のスペクトルでも同様です．そればかりでなく，ナトリウム以外のアルカリ金属のスペクトルでも同様の事実が発見されました．このように，接近した2本のスペクトルをもつ系列を**二重項**といいます（ただし，s状態に対するスペクトルだけは，詳しく調べて

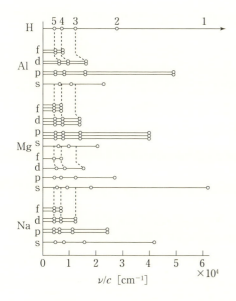

図 6.8 水素（H）およびアルカリ金属（Na）とアルカリ土類金属（Mg），アルミニウム（Al）のスペクトル．1つの白丸が1本のスペクトルに対応し，2つの白丸は二重項を，3つの白丸は三重項を表す．
(F. Hund: Linienspectren und Periodisches System der Elemente (Verlag von Julius Springer, Berlin 1927) による)

も1本だけでした）．

　一方，マグネシウムのスペクトル線を詳しく調べると，1本のスペクトルだけで構成される系列（**一重項**）と，3本のスペクトルで構成される系列（**三重項**）とに分かれることもわかりました．

　このように，二重項，三重項の系列（これらをまとめて**多重項**といいます）が現れる観測事実は，n, l, m の3つの量子数だけではどうしても説明のつかないものでした．そこでゾンマーフェルトは，多重項のスペクトルを説明するために「**第4の量子数**」を導入しました（1920年）．そして1922〜1923年頃には，ゾンマーフェルトに加えてランデ（1888-1976）とパウリ（1900-1958）たちが，第4の量子数を用いた独自の理論をそれぞれ争うように発表しました（ちなみに，ランデもパウリもゾンマーフェルトの弟子です）．

　ナトリウムやマグネシウムは，水素と異なり，

図 6.9　ヴォルフガング・パウリ（1900-1958）

多くの電子を含んでいるので，本来であれば水素原子模型よりはるかに複雑な問題であるはずです．しかし実験的に得られるスペクトルの構造は，水素と大きくは変わりません．そこで，原子内に多数ある電子のうち，光の射出に関わるのは水素と同様にただ1個の電子だけであるとして，これを「光る電子」とよび，残りの電子を「芯の電子」とよんで区別して考えるようになりました．そして，第4の量子数は「芯の電子」の角運動量に由来するものであると考えました．しかし，その仮定のもとに進められた理論は，実験のある側面を説明できても，どこかに矛盾が生じ，うまくいきませんでした．

ゾンマーフェルト，ランデ，パウリ，それぞれの流儀にはそれぞれに一長一短があって，優劣のつけがたい状況がしばらく続きました．そんな中，パウリは1924年に，第4の量子数は「芯の電子」ではなく，「光る電子」自身に帰属するものであるという主張に踏み切りました．そして，実験を矛盾なく説明するためには，「光る電子」が

「古典的には記述不可能な二価性」

をもっているのだというアイデアを提唱しました．

当時は前期量子論時代の末期で，量子力学の概念はまだ登場していませんでした．そのため，まずボーア流の古典的なモデルを考え，それに対応する形で量子数を導入するという発想が支配的でした．したがって，第4の量子数の起源も古典的な対象から類推するという考えが妥当でした．しかしパウリは，「実験事実だけを基礎におき，古典的な対象に頼ってはいけない」と主張しました．その上で，古典的な対象のない，純粋に量子力学的な量子数が2つの値をもつ（二価性）とすれば，実験を矛盾なく説明できることを見出しました．

この考え方は，直後にハイゼンベルクが「観測可能な量のみによって理論を構成すべし」としたこととつながります．それもそのはず，ハイゼンベルクはパウリの1歳下で，共にゾンマーフェルトの門下生です．しかも，2人は研究室を巣立った後も頻繁に手紙でやり取りし，互いに強く影響し合っていたのでした．

6.5.2 シュテルン–ゲルラッハの実験

パウリの言う,「古典的には記述不可能な二価性」の存在を裏付けるスペクトル線以外の重要な証拠として,シュテルンとゲルラッハの実験があります.この実験は 1921 年にドイツのシュテルン (1888–1969) が考案し,1922 年に同じくドイツのゲルラッハ (1889–1979) と共同して成功させたもので,磁場中で原子の方向に量子化が起こることを直接示す,極めて重要な意義をもつ実験でした.また,第 5 章で述べた二重スリット実験と並び,古典物理学では全く説明のつかない,最も量子的な現象とも言えるでしょう.

シュテルン–ゲルラッハの実験では,まず最初に銀を炉で高温に熱します.蒸発した銀の原子は,炉に開けた小孔から飛び出して原子ビームとなります.そしてその原子ビームを,図 6.10 のように一対の電磁石の間に通します.この電磁石の一方は鋭く尖っていて,不均一な磁場が形成されています.不均一な磁場をつくるのは,磁場によって原子がもつ磁気モーメントに力を与えたいからです(均一な磁場だと,磁気モーメントに力がはたらきません).

前節で見たように,磁気モーメント μ をもつ粒子に磁場 B を加えた場合,$-\boldsymbol{B}\cdot\boldsymbol{\mu}$ のエネルギーが加わりました.古典力学で学ぶように,ポテンシャルエネルギーの空間微分(に負号を付けたもの)が力に相当するので,原子が z 方向に受ける力は

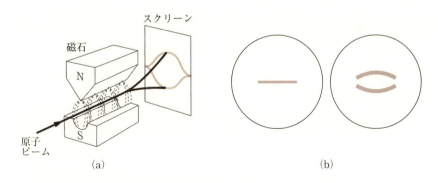

図 6.10 シュテルン–ゲルラッハの実験
(a) 実験装置の概略図
(b) スクリーンに現れた結果.磁場がない(左)ときは 1 本の線であるのに対し,磁場を加える(右)と 2 本の線に分かれる.

$$F_z = -\frac{\partial}{\partial z}(-\boldsymbol{B}\cdot\boldsymbol{\mu}) \simeq \frac{\partial B_z}{\partial z}\mu_z \tag{6.57}$$

となります（この式からも明らかなように，均一な磁場だと $\partial B_z/\partial z = 0$ となり，磁気モーメントに力がはたらきません）．不均一な磁場を通り抜けた原子は，その先のガラス板で，銀メッキとして捉えられることになります．

電磁石に電流を流さないときは，図 6.10 (b) の（左）のように，1 本の銀メッキの線（銀線）が現れます．では，電流を流し，不均一な磁場をつくるとどうなるでしょうか？

炉から飛び出てきた銀原子は，磁気モーメントをもっていたとしても，その向きは完全に乱雑なはずです．古典的に考えるのであれば，μ_z の値は，正の最大値から負の最大値まで連続的に分布しているはずで，スクリーンに現れる銀線は z 方向に太くなることが予想されます．

しかしスクリーンに現れた模様は，古典物理学に基づく予想を完全に裏切り，図 6.11 (b) の（右）のようにはっきりと 2 本に分離していました．このことは，銀原子の磁気モーメントの向きが量子化されていることを明確に物語っています．

しかも，ただの量子化ではありません．例えば水素原子模型の磁気量子数が，$l = 1$ のとき $m = -1, 0, 1$，$l = 2$ のとき $m = -2, -1, 0, 1, 2$ であったように，これまでの量子数であれば，銀線の分裂が 3 本，5 本になるはずです．これが 2 本というのは，明らかにこれまでの量子数と性質が異なっています．しかし次項で解説するように，この謎は第 4 の量子数である**スピン**とよばれる数が，$s = +1/2, -1/2$ のように半整数に量子化されていると考えれば説明できます．

シュテルン-ゲルラッハの実験は，銀原子の磁気モーメントが量子力学的な二価性をもっていることを強く示唆していました．そして，この量子力学的な二価性が，パウリが主張したように「芯の電子」ではなく，「光る電子」によるものだとすれば，原子スペクトルの実験とも統一的に理解されることになるのです．

6.5.3 スピン角運動量とスピン磁気モーメント

パウリは，古典的なイメージに基づいて量子の問題を語ることに警鐘を鳴らしました．しかし，オランダの2人の若い物理学者ウーレンベック（1900-1988）とハウトスミット（1902-1978）は，電子はいままで考えられてきたような単なる質点ではなく，

（ⅰ）　固有の角運動量をもっている．
（ⅱ）　その角運動量は電子の自転によるものである．

という，古典的なイメージに基づく大胆なアイデアを発表しました（1925年）．後に（ⅱ）のアイデアは完全に捨て去られることになりますが，（ⅰ）のアイデアは，修正されながらも生き残ることになります．

（ⅰ）の固有の角運動量のことを，軌道角運動量と区別して，**スピン角運動量**といいます．ここでの「スピン」という言い方は，明らかに自転に由来するもので，誤解を生みやすい表現ではありますが，現在でもそのまま使い続けられています．**量子力学におけるスピンとは，本来の言葉の意味を完全に捨て去って，第4の量子数の抽象的な概念を表す新語として受け止めてください．**

6.4節で述べたように，磁場をかけると，軌道角運動量 $\boldsymbol{L}$ は $\hbar$ を単位として $-l, -l+1, \cdots, l-1, l$ のように $2l+1$ の準位に分裂するのでした．同様に考えると，スピン角運動量も新たな量子数を s とすれば $2s+1$ の準位に分裂すると予想できますが，原子スペクトルの実験から第4の量子数は二価のみをもつとわかったので，$2s+1 = 2$，すなわち，

▶ **スピン角運動量の量子数は** $s = \dfrac{1}{2}$ **である．**

ということになります．

軌道角運動量と同様に，スピン角運動量も演算子と見るべきです．L_z の固有値が $m\hbar$ であったように，スピン角運動量の z 成分である S_z の固有値は

$$S_z \text{の固有値} = \pm \frac{\hbar}{2} \tag{6.58}$$

となります．そして，$+\hbar/2$ と $-\hbar/2$ に対応する状態をそれぞれ**上向きスピン**，

下向きスピンと言い表します[5]（英語ではそれぞれ "spin up", "spin down" といいます）.

さらに，軌道角運動量が軌道磁気モーメントをともなうように，スピン角運動量も**スピン磁気モーメント**をともないます．軌道磁気モーメントの場合は $\mu = -\mu_B L/\hbar$ であったのに対応し，スピン磁気モーメント μ_s は次のように与えられます．

$$\mu_s = -g_s \mu_B \frac{S}{\hbar} \tag{6.59}$$

ここで g_s は g **因子**とよばれる比例係数で，磁気モーメントとそれに対応する角運動量の比を表します．

後で見るように，相対論的量子力学から $g_s = 2$ であることが示されます[6]．$g_s = 2$ とすれば，スピン磁気モーメントの z 成分の固有値は

$$\mu_z \text{の固有値} = \mp \mu_B \tag{6.60}$$

となります．

☕ Coffee Break

若いのだから愚かなことをやってもよい

電子スピンの提唱者とされるウーレンベック（当時 24 歳）とハウトスミット（当時 23 歳）は，共にライデン大学のエーレンフェストの門下生でした．2 人はパウリの論文を読んで第 4 の量子数が「光る電子」に帰属するものだと知り，その具体的なイメージを探し求めました．それまでに知られていた 3 つの量子数は，すべて電子の具体的な自由度に基づくものでしたから，第 4 の量子数にも何か具体的な対応物があるに違いないと考え，電子は点状ではなく，球状で回転するものだと着想したのです．

2 人は一時このアイデアに興奮しますが，実験を説明するためには，光速度の何倍もの速さで電子が回転しないといけないことがわかり，徐々に意気消沈していきました．しかし，ともかく 2 人は師であるエーレンフェストにこのことを伝えました．

---

[5] スピン角運動量の量子数 1/2 と，スピン角運動量の z 成分の固有値 $\pm\hbar/2$ とを混同しないように注意してください．

[6] 実際には，$g_s = 2.002319$ とわずかに 2 からずれます．また，軌道磁気モーメントと軌道角運動量の場合は，g 因子が 1 であったと考えることができます．

エーレンフェストは「非常に重要かナンセンスかのどちらかでしょう」と言いながら、短い論文を書くべきだと勧め、さらに「ローレンツ先生に聞いてみてごらん」ともアドバイスしました。

同じ大学に所属していたローレンツは、当時すでにアインシュタインと並んで世界的名声を得た大理論物理学者でした。ローレンツは若い2人のリクエストに親切に応じ、翌週には回転する電子の電磁気学的性質について、美しい手書きの原稿を手渡しましたが、その内容は、2人のアイデアが深刻な問題を抱えていることを指摘するものでした。

すっかり自信を失った2人は、やはり論文を出版すべきではないと考え、そのことをエーレンフェストに申し出ました。しかしエーレンフェストは「とっくに論文は出しましたよ。2人とも若いのだから、愚かなことをしてもいいんです」と答えたとか。結果的に、このエーレンフェストの好意（？）がウーレンベックとハウトスミットをスピンの発見者に押し上げたのでした。

さぁ、これを読んだ皆さんも、若いのだから愚かなことをやってもよいのですよ！

6.6 スピンの性質

6.6.1 交換関係とパウリ行列

スピン角運動量がどのような性質をもっているのか、量子力学に則って調べてみましょう。これまで考えてきた位置や運動量、軌道角運動量は、まず古典力学で明確な概念が存在しました。そして量子力学では、それを $\boldsymbol{p} \to -i\hbar\nabla$ のように演算子に置き換えたのです。ただしスピン角運動量には、パウリが「古典的には記述不可能な」と言ったように、対応する古典的な概念が存在しませんから、これまでのような考えの道筋がとれません。しかし、スピン角運動量の概念が深く検討されるのと平行してハイゼンベルクやシュレーディンガーの量子力学が確立したことで、古典的な概念に頼らなくとも、スピン角運動量を純粋に量子力学の枠組みの中だけで検討することが可能になりました。

スピン角運動量はその名が示すとおり、角運動量の一種ですから、軌道角運動量の量子力学的な性質を基に考えることができます。そうしてパウリは、スピン角運動量 $\boldsymbol{S} = (S_x, S_y, S_z)$ に対しても、軌道角運動量 (6.28) と同じよ

うに量子力学的な演算子として次の交換関係を満たすことを要請しました.

$$\begin{cases} S_x S_y - S_y S_x = i\hbar S_z \\ S_y S_z - S_z S_y = i\hbar S_x \\ S_z S_x - S_x S_z = i\hbar S_y \end{cases} \tag{6.61}$$

これは，ひとまとめにして

$$\boldsymbol{S} \times \boldsymbol{S} = i\hbar \boldsymbol{S} \tag{6.62}$$

と表すこともできます.

さらに，軌道角運動量 $\boldsymbol{L}^2$ の固有値が $l(l+1)\hbar^2$ で与えられていたことから（(6.25) を参照），

$$\boldsymbol{S}^2 \text{の固有値} = s(s+1)\hbar^2 = \frac{1}{2}\left(\frac{1}{2}+1\right)\hbar^2$$

$$= \frac{3}{4}\hbar^2 \tag{6.63}$$

が成り立っているとします.

そして，(6.61) の交換関係と (6.63) の関係の両者を満たす関数として，パウリは次の 2×2 行列を導入しました.

$$S_x = \frac{\hbar}{2}\sigma_x, \qquad S_y = \frac{\hbar}{2}\sigma_y, \qquad S_z = \frac{\hbar}{2}\sigma_z \tag{6.64}$$

$$\sigma_x = \begin{pmatrix} 0 & 1 \\ 1 & 0 \end{pmatrix}, \quad \sigma_y = \begin{pmatrix} 0 & -i \\ i & 0 \end{pmatrix}, \quad \sigma_z = \begin{pmatrix} 1 & 0 \\ 0 & -1 \end{pmatrix} \tag{6.65}$$

この $\sigma_x, \sigma_y, \sigma_z$ を**パウリ行列**といいます（パウリのスピン行列とも）．行列が 2×2 であることは，いま考えている電子のスピン角運動量が 2 つしか値をとらないことに起因します.

Exercise 6.7

パウリ行列によって定義されるスピン角運動量 (6.64) が，交換関係 (6.62) と (6.63) を満たすことを示しなさい.

Coaching スピン角運動量 $\boldsymbol{S}$ は，(6.65) よりパウリ行列に $\hbar/2$ を掛けただけなので，ここでは，パウリ行列について調べます.

$$\begin{cases} \sigma_x \sigma_y = \begin{pmatrix} 0 & 1 \\ 1 & 0 \end{pmatrix} \begin{pmatrix} 0 & -i \\ i & 0 \end{pmatrix} = \begin{pmatrix} i & 0 \\ 0 & -i \end{pmatrix} = i\sigma_z \\ \sigma_y \sigma_x = \begin{pmatrix} 0 & -i \\ i & 0 \end{pmatrix} \begin{pmatrix} 0 & 1 \\ 1 & 0 \end{pmatrix} = \begin{pmatrix} -i & 0 \\ 0 & i \end{pmatrix} = -i\sigma_z \end{cases} \quad (6.66)$$

より，

$$\sigma_x \sigma_y - \sigma_y \sigma_x = 2i\sigma_z \quad (6.67)$$

となり，この式の両辺に $\dfrac{\hbar^2}{4}\left(=\dfrac{\hbar}{2}\times\dfrac{\hbar}{2}\right)$ を掛ければ，

$$S_x S_y - S_y S_x = i\hbar S_z \quad (6.68)$$

が得られます．残りの関係についても全く同様に示せるので，(6.62) を満たすことがわかります．

次に，(6.63) を示しましょう．パウリ行列はその名の通り行列ですが，x, y, z 成分をもつベクトルとしての側面ももちます．したがって，$\boldsymbol{\sigma}^2$ は $\boldsymbol{\sigma}^2 = \sigma_x^2 + \sigma_y^2 + \sigma_z^2$ を意味します．各成分の 2 乗は

$$\begin{cases} \sigma_x^2 = \begin{pmatrix} 0 & 1 \\ 1 & 0 \end{pmatrix}\begin{pmatrix} 0 & 1 \\ 1 & 0 \end{pmatrix} = \begin{pmatrix} 1 & 0 \\ 0 & 1 \end{pmatrix} = I \\ \sigma_y^2 = \begin{pmatrix} 0 & -i \\ i & 0 \end{pmatrix}\begin{pmatrix} 0 & -i \\ i & 0 \end{pmatrix} = \begin{pmatrix} 1 & 0 \\ 0 & 1 \end{pmatrix} = I \\ \sigma_z^2 = \begin{pmatrix} 1 & 0 \\ 0 & -1 \end{pmatrix}\begin{pmatrix} 1 & 0 \\ 0 & -1 \end{pmatrix} = \begin{pmatrix} 1 & 0 \\ 0 & 1 \end{pmatrix} = I \end{cases} \quad (6.69)$$

のように，すべて 2×2 の単位行列 I になります．よって，

$$\boldsymbol{S}^2 = S_x^2 + S_y^2 + S_z^2 = \frac{\hbar^2}{4} + \frac{\hbar^2}{4} + \frac{\hbar^2}{4} = \frac{3}{4}\hbar^2 \quad (6.70)$$

となり，(6.63) を満たすことがわかります． ■

Training 6.2

パウリ行列に関する次の関係式を示しなさい．

$$\sigma_x \sigma_y = i\sigma_z, \quad \sigma_y \sigma_z = i\sigma_x, \quad \sigma_z \sigma_x = i\sigma_y \quad (6.71)$$
$$\sigma_x \sigma_y + \sigma_y \sigma_x = 0, \quad \sigma_y \sigma_z + \sigma_z \sigma_y = 0, \quad \sigma_z \sigma_x + \sigma_x \sigma_z = 0 \quad (6.72)$$

6.6.2 スピンと固有関数

ここでは，演算子としてのスピン角運動量が作用する固有関数について考えてみましょう．これまで見てきたとおり，シュレーディンガー方程式に現れる波動関数は，$\phi(x,y,z)$ あるいは $\phi(r,\theta,\phi)$ のように 3 つの空間自由度

を用いて表されます．そして，この3つの自由度に対する量子数が n, l, m でした．しかし，第4の量子数であるスピンの存在が明らかになったいま，その量子数 s に対応する自由度をさらに付け加える必要があります．

その4つ目の自由度として S_z を選び，スピンも考慮した固有関数を

$$\phi(x, y, z, S_z) \tag{6.73}$$

と表すことにします．ただし，S_z は $+\frac{\hbar}{2}$ と $-\frac{\hbar}{2}$ の二価しかとらないので，結局は $\phi\left(x, y, z, +\frac{\hbar}{2}\right)$, $\phi\left(x, y, z, -\frac{\hbar}{2}\right)$ の2種類しかありません．そこで，固有関数は2成分をもつとして

$$\phi = \begin{pmatrix} \phi\left(x, y, z, +\frac{\hbar}{2}\right) \\ \phi\left(x, y, z, -\frac{\hbar}{2}\right) \end{pmatrix} = \begin{pmatrix} \phi_\uparrow(\boldsymbol{r}) \\ \phi_\downarrow(\boldsymbol{r}) \end{pmatrix} \tag{6.74}$$

の形で表せることになります（↑ は + のとき，↓ は − のときを表します）．

先に導入したパウリ行列が 2×2 行列で表されていたのは，このように固有関数が $\phi_\uparrow$ と $\phi_\downarrow$ の2成分をもっていたためで，この表現を用いれば（$\boldsymbol{r}$ 依存性は省略します）

$$S_x \phi = \frac{\hbar}{2} \begin{pmatrix} 0 & 1 \\ 1 & 0 \end{pmatrix} \begin{pmatrix} \phi_\uparrow \\ \phi_\downarrow \end{pmatrix} = \frac{\hbar}{2} \begin{pmatrix} \phi_\downarrow \\ \phi_\uparrow \end{pmatrix} \tag{6.75}$$

$$S_y \phi = \frac{\hbar}{2} \begin{pmatrix} 0 & -i \\ i & 0 \end{pmatrix} \begin{pmatrix} \phi_\uparrow \\ \phi_\downarrow \end{pmatrix} = \frac{i\hbar}{2} \begin{pmatrix} -\phi_\downarrow \\ +\phi_\uparrow \end{pmatrix} \tag{6.76}$$

$$S_z \phi = \frac{\hbar}{2} \begin{pmatrix} 1 & 0 \\ 0 & -1 \end{pmatrix} \begin{pmatrix} \phi_\uparrow \\ \phi_\downarrow \end{pmatrix} = \frac{\hbar}{2} \begin{pmatrix} +\phi_\uparrow \\ -\phi_\downarrow \end{pmatrix} \tag{6.77}$$

となります．確かに，S_z の固有値が $\pm\frac{\hbar}{2}$ になっていますね．

6.6.3 スピン軌道相互作用

スピン角運動量と軌道角運動量とは，相互に影響を及ぼし合います．そのイメージをつかみやすくするため，（パウリが見ていればギロリと睨んでくるに違いありませんが）図 6.11 のように原子内の電子の運動をあえて古典

図 6.11 電子がもつ固有の角運動量が軌道運動と相互作用するイメージ

的に考えてみます．

原子番号 Z の原子の中心には，$+Ze$ の電荷をもつ原子核があります．原子内の電子のうち，光の射出に関わる 1 個の**価電子**（光る電子[7]）に着目しましょう．その他の $Z-1$ 個の電子（芯の電子[7]）は原子核に束縛されています．「芯の電子」の電荷は $(Z-1)\times(-e)$ なので，原子核と「芯の電子」を合わせた"原子芯"は，$+e$ の電荷をもっていると考えることができます．そして，この原子芯の周りを電荷 $-e$ の価電子が運動していると考えることができます（図 6.11 の（左））．これは，地球にいる私たちからは太陽が地球の周りを回っているように見えるかのごとく，この状況を価電子から眺めると，$+e$ の電荷が自身の周りを回っているように見えるということです（電子の静止系）．

円運動する荷電粒子は円電流とみなせるので，価電子の位置に有効磁場 B_{eff} が生じます（外部磁場をかけているわけではないので，有効と付けました）．そうすると，価電子のスピン磁気モーメント μ_{s} と有効磁場とが $-B_{\mathrm{eff}}\cdot\mu_{\mathrm{s}}$ のように相互作用するはずです（(6.53) を参照）．さらに有効磁場は，価電子の軌道運動によって生じているので，その軌道角運動量 L とは $B_{\mathrm{eff}}\propto L$ の関係にあると考えられます．これを (6.59) の $\mu_{\mathrm{s}}\propto-S$ と合わせると，$-B_{\mathrm{eff}}\cdot\mu_{\mathrm{s}}$ の相互作用から，

$$H_{\mathrm{so}}=+\zeta L\cdot S \quad (\zeta\text{ は正の定数}) \tag{6.78}$$

のエネルギーがハミルトニアンに加わることになります（SO はスピン軌道 (spin orbit) を表します）．

ここでは古典的な描像で考えましたが，(6.78) の形は相対論的量子力学に

---

[7] 「光る電子」と「芯の電子」は，6.5.1 項で登場した慣用的な表現です．特に「光る電子」は，実際に電子が光っているのではありませんので，念のため．

基づいて正しく導いても変わりません（(7.49)を参照）．係数 ζ については，ここでは正の定数とだけ定めておきます（次章で正確に決定します）．

上の議論からわかるとおり，スピン角運動量があれば，それは軌道角運動量と相互作用し，それによりハミルトニアンに新たに H_{so} が加わることになります．これを**スピン軌道相互作用**といいます．L と S が反対向きのときは，(6.78) は負の値をとるので，軌道角運動量とスピン角運動量はできるだけ反対向きに揃う方がエネルギーが下がり，より安定になります．

なお，s 状態では，$l = 0$ なのでスピン軌道相互作用は生じません．一方，p, d, f 状態では $l \neq 0$ なので，スピン軌道相互作用が生じます．

ここで注意しておきたいことは，**スピン軌道相互作用は，外部磁場をかけていない状況で存在する**ということです（B_{eff} はあくまで電子の立場からすると"磁場に見える"というもので，実験で外から加えた磁場ではありません）．つまり，**スピン角運動量を考えることで，外部磁場のない状況でも水素原子模型に H_{so} が加わり，結果として原子のスペクトルが分裂することになる**というわけです．

スピン磁気モーメントの向きには B_{eff} に平行か反平行かの 2 通りの可能性があり，これがナトリウムなどのアルカリ金属でスペクトルが 2 本に分裂した原因だったのです（Practice 6.5 を参照）．なお，マグネシウムなどのアルカリ土類金属では価電子が 2 つあるので，より計算は複雑になるのですが，一重項と三重項に分かれることも，スピン角運動量を考えることで説明できます．

6.7 周期表を量子力学で読み解く

6.7.1 パウリの排他原理と周期律

1925 年，パウリは古典的には記述不可能な二価性のアイデアを提唱するのと同時期に，もう 1 つ，重大な概念を提唱しました．

▶ 2 個以上の電子が同じ状態をとることはできない．

ここで"同じ状態"とは，4 つすべての量子数 (n, l, m, s) の値が同じである

状態のことを指します．これを**パウリの排他原理**といいます．

例えば，図 6.12 のように原子内の電子のエネルギー準位が下から 1s, 2s, 2p, 3s, 3p, 3d, 4s, 4p, 4d, 4f, … となっていたとしましょう．スピンの自由度を考えると，各 l に対して $2(2l+1)$ 個の状態が存在します．つまり，s 状態は 2 個，p 状態は 6 個，d 状態は 10 個，f 状態は 14 個の状態があることになります．結果として，主量子数 n の状態には $2n^2$ 個の状態が存在することになります．

さて，普通に考えれば，基底状態はエネルギーが最も低い状態になるはずなので，すべての電子がエネルギーの最も低い準位（いまの場合は 1s 状態）をとると予想されます．しかし量子力学では，パウリの排他原理により，**ある準位のエネルギーは 1 つの電子しかと**

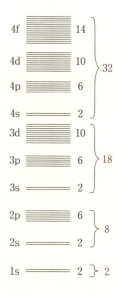

図 6.12 原子の準位と許される状態数

ることができません．つまり，電子の座席は各準位に 1 つずつしか用意されていないのです．

スピン自由度を考慮すると，1s 状態は，電子が占めることのできる座席の数は 2 つです．電子が 3 個に増えると，1s 状態の座席はすべて占有されているので，それ以上に 1s 状態をとることはできません．そこで 3 個目の電子は，エネルギーが高くとも 2s 状態をとるしかありません．このようにして，電子の数が増えるにつれて，どんどんエネルギーの高い準位を占有するようになります．

結果として，主量子数が $n = 1, 2, 3, 4, \cdots$ となるにつれて，占有できる電子の数は $2n^2$，すなわち

$$2, 8, 18, 32, \cdots \tag{6.79}$$

となります．これは，本章の最初（Exercise 6.1）で取り上げた周期律の数字と見事に一致します．これまで経験的に割り出されてきた原子の構造が，スピンとパウリの排他原理の導入により，完全に量子力学に基づいて説明されるようになったのです！

この業績により，パウリは1945年のノーベル物理学賞を受賞しました．

6.7.2　元素の周期表と量子力学

これまで学んだ量子力学による原子構造の理解を基に，本書の後見返しの元素の周期表を改めて見てみましょう．原子番号 $Z=1$ の H は，電子を1個だけもち，その電子は 1s 状態に入ります．これを $(1s)^1$ と表します（後見返しの周期表では，スペースの都合で（ ）を省略しています）．続く He は電子を2個もち，2個とも 1s 状態に収まります．これを $(1s)^2$ と表します．これで第1周期（$n=1$, K 殻）は完全に占有されました[8]．この状態を**閉殻**といいます（「芯の電子」に相当）．

$Z=3$ の Li では，3個目の電子は 2s 状態に入るので，同様にして $(1s)^2(2s)^1$ と表します．このとき，最外殻の電子は $(2s)^1$ になっています（「光る電子」に相当）．H と Li は，最外殻電子が共に s 状態に1個だけ存在するという点で等しくなり，結果として化学的性質が非常に似通ったものになります．

$Z=4$ の Be は $(1s)^2(2s)^2$ です．s 状態に2個という点で He と等しくなります．したがって，「Be と He は縦に並ぶべきなのでは？」と思われるかも知れません．しかし，Be では第2周期（$n=2$, L 殻）に入っており，ここにはまだ p 状態が存在するため，閉殻とはなっていません．よって，Be は He と本質的に異なるのです．

多電子の原子

ところで，水素原子模型では，エネルギーは主量子数 n のみに依存し，方位量子数 l には依存しないことを見ました（6.2節を参照）．とすれば，2s と 2p のエネルギーは縮退しているので，2s のみに電子が入るのは不自然にも思えます．しかし，水素原子模型は，あくまで電子が1個の場合の模型であったことを思い出してください．一方，一般の原子では，中心にある正電荷をもった原子核の他に，複数の電子が存在します．

太陽の周りを回る惑星の運動であれば，太陽からの引力が圧倒的に大きく，

---

[8] 等しい主量子数 n をもつ状態の集まりを「殻」を用いて表します．$n=1,2,3,4$ に対して，K 殻，L 殻，M 殻，N 殻と名付けられています．

それに比べて惑星間の引力はずっと小さいので，それを無視して考えることができます．しかし原子の場合，電子間のクーロン斥力は，原子核とのクーロン引力と同程度の大きさになります．つまり，電子間の相互作用を考える必要があるのです．

多電子間のクーロンポテンシャルを厳密に考えることは困難ですが，一般に，中心力ポテンシャルであれば，エネルギーは方位量子数 l にも依存することが知られています（エネルギーが l に依存しないクーロンポテンシャルは，特殊な場合です）．

原子内電子の感じるポテンシャルは，例えば次のような形で近似できます．

$$V(r) = \begin{cases} -\dfrac{Z}{r} & (r \to 0) \\ -\dfrac{1}{r} & (r \to \infty) \end{cases} \tag{6.80}$$

電子が中心の原子核に近いとき，電子は原子核の電荷 $+Z$ を直接感じるので，クーロンポテンシャルは Z 倍に増幅されます．一方，1個の電子が原子核から遠く離れた場合，他の $Z-1$ 個の電子が原子核のポテンシャルを覆い隠してしまいます．結果として，遠く離れた1個の電子は，差し引き $+1$ 個分の正電荷があるように感じるので，水素原子と似た状況になります．

s 状態の波動関数は，中心の原子核近くまで電荷が分布しているので（図 6.4 を参照），Z 倍に増幅されたポテンシャルを感じます．一方，p 状態の波動関数は，原子核の近くでは電荷分布が小さいので，ポテンシャルの増幅効果は弱まります．結果として，中心付近に電荷分布がある s 状態の方が p 状態よりエネルギーが低くなります（$E_{2s} < E_{2p}$）．

続いて，原子番号 $Z = 5$ 以降の B, C, N, O, F, Ne では，順に 2p 状態に電子が入っていきます．p 状態は 6 個まで電子が入るので，Ne で p 状態は完全に占有され，また L 殻も閉殻となります．ここで初めて He と同じ状況が再び現れるので，周期表で He と Ne が縦に並ぶことになります．

ここで注意してほしいことは，図 6.12 のようなエネルギー準位が固定されたまま電子が増えていくのではなく，Z が増えるにつれてエネルギー準位の様子も変わっていくということです．これは，Z と共に原子核の電荷が増

え,クーロンポテンシャルが変化するだけでなく,電子同士のクーロン斥力によってもエネルギーが変わるからです.およその傾向としては,LiからNeまで,エネルギー準位は全体的に低い方にシフトします.

第3周期(M殻)も,Na, Mgは3s状態に電子が入り,Al, Si, P, S, Cl, Arは3p状態に電子が順に入り,Arで再び閉殻になります.ここで「あれ?」と思われた方は,これまでの内容がよく頭に入っている証拠です.$n=3$では3d状態も存在するので,3pでは閉殻とはいえないように思えます.それでは,なぜArはHeやNeと同じ列に並ぶのでしょうか?

遷移元素

先ほどは2sと2p状態のエネルギーを比較しましたが,同じことが4s状態と3d状態にも適用できます.中心付近で電荷が分布できる4s状態はZ倍に増幅された原子核のポテンシャルを受け,相対的にエネルギーが下がります.一方,3d状態では3p状態よりさらに中心から離れて電荷が分布するので,そのエネルギーは3sや3pに比べてかなり高くなります.その結果,多くの場合は$E_{4s} < E_{3d}$となります.同じことが4dと5s,4fと5p状態にも起こり,ほとんどの原子では,エネルギーの低いものから順に

$$1s, 2s, 3s, 3p, \underline{4s, 3d}, 4p, \underline{5s, 4d}, 5p, \underline{6s, 4f, 5d}, 6p, 7s, \cdots$$

となります(下線部で準位が入れ替わっています).

すなわち,ArがHeやNeと同列に入るのは,3d準位のエネルギーが高くなり,3s, 3pの準位よりも大きく離れた結果だったのです.さらに電子が増えると3dではなく,4s状態に電子が入るという点でも,HeやNeと同様です.

第4周期(N殻)の$Z=19, 20$のK, Caでは,先に4s状態に電子が入ります.続くScからは3d状態に電子が入っていくのですが,V→Cr→Mnのところでは$(4s)^2(3d)^3 \to (4s)^1(3d)^5 \to (4s)^2(3d)^5$のように非単調な変化が起こります.つまり,Crでは電子が4sに入らずに,先に3dに入ります.これはエネルギーE_{4s}とE_{3d}とが拮抗していることの現れです.

同様のことがNi→Cu→Znでも起こり,$(4s)^2(3d)^8 \to (4s)^1(3d)^{10} \to (4s)^2(3d)^{10}$となります.Cuでは,3d準位が完全に占有され,4s準位に1個だけ電子がある状態なので,アルカリ金属にも似た金属となります.

このように,不完全な3d状態をもつScからZnまでは**遷移元素**とよばれ,

FeやCo, Niのように，3d電子の不完全さが，興味ある磁性を生む起源になっています．同様に，YからCdまで，HfからHgまでも遷移元素で，共通の性質をもちます．

ランタノイドとアクチノイド

第6周期では，また新たな展開が見られます．Cs, Baは6s状態に電子が収容されます．続くLaはScと同様，5dに電子が収まり，$(6s)^2(5d)^1$となるのですが，その次のCeからは，5dではなく，残っていた4f準位に電子が入っていきます．Ceでは$(6s)^2(5d)^1(4f)^1$となり，そこから順に4f準位がおよそ規則正しく占有されていくのですが，Ce, Gd, Luは$(5d)^1$をもち，それ以外は4fのみ占有されて，5dには電子が入りません．

このように，Laに加えて4f準位に電子が入るCeからLuまでを**ランタノイド**といいます．一般に，周期表ではランタノイドは横に並んで表され，互いに性質が類似していることが知られています．

同様に，Acに加えて第7周期のThからLrまでは**アクチノイド**とよばれ，5f準位に電子が入っていきます．ここでは少し例外が多く，Pa, U, Np, Cm, Lrは$(6d)^1$をもちます．Thはさらに特殊で，$(6d)^2$をもちます．これらのアクチノイドも，やはり互いに類似した性質をもちます．

このようにして，周期表を量子力学に基づいてミクロな視点から理解することができるようになりました．**量子力学ができる遥か以前から，化学的性質を基に周期律を見出したメンデレーエフも偉大ですが，それをシュレーディンガー方程式から理解できるようにした量子力学もまた偉大です．**

さらに，詳細な説明は他書に譲りますが，周期表だけでなく化学結合についても，量子力学に基づいて理解することができます．前期量子論で物理学の中に光学が取り込まれましたが，いまや化学についても量子力学によって統一的に記述できるようになったのです．

☕ Coffee Break

未だ解決されぬ謎，パウリ効果!?

　物理学におけるパウリの功績は計り知れません．パウリの排他原理，パウリのスピン行列やパウリ常磁性など，その名を冠した物理用語も多くあります．中でもとりわけミステリアスなものが「パウリ効果」です．これは厳然たる観測事実として知られながらも，現代の物理学をもってしても未だ解明されない謎なのです….

　というのは冗談で，これはパウリが実験装置を壊すことを揶揄したものです．実はパウリは実験が大変苦手で，装置に触れば必ず壊してしまい，ときには近づいただけで壊すこともあったとか．

　パウリ効果は関係者の間では有名になり，みんなその観測に勤しみました．ある歓迎会の主催者は，パウリ効果を実演させようと，パウリが会場に入った瞬間にシャンデリアが落ちるような仕掛けをつくりました．しかし，実際にパウリが登場すると，パウリ効果によりその仕掛け自体が故障して，何事もなく歓迎会が始まったとか．パウリ効果にまつわる観測事実は，まだまだ他にもいろいろあって，優秀な理論家ほどパウリ効果が大きく現れる，という話もあります．

　さてこれは筆者の話．あるとき，フランスのグルノーブルにある大きな原子力施設を見学しに行くことになりました．すると，電源装置が故障して，巨大な施設全体が機能停止に陥り，ついに予定していた実験を見学できなくなってしまいました．実験できなかった人たちには気の毒ですが，理論家である筆者は「すごいパウリ効果が出た！」と内心喜んだのでした．

　しかし数年後，今度はパリの実験グループに1年間滞在することになりました．毎日様々な実験装置に囲まれて研究したのですが，待てど暮らせど装置は故障しません．ついに滞在期間中，すべての実験装置は正常に機能し続け，研究が進展したことでグループのメンバーは満足げでした．そして，筆者だけが偉大な理論家への道を絶たれ，肩を落として帰国の途についたのでした….

📖 本章のPoint

- ▶ **水素原子模型**：中心力ポテンシャルを考える場合，波動関数は動径方向の波動関数 $R_{nl}(r)$ と球面調和関数 $Y_l^m(\theta,\phi)$ から成る変数分離型 $\phi(r,\theta,\phi) = R_{nl}(r)Y_l^m(\theta,\phi)$ として与えられる．水素原子の場合，$V(r) = -e^2/4\pi\varepsilon_0 r$ として（時間に依存しない）シュレーディンガー方程式を解

くと，エネルギーは

$$E_n = -\frac{m_e}{2\hbar^2}\left(\frac{e^2}{4\pi\varepsilon_0}\right)^2 \frac{1}{n^2} \quad (n = 1, 2, 3, \cdots)$$

で与えられる．これは，ボーア-ゾンマーフェルト理論で得られた結果と一致する．n を主量子数，l を方位量子数，m を磁気量子数といい，n は常に $n \geq l + 1$ を満たしている．なお，慣例的には $l = 0, 1, 2, 3$ を s, p, d, f と表す．

▶ **軌道角運動量**：軌道角運動量は $\boldsymbol{L} = \boldsymbol{r} \times \boldsymbol{p}$ で与えられ，量子力学では，ここに現れる運動量を $\boldsymbol{p} = -i\hbar\nabla$ とする．演算子 $\boldsymbol{L}^2$ の固有値は $l(l+1)\hbar^2$ で，演算子 L_z の固有値は $m\hbar$ である．両者の固有関数は共に球面調和関数で与えられる．また，軌道角運動量は次の交換関係を満たす．

$$\boldsymbol{L} \times \boldsymbol{L} = i\hbar\boldsymbol{L}$$

▶ **スピン角運動量**：原子スペクトルを説明するために，「古典的には記述不可能な二価性」をもつ（第 4 の）量子数として，スピンが導入された．スピン $\boldsymbol{S}$ は角運動量の一種で，演算子 $\boldsymbol{S}^2$ の固有値は $(3/4)\hbar^2$ で，演算子 S_z の固有値は $\pm\hbar/2$ である．また，スピン角運動量は次の交換関係を満たす．

$$\boldsymbol{S} \times \boldsymbol{S} = i\hbar\boldsymbol{S}$$

▶ **パウリ行列**：スピン角運動量 $\boldsymbol{S}$ は，パウリ行列 $\boldsymbol{\sigma}$ を用いて次のように表される．

$$\boldsymbol{S} = \frac{\hbar}{2}\boldsymbol{\sigma}$$

$$\sigma_x = \begin{pmatrix} 0 & 1 \\ 1 & 0 \end{pmatrix}, \quad \sigma_y = \begin{pmatrix} 0 & -i \\ i & 0 \end{pmatrix}, \quad \sigma_z = \begin{pmatrix} 1 & 0 \\ 0 & -1 \end{pmatrix}$$

▶ **磁気モーメント**：電子が軌道角運動量またはスピン角運動量をもつ場合，それにともなう磁気モーメントが存在し，磁場中でゼーマン効果を生む．

$$\text{軌道磁気モーメント：} \quad \boldsymbol{\mu} = -\frac{\mu_B}{\hbar}\boldsymbol{L} \tag{6.81}$$

$$\text{スピン磁気モーメント：} \quad \boldsymbol{\mu}_s = -\frac{g_s\mu_B}{\hbar}\boldsymbol{S} \tag{6.82}$$

ここで $\mu_B = e\hbar/2m_e$ はボーア磁子（第 2 章を参照）で，g 因子は電子スピンの場合，$g_s = 2$ であることがディラック方程式（相対論的量子力学）から導かれる（第 7 章を参照）．

Practice

[6.1] 球座標表示のシュレーディンガー方程式

直交座標で表された時間に依存しないシュレーディンガー方程式 (6.2) を次の手順に従って球座標で表しなさい.

(1) 直交座標と球座標のそれぞれの微分を関係づける次の関係式を示しなさい.

$$\begin{cases} \dfrac{\partial r}{\partial x} = \sin\theta\cos\phi, & \dfrac{\partial r}{\partial y} = \sin\theta\sin\phi, & \dfrac{\partial r}{\partial z} = \cos\theta \\ \dfrac{\partial \theta}{\partial x} = \dfrac{\cos\theta\cos\phi}{r}, & \dfrac{\partial \theta}{\partial y} = \dfrac{\cos\theta\sin\phi}{r}, & \dfrac{\partial \theta}{\partial z} = -\dfrac{\sin\theta}{r} \\ \dfrac{\partial \phi}{\partial x} = -\dfrac{\sin\phi}{r\sin\theta}, & \dfrac{\partial \phi}{\partial y} = \dfrac{\cos\phi}{r\sin\theta}, & \dfrac{\partial \phi}{\partial z} = 0 \end{cases}$$

(2) 上で求めた関係を用いて, $\partial/\partial x$, $\partial/\partial y$, $\partial/\partial z$ を球座標で表しなさい.

(3) さらに $\partial^2/\partial x^2$, $\partial^2/\partial y^2$, $\partial^2/\partial z^2$ を球座標で表しなさい ($\partial^2/\partial z^2$ から始めるとよいでしょう).

(4) 球座標におけるシュレーディンガー方程式を導きなさい.

[6.2] 球座標表示の軌道角運動量

軌道角運動量 L_x, L_y, L_z をそれぞれ球座標で表しなさい. また, $\boldsymbol{L}^2 = L_x^2 + L_y^2 + L_z^2$ を球座標で表しなさい.

[6.3] 2s 状態の波動関数

動径方向の波動関数の $r > 0$ における極大点と極小点を水素原子の 2s 状態について求めなさい.

[6.4] 角運動量と磁気モーメントの関係

電荷 q, 質量 m をもつ荷電粒子が速さ v で半径 r の円運動を行うとき, その磁気モーメントの大きさを求め, それを荷電粒子の角運動量を用いて表しなさい. (電磁気学によると, 環状電流 I がつくる磁気モーメントの大きさは IS で与えられ, その方向は環状電流がつくる平面の法線方向になります.)

[6.5] スピン軌道相互作用の固有値

スピン軌道相互作用 $H_\mathrm{so} = \zeta \boldsymbol{L} \cdot \boldsymbol{S}$ の固有値を求めなさい. なお, 全角運動量 $\boldsymbol{J} = \boldsymbol{L} + \boldsymbol{S}$ については, $\boldsymbol{J} \times \boldsymbol{J} = i\hbar \boldsymbol{J}$ が成り立ち, $\boldsymbol{J}^2$ の固有値は $j(j+1)\hbar^2$ で与えられ, これは $\boldsymbol{L}^2, \boldsymbol{S}^2$ と同時固有値をとることができます.

相対論的量子力学

　前章では，シュレーディンガー方程式にスピンとパウリの排他原理を組み合わせることで，原子の構造だけでなく，元素の周期律までが統一的に理解できることを述べました．量子力学は，ついに化学をも包括する壮大な体系へと成長し，また物質世界の問題を具体的に明らかにする段階にまで至りました．

　ただし，これまでに紹介した量子力学は，非相対論的な理論体系であるため，光速度に近い電子の運動には適用できないという問題点がありました．この最後の難関を突破したのは，ディラックでした．ディラックの天才的としか言いようのないアプローチにより，量子力学はついに相対性理論とも矛盾なく融合されました．

　そればかりではありません．なんと，相対論的に拡張した量子力学から，前章で天下り的に導入したスピンやスピン軌道相互作用が自然に導かれることがわかったのです．さらには，ディラックによって反粒子の存在までが予言され，後に実験的に確認されるという，桁違いのおまけまで待っていました．

　これほどのドラマティックな展開が量子力学の頂上に待ち受けていたとは，誰が予想したことでしょう．本書の最後を飾る本章では，自然界とディラックが描いた至高の物語をとくと堪能していただくことにしましょう．

7.1　相対性理論と量子力学の融合を目指して

　これまで見てきたように，量子力学は20世紀の初めからおよそ四半世紀に亘って創り上げられてきました．それは物理学のみならず，それまでの科学的思考法を根本的に覆すような人類史上稀に見る知的革命でした．さらに

驚くべきことに，量子力学に匹敵する，もう1つの偉大な知的革命がほぼ同時期に成し遂げられたのです．それは，皆さんご存じのアインシュタインによる**相対性理論**です（1905年に特殊相対性理論，1915～1916年に一般相対性理論）．量子力学の革命が多くの偉人たちの手によって成し遂げられたのに対し，相対性理論の革命は，たった1人の人間によって完遂されたという点で非常に対照的です．

量子力学と相対性理論という，2つの偉大な知的革命を融合し，より壮大な建築物 ─ **相対論的量子力学** ─ を構築したいという思いは，物理学者であれば誰もが強くもちうるものでした．そもそもド・ブロイが物質波の考えに至ったのは，光に対する相対性理論の考えを電子に適用したからでした．シュレーディンガーは，始めから相対論的な波動方程式を導こうとしたものの，挫折し，非相対論的な波動方程式へと方向転換したことが幸いして，自身の名を冠する方程式に辿り着きました．

パウリに至っては，現在でも名著として読み継がれている相対性理論の教科書を21歳で書き上げているほどですから，当然，量子力学を相対性理論と調和するように書き換えることの重要性は誰よりもわかっていたはずです．にもかかわらず，量子力学と相対性理論を融合させることは，成し遂げられませんでした．それほどまでに，困難な課題だったのです．

7.1.1 「相対論的」とはどういうことか？

始めに，方程式が「相対論的」であるとはどういうことを意味しているのかを考えてみましょう（以降，相対性理論とは主に特殊相対性理論を指すことにします）．正確には，**ローレンツ変換**とよばれる慣性系の間の座標変換を施しても方程式が変わらないという，**ローレンツ不変性**を保っているかどうかで判断します．これをもっと簡単な見方に置き換えると，「時間と空間が対称であるかどうか」でおよそ判断できます．なお，時間と空間を比較するためには，時間に光速度 c を掛け，長さの次元をもつ ct を考えるとわかりやすくなります．

ここで，(4.63) の時間に依存するシュレーディンガー方程式を思い出してみましょう．

$$i\hbar \frac{\partial \Psi(\boldsymbol{x}, t)}{\partial t} = \left\{ -\frac{\hbar^2}{2m_\mathrm{e}} \frac{\partial^2}{\partial \boldsymbol{x}^2} + V(\boldsymbol{x}, t) \right\} \Psi(\boldsymbol{x}, t)$$

後で便利なように，空間を $\boldsymbol{x} = (x_1, x_2, x_3)$ で表すと，この方程式では，時間に対して1階微分であるのに対し，空間に対しては2階微分になっていることがわかります．明らかに，時間と空間は対称ではありません．それゆえ，シュレーディンガー方程式は**非相対論的**であるといえます．

7.1.2 クライン-ゴルドン方程式

相対性理論では，粒子のエネルギーは運動量 p と質量 m を用いて，次の形で表されます（Practice [7.1] を参照）．

$$E^2 = c^2 p^2 + m^2 c^4 \tag{7.1}$$

ここで，右辺第2項は有名な静止エネルギー $E = mc^2$ に対応しています．

この方程式に量子力学の一般的処方箋である（(4.62) を参照）

$$\boldsymbol{p} \to -i\hbar \frac{\partial}{\partial \boldsymbol{x}}, \qquad E \to i\hbar \frac{\partial}{\partial t} \tag{7.2}$$

を施すと，

$$\begin{cases} (\text{左辺}) = -\hbar^2 \dfrac{\partial^2}{\partial t^2} \\ (\text{右辺}) = -c^2 \hbar^2 \dfrac{\partial^2}{\partial \boldsymbol{x}^2} + m^2 c^4 \end{cases} \tag{7.3}$$

が得られます．そして，この両辺を関数 $\Psi(\boldsymbol{x}, t)$ に作用させると，次の方程式に至ります．

$$\frac{1}{c^2} \frac{\partial^2}{\partial t^2} \Psi(\boldsymbol{x}, t) = \left(\frac{\partial^2}{\partial \boldsymbol{x}^2} - \frac{m^2 c^2}{\hbar^2} \right) \Psi(\boldsymbol{x}, t) \tag{7.4}$$

この式は，時間に対しても空間に対しても2階微分になっています．さらに詳細な計算をすれば，ローレンツ変換に対して不変になっていることも示せます（Practice [7.2] を参照）．この方程式はスウェーデンのクライン（1894-1977）とドイツのゴルドン（1893-1939）の2人の理論物理学者によって独立に導かれたので，**クライン-ゴルドン方程式**とよばれています．

クライン-ゴルドン方程式は，相対性理論の要請を満たしているという点

では有望な方程式でした．しかし，方程式の具体的な性質を調べていくと，いろいろ不都合があることがわかりました．本質的な問題として，時間に対して2階微分になっているという点が挙げられます．

古典力学の運動方程式（ニュートンの運動方程式）は，時間に対して2階の微分方程式でした．そのため，方程式を解いて解を得るためには，位置だけでなく，速度も初期条件として与える必要がありました．これと同じように，クライン-ゴルドン方程式からΨの時間変化を決定するためには，初期の時刻におけるΨだけでなく，独立した条件として$\partial\Psi/\partial t$の値も与える必要があります．

ところで，波動力学における確率解釈によれば，$|\Psi(\boldsymbol{x},t)|^2$は確率に当たり，それを全空間で積分した$\int|\Psi(\boldsymbol{x},t)|^2d\boldsymbol{x}$は常に一定（値は1）なので，その時間微分をとったものは常にゼロである必要があります．

$$\frac{\partial}{\partial t}\int|\Psi(\boldsymbol{x},t)|^2d\boldsymbol{x} = \int\frac{\partial}{\partial t}|\Psi(\boldsymbol{x},t)|^2d\boldsymbol{x}$$

$$= \int\left\{\frac{\partial\Psi^*(\boldsymbol{x},t)}{\partial t}\Psi(\boldsymbol{x},t) + \Psi^*(\boldsymbol{x},t)\frac{\partial\Psi(\boldsymbol{x},t)}{\partial t}\right\}$$

$$= 0 \tag{7.5}$$

この最後の等号を成り立たせるためには，Ψと$\partial\Psi/\partial t$とが{ }内＝0の関係を保つ必要がありますが，互いに関係し合っているため，両者を独立に決めることはできません．このことは，Ψと$\partial\Psi/\partial t$を独立した初期値として与える必要のある2階微分方程式とは相容れません．つまり，波動関数の確率解釈を保つためには，時間について1階の微分方程式でなければいけないことになります（実際にシュレーディンガー方程式がそうであるように）．

7.2 ディラック方程式

ディラックは，量子力学を相対性理論と調和させるにしても，波動方程式は時間に対して1階の微分方程式でなければいけない，と考えました．そうすれば，Ψが与えられるだけで，その後のΨの時間変化を決めることができ

るからです．その上で，相対性理論の要請，すなわち時間と空間が対称であるためには，求めたい方程式は空間に対しても 1 階の微分方程式でなければいけないことになります．

さて問題は，「一体どのようにすれば，時間と空間に対して 1 階の微分方程式をつくり出せるのか？」ということです．この問いに辿り着くことができたとしても，実際にどうやってその答えを導けばよいのか，常人にはさっぱり見当がつきません．それをディラックは，誰も考えたことのない，思いもよらぬアプローチで達成してしまうのです．

図 7.1 ポール・エイドリアン・モーリス・ディラック (1902 - 1984)

7.2.1 奇想天外な因数分解とディラック行列

まず時間と空間の対称性を明確にするためにも，$p_0 = \dfrac{E}{c} \to i\hbar \dfrac{\partial}{c\,\partial t}$ として，クライン – ゴルドン方程式を (7.1) も用いて

$$(-p_0^2 + p_1^2 + p_2^2 + p_3^2 + m_e^2 c^2)\Psi = 0 \tag{7.6}$$

と書き表しておきます．ここで，p_0 は時間，$p_{1,2,3}$ は空間の成分を表しており，(7.6) は（負号を除けば）時間と空間が対称に表されています．

求めたい方程式は，（p_μ に対して）1 次の方程式なので，それは例えば

$$(-p_0 + \alpha_1 p_1 + \alpha_2 p_2 + \alpha_3 p_3 + \alpha_0 m_e c)\Psi = 0 \tag{7.7}$$

のような形になるでしょう[1]．そこでディラックは，(7.7) の形を使って (7.6) を次の形に "因数分解" するという奇想天外な理論展開をやってのけました（α_μ は後で決めますので，いまは単なる係数と思っておいてください）．

$$\begin{aligned}(-p_0 + \alpha_1 p_1 + \alpha_2 p_2 + \alpha_3 p_3 + \alpha_0 m_e c) \\ \times (p_0 + \alpha_1 p_1 + \alpha_2 p_2 + \alpha_3 p_3 + \alpha_0 m_e c)\Psi = 0\end{aligned} \tag{7.8}$$

---

[1] p_0 の係数は後の計算で便利なように負にしてあるだけで，正であっても構いません．

 **Exercise 7.1**

(7.8) を展開して (7.6) と比べることで，α_μ ($\mu = 0, 1, 2, 3$) が満たすべき関係式を求めなさい．

Coaching (7.8) を展開すると，

$$
\begin{aligned}
0 &= \{-p_0^2 + (\alpha_1 p_1 + \alpha_2 p_2 + \alpha_3 p_3 + \alpha_0 m_e c)^2\}\Psi \\
&= \Big\{-p_0^2 + \sum_{r=1,2,3} \alpha_r^2 p_r^2 + \alpha_0^2 m_e^2 c^2 \\
&\quad + \sum_{(r,s)=(1,2),(2,3),(3,1)} (\alpha_r \alpha_s + \alpha_s \alpha_r) p_r p_s + \sum_{r=1,2,3} (\alpha_0 \alpha_r + \alpha_r \alpha_0) p_r m_e c\Big\}\Psi
\end{aligned}
\tag{7.9}
$$

となります．α_μ ($\mu = 0, 1, 2, 3$) は演算子である可能性を想定し，勝手に交換しないようにしておくことがポイントです．

この結果と (7.6) の各項の係数とを比べると，

$$
\begin{cases} \alpha_\mu^2 = 1 & (\mu = 0, 1, 2, 3) \\ \alpha_\mu \alpha_\nu + \alpha_\nu \alpha_\mu = 0 & (\mu, \nu = 0, 1, 2, 3,\ \mu \neq \nu) \end{cases}
\tag{7.10}
$$

の関係が成り立っていれば，(7.8) の "因数分解" が成り立つことになります．■

次なる問題は，(7.10) の関係を満たす α_μ ($\mu = 0, 1, 2, 3$) を見つけることです．それは単純な数では満たされません．では，どのようなものであれば満たされるのでしょうか？

勘の良い人は，パウリ行列で成り立つ関係式 ((6.72)，(6.69))

$$
\sigma_\mu^2 = 1, \qquad \sigma_\mu \sigma_\nu + \sigma_\nu \sigma_\mu = 0 \qquad (\mu, \nu = 1, 2, 3,\ \mu \neq \nu)
\tag{7.11}
$$

との類似性に気付いたかも知れません（対応がつきやすいように，$\sigma_{x,y,z}$ を $\sigma_{1,2,3}$ として表しています）．しかし，パウリ行列は $\mu = 1, 2, 3$ の 3 つしかありません．(7.10) を満たすには，μ がもう 1 つ分必要なのですが，それはパウリ行列のような 2×2 行列を考える限り，どうやっても出てきません．そこでディラックは，4 つの α_μ すべてに対して (7.10) を満たすためには，少なくとも 4×4 行列でなければならないことを示し，その具体例として次の行列を導入しました．

$$\begin{cases}
\alpha_0 = \begin{pmatrix} 1 & 0 & 0 & 0 \\ 0 & 1 & 0 & 0 \\ 0 & 0 & -1 & 0 \\ 0 & 0 & 0 & -1 \end{pmatrix}, & \alpha_1 = \begin{pmatrix} 0 & 0 & 0 & 1 \\ 0 & 0 & 1 & 0 \\ 0 & 1 & 0 & 0 \\ 1 & 0 & 0 & 0 \end{pmatrix} \\
\alpha_2 = \begin{pmatrix} 0 & 0 & 0 & -i \\ 0 & 0 & i & 0 \\ 0 & -i & 0 & 0 \\ i & 0 & 0 & 0 \end{pmatrix}, & \alpha_3 = \begin{pmatrix} 0 & 0 & 1 & 0 \\ 0 & 0 & 0 & -1 \\ 1 & 0 & 0 & 0 \\ 0 & -1 & 0 & 0 \end{pmatrix}
\end{cases} \quad (7.12)$$

これらの行列を**ディラック行列**といい，パウリ行列と単位行列 I を用いて

$$\alpha_0 = \begin{pmatrix} I & 0 \\ 0 & -I \end{pmatrix}, \quad \alpha_1 = \begin{pmatrix} 0 & \sigma_1 \\ \sigma_1 & 0 \end{pmatrix}, \quad \alpha_2 = \begin{pmatrix} 0 & \sigma_2 \\ \sigma_2 & 0 \end{pmatrix}, \quad \alpha_3 = \begin{pmatrix} 0 & \sigma_3 \\ \sigma_3 & 0 \end{pmatrix} \quad (7.13)$$

のように表すこともできます．

Exercise 7.2

(7.12) のディラック行列が確かに (7.10) の関係を満たしていることを示しなさい．

Coaching これを確かめるためには，4×4 行列を実際に計算するのが最も確実な方法なので，意欲のある方は実際に取り組んでみてください．ここではパウリ行列を用いて，もう少し簡略化した方法を紹介しましょう．

$\mu = 0$ については非常に簡単です．

$$\alpha_0^2 = \begin{pmatrix} I & 0 \\ 0 & -I \end{pmatrix} \begin{pmatrix} I & 0 \\ 0 & -I \end{pmatrix} = \begin{pmatrix} I & 0 \\ 0 & I \end{pmatrix} \quad (7.14)$$

$\mu = 1, 2, 3$ に対しても，

$$\alpha_\mu^2 = \begin{pmatrix} 0 & \sigma_\mu \\ \sigma_\mu & 0 \end{pmatrix} \begin{pmatrix} 0 & \sigma_\mu \\ \sigma_\mu & 0 \end{pmatrix} = \begin{pmatrix} \sigma_\mu^2 & 0 \\ 0 & \sigma_\mu^2 \end{pmatrix} = \begin{pmatrix} I & 0 \\ 0 & I \end{pmatrix} \quad (7.15)$$

が簡単に示せます．

次に，$\alpha_\mu \alpha_\nu \; (\mu \neq \nu)$ の場合は，例えば

$$\alpha_1 \alpha_2 = \begin{pmatrix} 0 & \sigma_1 \\ \sigma_1 & 0 \end{pmatrix} \begin{pmatrix} 0 & \sigma_2 \\ \sigma_2 & 0 \end{pmatrix} = \begin{pmatrix} \sigma_1 \sigma_2 & 0 \\ 0 & \sigma_1 \sigma_2 \end{pmatrix} = \begin{pmatrix} i\sigma_3 & 0 \\ 0 & i\sigma_3 \end{pmatrix}$$

$$\alpha_2 \alpha_1 = \begin{pmatrix} 0 & \sigma_2 \\ \sigma_2 & 0 \end{pmatrix} \begin{pmatrix} 0 & \sigma_1 \\ \sigma_1 & 0 \end{pmatrix} = \begin{pmatrix} \sigma_2 \sigma_1 & 0 \\ 0 & \sigma_2 \sigma_1 \end{pmatrix} = \begin{pmatrix} -i\sigma_3 & 0 \\ 0 & -i\sigma_3 \end{pmatrix}$$

となるので，

が成り立ちます. 他にも,

$$\alpha_1\alpha_2 + \alpha_2\alpha_1 = 0 \tag{7.16}$$

$$\alpha_0\alpha_1 = \begin{pmatrix} 1 & 0 \\ 0 & -1 \end{pmatrix}\begin{pmatrix} 0 & \sigma_1 \\ \sigma_1 & 0 \end{pmatrix} = \begin{pmatrix} 0 & \sigma_1 \\ -\sigma_1 & 0 \end{pmatrix} \tag{7.17}$$

$$\alpha_1\alpha_0 = \begin{pmatrix} 0 & \sigma_1 \\ \sigma_1 & 0 \end{pmatrix}\begin{pmatrix} 1 & 0 \\ 0 & -1 \end{pmatrix} = \begin{pmatrix} 0 & -\sigma_1 \\ \sigma_1 & 0 \end{pmatrix} \tag{7.18}$$

から,

$$\alpha_0\alpha_1 + \alpha_1\alpha_0 = 0 \tag{7.19}$$

が示せます. 残りも同様に示すことができます. ∎

なお, ディラック行列の表現は (7.12) だけではなく, 無数にとることができて, 例えば

$$\alpha_0 = \begin{pmatrix} 0 & 1 \\ 1 & 0 \end{pmatrix}, \quad \alpha_1 = \begin{pmatrix} \sigma_1 & 0 \\ 0 & -\sigma_1 \end{pmatrix}, \quad \alpha_2 = \begin{pmatrix} \sigma_2 & 0 \\ 0 & -\sigma_2 \end{pmatrix}, \quad \alpha_3 = \begin{pmatrix} \sigma_3 & 0 \\ 0 & \sigma_3 \end{pmatrix} \tag{7.20}$$

とすることもできます.

 Training 7.1

パウリ行列を対角成分にもつ (7.20) のディラック行列も, (7.10) の関係を満たしていることを示しなさい.

7.2.2 ディラック方程式の誕生

ディラック行列の正体が明らかになったところで, 求めたい波動方程式の形を整理してみましょう.

(7.7) において, $p_0 \to i\hbar\dfrac{\partial}{c\,\partial t}$, $p_\mu \to -i\hbar\dfrac{\partial}{\partial x_\mu}$ と量子化すれば, 次の形が得られます.

$$i\hbar\frac{\partial}{\partial t}\Psi = \left(-ic\hbar\sum_{\mu=1,2,3}\alpha_\mu\frac{\partial}{\partial x_\mu} + \alpha_0 m_e c^2\right)\Psi \tag{7.21}$$

これこそが, 求めたかった相対論的な量子力学の基本方程式—**ディラック方程式**—です. そして, このディラック方程式に従って運動する粒子のこ

とを**ディラック粒子**といいます.

(7.21) のディラック方程式は, 単一の式に見えますが, そこに含まれる α_μ は 4×4 の行列でした. したがって, (7.21) に現れる Ψ は, 4×4 行列と演算できるために, 4×1 の形をもつことになります.

$$\Psi(\boldsymbol{x}, t) = \begin{pmatrix} \Psi_1(\boldsymbol{x}, t) \\ \Psi_2(\boldsymbol{x}, t) \\ \Psi_3(\boldsymbol{x}, t) \\ \Psi_4(\boldsymbol{x}, t) \end{pmatrix} \tag{7.22}$$

つまり, ディラック方程式の構造を明示すると

$$\begin{pmatrix} i\hbar \dfrac{\partial \Psi_1}{\partial t} \\ i\hbar \dfrac{\partial \Psi_2}{\partial t} \\ i\hbar \dfrac{\partial \Psi_3}{\partial t} \\ i\hbar \dfrac{\partial \Psi_4}{\partial t} \end{pmatrix} = H_{\mathrm{D}} \begin{pmatrix} \Psi_1 \\ \Psi_2 \\ \Psi_3 \\ \Psi_4 \end{pmatrix} \tag{7.23}$$

$$H_{\mathrm{D}} = \begin{pmatrix} m_e c^2 & 0 & -ic\hbar \nabla_3 & -ic\hbar (\nabla_1 - i\nabla_2) \\ 0 & m_e c^2 & -ic\hbar (\nabla_1 + i\nabla_2) & ic\hbar \nabla_3 \\ -ic\hbar \nabla_3 & -ic\hbar (\nabla_1 - i\nabla_2) & -m_e c^2 & 0 \\ -ic\hbar (\nabla_1 + i\nabla_2) & ic\hbar \nabla_3 & 0 & -m_e c^2 \end{pmatrix} \tag{7.24}$$

となります ($\nabla_{1\sim 3}$ は $\dfrac{\partial}{\partial x_{1\sim 3}}$ を表します). (7.23) は, 時間に依存するシュレーディンガー方程式の一般形 $i\hbar \dfrac{\partial \Psi}{\partial t} = H\Psi$ と同じ形になっています. なお, H_{D} は**ディラックハミルトニアン**ともよばれています.

(7.23) の形から明らかなように, ディラック方程式は 4 つの連立微分方程式から構成されています. このように, 方程式に含まれる微分をすべて 1 階にするためには, どうしても 4 つの連立微分方程式にする必要があったのです.

ディラック方程式は様々な書き表し方がありますが, 次のようにパウリ行列を用いて表記すると, 方程式の構造や意味を理解しながら計算を簡単に進めることができるので便利でしょう.

$$\begin{pmatrix} i\hbar \dfrac{\partial}{\partial t}\Psi_+ \\ i\hbar \dfrac{\partial}{\partial t}\Psi_- \end{pmatrix} = \begin{pmatrix} m_e c^2 & -ic\hbar \boldsymbol{\sigma}\cdot\boldsymbol{\nabla} \\ -ic\hbar \boldsymbol{\sigma}\cdot\boldsymbol{\nabla} & -m_e c^2 \end{pmatrix} \begin{pmatrix} \Psi_+ \\ \Psi_- \end{pmatrix} \quad (7.25)$$

ただし,

$$\boldsymbol{\sigma}\cdot\boldsymbol{\nabla} = \sigma_1 \nabla_1 + \sigma_2 \nabla_2 + \sigma_3 \nabla_3 \quad (7.26)$$

$$\Psi_+ = \begin{pmatrix} \Psi_1 \\ \Psi_2 \end{pmatrix}, \quad \Psi_- = \begin{pmatrix} \Psi_3 \\ \Psi_4 \end{pmatrix} \quad (7.27)$$

としました.

シュレーディンガー方程式のときと同様に,(7.25) の定常状態に対する解は

$$\Psi_\pm(\boldsymbol{x}, t) = e^{-iEt/\hbar}\phi_\pm(\boldsymbol{x}) \quad (7.28)$$

と表すことができるので,

$$i\hbar \frac{\partial \Psi_\mu}{\partial t} = E\Psi_\mu \quad (7.29)$$

として,(7.25) から**時間に依存しないディラック方程式**を次のように表すことができます.

$$\begin{pmatrix} m_e c^2 & c\boldsymbol{\sigma}\cdot\boldsymbol{p} \\ c\boldsymbol{\sigma}\cdot\boldsymbol{p} & -m_e c^2 \end{pmatrix} \begin{pmatrix} \phi_+ \\ \phi_- \end{pmatrix} = E \begin{pmatrix} \phi_+ \\ \phi_- \end{pmatrix} \quad (7.30)$$

これは,$H_D \phi = E\phi$ の形に相当します.

☕ Coffee Break

ウエストミンスターの方程式

　壮麗なゴシック建築を誇るウエストミンスター寺院（世界文化遺産）は,イギリス国王の戴冠式やロイヤルウェディングの舞台としてよく知られており,観光客で日々賑わっています.そんなウエストミンスター寺院は,多くの著名人が埋葬されていることでも有名です.ニュートン,ダーウィン,マクスウェルたちの錚々たる科学者たちの墓標もあります.その中にディラックの墓標もあり,そこには美しいディラック方程式が刻まれています.それは,ウエストミンスター寺院で唯一の数式だそうです（ニュートンの運動方程式やマクスウェル方程式は書かれていません）.

観光客として訪れた筆者は，なんとかそのディラック方程式の写真を撮りたいと思ったのですが，寺院内は撮影禁止．せめてその美しい数式を目に焼き付けようと，ずっとその墓標に見入っていました．しかし，他の観光客が全く見向きもしないそのゾーンに長時間居座り続ける筆者はよほど怪しく見えたのでしょう．ついに係の女性に，「あんた何してんの！」と声をかけられてしまいました．

図7.2 ウエストミンスター寺院にあるディラックの墓標

不審者の疑惑をなんとか晴らそうと，「あそこにディラック方程式があって，それをずっと眺めているんです」と，しどろもどろになりながら説明しました．それを聞いた係の人は，「ああ，そう言われたら，方程式っぽいのがあるわねぇ」と厳しい目が和らぎました．どうやら疑いは晴らすことができたらしく，係の人は「で，何の方程式なの？」と親しく聞いてきました．すっかり安心した筆者はつい，「この世のすべてがあの方程式で表されているんです！」なんて答えてしまったものですから，係の人の目つきは再び不審者を見るような目に ….

7.3 電磁場中のディラック電子

電場や磁場に対して**ディラック電子**（電荷 $-e$ をもつディラック粒子）がどのような応答を示すのかを見てみましょう．そこから，思いがけない成果が現れます．

電磁場は，ベクトルポテンシャル A とスカラーポテンシャル ϕ を用いて，

$$E = -\nabla\phi - \frac{\partial A}{\partial t}, \qquad B = \nabla \times A \tag{7.31}$$

によって表されます．時間変化しない静的な電磁場であれば，電場 E の式の右辺第2項は必要ありません．

6.4節で見たように，電磁場中における荷電粒子（電荷 $-e$）の運動を考えるには，

$$p \to p + eA, \qquad H \to H - e\phi \tag{7.32}$$

のように，運動量 p にベクトルポテンシャル A を，ハミルトニアン H にスカラーポテンシャル ϕ を加えます．したがって，時間に依存しないディラック方程式 (7.30) は電磁場中で，

$$\begin{pmatrix} m_\mathrm{e} c^2 - e\phi & c\boldsymbol{\sigma}\cdot(\boldsymbol{p} + eA) \\ c\boldsymbol{\sigma}\cdot(\boldsymbol{p} + eA) & -m_\mathrm{e} c^2 - e\phi \end{pmatrix} \begin{pmatrix} \psi_+ \\ \psi_- \end{pmatrix} = E \begin{pmatrix} \psi_+ \\ \psi_- \end{pmatrix} \tag{7.33}$$

となります．

この形を連立方程式の形に書き換えて整理すると，次の形が得られます．

$$\begin{cases} c\boldsymbol{\sigma}\cdot(\boldsymbol{p} + eA)\psi_- = (E + e\phi - m_\mathrm{e} c^2)\psi_+ \\ c\boldsymbol{\sigma}\cdot(\boldsymbol{p} + eA)\psi_+ = (E + e\phi + m_\mathrm{e} c^2)\psi_- \end{cases} \tag{7.34}$$

この2番目の式から，ψ_- を

$$\psi_- = \frac{c\boldsymbol{\sigma}\cdot(\boldsymbol{p} + eA)}{E + e\phi + m_\mathrm{e} c^2} \psi_+ \tag{7.35}$$

の形にし，これを1番目の式に代入すると，ψ_+ だけの方程式にすることもできます．

$$\{\boldsymbol{\sigma}\cdot(\boldsymbol{p} + eA)\} \frac{c^2}{E + e\phi + m_\mathrm{e} c^2} \{\boldsymbol{\sigma}\cdot(\boldsymbol{p} + eA)\}\psi_+ = (E + e\phi - m_\mathrm{e} c^2)\psi_+ \tag{7.36}$$

ここまでは，厳密な結果です[2]．

7.3.1　ディラック方程式の非相対論展開

(7.1) からもわかるとおり，相対性理論では粒子のエネルギーは $E = \sqrt{c^2 p^2 + m_\mathrm{e}^2 c^4}$ で与えられるので，粒子が静止していて運動量をもたないとき（$p = 0$）のエネルギーは，有名な静止質量エネルギー $E = m_\mathrm{e} c^2$ となります．粒子が運動している場合でも，速度が十分小さい場合は，わざわざ相対性理論をもち出す必要はありません．そこでここでは，運動量（速度）が十分小さい（$p \ll m_\mathrm{e} c$）ものとしてディラック方程式の"非相対論展開"を行っ

---

2) 右辺から左辺に移項する際，$E + e\phi + mc^2$ は演算子や行列を含んでいなかったので，単純に割り算のように移項できたということに注意してください．このように単純な移項は演算子である $\boldsymbol{\sigma}$ や $\boldsymbol{p}$ を含んだ項には通用しませんので，うっかりやってしまわないように気を付けてください．

てみましょう．そうすれば，非相対論的な方程式であった，シュレーディンガー方程式との対応も見えてくるはずです．

電子のエネルギーは静止質量エネルギーを基準にとり，

$$E' = E - m_e c^2 \tag{7.37}$$

で表し，$E' \ll m_e c^2$ とします．スカラーポテンシャルも十分小さい（$|e\phi| \ll m_e c^2$）ものとすると，(7.36) の左辺に現れた形は次のように整理できます．

$$\frac{c^2}{E + e\phi + m_e c^2} = \frac{1}{2m_e} \frac{1}{1 + \dfrac{E' + e\phi}{2m_e c^2}} \simeq \frac{1}{2m_e}\left(1 - \frac{E' + e\phi}{2m_e c^2}\right) \tag{7.38}$$

電子の速度を v とすると，その運動エネルギーは $E' \sim m_e v^2/2$ なので，$E'/m_e c^2 \sim (v/c)^2/2$ です．つまり，(7.38) の（ ）内は $(v/c)^0 - (v/c)^2$ のように，v/c で展開したものとみなすことができます（$(v/c)^0 = 1$ です）．

7.3.2 スピンの正体がついに！

電子の速度が十分小さく，$(v/c)^0$ の次数で展開が十分な場合は，(7.38) の右辺の（ ）内で 1 のみを残す展開で十分となるので，(7.36) は

$$\frac{1}{2m_e}\{\boldsymbol{\sigma}\cdot(\boldsymbol{p} + e\boldsymbol{A})\}\{\boldsymbol{\sigma}\cdot(\boldsymbol{p} + e\boldsymbol{A})\}\psi_+ = (E' + e\phi)\psi_+ \tag{7.39}$$

とできます．ここで，パウリ行列と一般のベクトルとの間に成り立つ関係式（証明は Training 7.2 を参照）

$$(\boldsymbol{\sigma}\cdot\boldsymbol{X})(\boldsymbol{\sigma}\cdot\boldsymbol{Y}) = \boldsymbol{X}\cdot\boldsymbol{Y} + i\boldsymbol{\sigma}\cdot(\boldsymbol{X}\times\boldsymbol{Y}) \tag{7.40}$$

および，磁場中における力学的運動量 $\boldsymbol{p} + e\boldsymbol{A}$ の交換関係（証明は Practice [7.3] を参照）

$$(\boldsymbol{p} + e\boldsymbol{A}) \times (\boldsymbol{p} + e\boldsymbol{A}) = -ie\hbar\boldsymbol{B} \tag{7.41}$$

を用いると，

$$\left\{\frac{(\boldsymbol{p} + e\boldsymbol{A})^2}{2m_e} + \frac{e\hbar}{2m_e}\boldsymbol{\sigma}\cdot\boldsymbol{B} - e\phi\right\}\psi_+ = E'\psi_+ \tag{7.42}$$

が得られます．これは，すでにパウリが自身のパウリ行列を用いて半ば現象論的に導入していた電磁場中の（非相対論的な）シュレーディンガー方程式

に見事に一致しました．

刮目に値するのは，左辺の第2項です．これは，(6.59) の g 因子が $g_s = 2$ のときのスピン磁気モーメント $\mu_s = -\mu_B \boldsymbol{\sigma}$ を用いれば，

$$\frac{e\hbar}{2m_e}\boldsymbol{\sigma}\cdot\boldsymbol{B} = -\boldsymbol{\mu}_s \cdot \boldsymbol{B} \tag{7.43}$$

となります．

このように，これまでの量子力学を相対性理論と矛盾しない形に昇華させたことで，なんと，それまで神秘的な仮説であったスピンの存在が自然と導かれたのです！

Training 7.2

パウリ行列 $\boldsymbol{\sigma}$ と一般の行列 X, Y について，次の関係式を証明しなさい．

$$(\boldsymbol{\sigma}\cdot X)(\boldsymbol{\sigma}\cdot Y) = X\cdot Y + i\boldsymbol{\sigma}\cdot(X\times Y) \tag{7.44}$$

7.3.3　スピン軌道相互作用まで！

前項では $(v/c)^0$ までの非相対論展開を行いました．さらに展開の次数を上げて，$(v/c)^2$ まで展開してみましょう．ただし計算が煩雑になり過ぎるので，ベクトルポテンシャルを $\boldsymbol{A} = 0$ として，スカラーポテンシャル $V = -e\phi$ の項のみを残して考えることにします．すると (7.36) は，(7.38) も用いると

$$\frac{1}{2m_e}(\boldsymbol{\sigma}\cdot\boldsymbol{p})\left(1 - \frac{E' - V}{2m_e c^2}\right)(\boldsymbol{\sigma}\cdot\boldsymbol{p})\psi_+ + V\psi_+ = E'\psi_+ \tag{7.45}$$

のように展開でき，さらに

$$\text{左辺} = \left\{\left(1 - \frac{E' - V}{2m_e c^2}\right)\frac{p^2}{2m_e} + V - \frac{\hbar^2}{4m_e^2 c^2}(\nabla V)\cdot\nabla \right.$$
$$\left. + \frac{\hbar}{4m_e^2 c^2}\boldsymbol{\sigma}\cdot\{(\nabla V)\times\boldsymbol{p}\}\right\}\psi_+ \tag{7.46}$$

と変形できます（Practice [7.4] を参照）．

中心力ポテンシャル V の場合は，さらに

$$(\nabla V)\cdot\nabla = \frac{dV}{dr}\frac{\partial}{\partial r} \tag{7.47}$$

$$\nabla V = \frac{1}{r}\frac{dV}{dr}\boldsymbol{r} \tag{7.48}$$

の関係があるので，$S = \dfrac{\hbar}{2}\boldsymbol{\sigma}$, $\boldsymbol{L} = \boldsymbol{r}\times\boldsymbol{p}$ を用いると，

$$\left(\frac{p^2}{2m_\mathrm{e}} - \frac{p^4}{8m_\mathrm{e}^2 c^2} + V - \frac{\hbar^2}{4m_\mathrm{e}^2 c^2}\frac{dV}{dr}\frac{\partial}{\partial r} + \frac{1}{2m_\mathrm{e}^2 c^2}\frac{1}{r}\frac{dV}{dr}\boldsymbol{L}\cdot\boldsymbol{S}\right)\phi_+ = E'\phi_+ \tag{7.49}$$

が得られます[3]．ここで注目してほしいのは，$\boldsymbol{L}\cdot\boldsymbol{S}$ の項です．これは，まさに 6.6.3 項で述べたスピン軌道相互作用に他なりません！

7.4 ディラック方程式の成果

ディラックが 1928 年のたった 1 本の論文で示したことを，ここでまとめてみましょう．

1. 相対性理論と調和させるために，時間と空間に対して 1 階の微分方程式を立てた．
2. 係数 α_μ ($\mu = 0, 1, 2, 3$) の関係式を満たすには 4×4 行列が必要であることを明らかにした．
3. 相対論的量子力学の基本方程式（ディラック方程式）を導出した．
4. 電磁場中のディラック方程式を $(v/c)^0$ まで展開し，スピン（スピン磁気モーメント）を演繹的に導出した．
5. 中心力ポテンシャル中のディラック方程式を $(v/c)^2$ まで展開し，スピン軌道相互作用を自然に導いた．

そもそもディラックは，それまでの（非相対論的）量子力学を相対性理論と矛盾なく統一的に記述できる理論をつくりたかったのです．そして，その目的を達成しました．それだけでも偉業なのですが，さらにその方程式にスピンとスピン軌道相互作用が含まれていることまで明らかにしました．

---

[3] ここで，運動エネルギーと静電ポテンシャルエネルギーの和が非相対論的なエネルギー E' となることから，$E' \simeq p^2/2m - e\phi$ としました．

ディラック方程式により，量子力学と相対性理論が融合されたばかりでなく，それまで仮説であったスピンの存在が証明され，ついに量子世界の基礎理論ができ上がったのです！

相対性理論と量子力学の融合を含む新しい量子理論の"発見"により，ディラックはシュレーディンガーと共に1933年のノーベル物理学賞を受賞しました．

☕ Coffee Break

最も純粋な魂の持ち主

プランク定数を2πで割った数は**ディラック定数**とよばれ，原子単位系の作用の単位になっています．実は，ディラックの名を冠した単位がもう1つあります．それは無口を現す単位で，1時間当たりに1語話すことを「1ディラック」というとか．それほどディラックは無口で知られていました．

一般の科学者であれば，誰しもノーベル賞の受賞は喜ばしいことでしょう．しかし寡黙なディラックにとって，それは生活を乱す煩わしいものでしかなく，メディアに注目されるのを避けようと，一度は辞退を検討したといいます．しかし，ラザフォードが「受賞を拒否すれば，なおさら注目を集めることになる」と助言したことで，無事に賞を受けとる運びとなったそうです．

ノーベル賞を受賞する前，1929年にディラックはハイゼンベルクと共に日本を訪れています．アメリカからの船上で，ハイゼンベルクは社交的にダンスに興じ，ディラックは椅子に座ってそれを眺めるだけでした．ディラックが「君はどうして踊ったりするんだい？」とハイゼンベルクに不思議そうに問いかけたのに対し，ハイゼンベルクは「素敵な女性がいるときには，ダンスをするのは楽しいからだよ」と答えたそうです．それを聞いたディラックは，長い時間考え込んでから一言，「その女性が素敵だってことがどうして事前にわかるんだい？」と言ったとか．

ボーアをして「あらゆる物理学者の中で，ディラックは最も純粋な魂の持ち主である」と評せしめた，ディラックの魅力的な人柄を物語るエピソードは，他にも数多く残されています．そのように純粋な魂から至高の美しさを放つ方程式が生み出されたのは，必然であったように思えてなりません．

7.5 陽電子と反粒子

ディラックのすごさは，相対論的量子力学を確立し，スピンの正体を暴いただけにとどまりません．未知の粒子をも予言したのです．本書の最後に，その内容を簡単に紹介しましょう．

7.5.1 ディラック電子のエネルギー

ディラック方程式は，もともとエネルギーが (7.1) の関係を満たすようにして導いたものでした．今度はそのエネルギーをディラックハミルトニアン (7.24) から直接求めてみましょう．すると，ディラック電子の奇妙な性質が浮かび上がってきます．

Exercise 7.3

ディラックハミルトニアン (7.24) を対角化することで，そのエネルギー固有値を求めなさい．また，得られた固有値から，$p \ll mc$ として非相対論的なエネルギー固有値を求めなさい．

Coaching ディラックハミルトニアン H_D は 4×4 行列で与えられています．したがって，その固有値を求めるには 4×4 行列の行列式を求める必要があります．数学が得意な人は，ぜひそのまま (7.24) の行列式を求めてみてください．ここでは，一般の 4×4 行列すべてに通用するわけではありませんが，ディラックハミルトニアンの場合にはうまくいく簡単な方法を紹介しましょう．

まず，パウリ行列で表された (7.30) を 2 乗すると

$$H_\mathrm{D}^2 = \begin{pmatrix} m_\mathrm{e} c^2 & c\boldsymbol{\sigma} \cdot \boldsymbol{p} \\ c\boldsymbol{\sigma} \cdot \boldsymbol{p} & -m_\mathrm{e} c^2 \end{pmatrix} \begin{pmatrix} m_\mathrm{e} c^2 & c\boldsymbol{\sigma} \cdot \boldsymbol{p} \\ c\boldsymbol{\sigma} \cdot \boldsymbol{p} & -m_\mathrm{e} c^2 \end{pmatrix}$$

$$= \begin{pmatrix} c^2 p^2 + m_\mathrm{e}^2 c^4 & 0 \\ 0 & c^2 p^2 + m_\mathrm{e}^2 c^4 \end{pmatrix} \tag{7.50}$$

のように（勝手に）対角化され，

$$E^2 = c^2 p^2 + m_\mathrm{e}^2 c^4 \tag{7.51}$$

が得られます．(7.51) は，まさに相対性理論で得られるエネルギー (7.1) に一致します．最後に E の形で表すと

$$E = \pm \sqrt{c^2 p^2 + m_\mathrm{e}^2 c^4} \tag{7.52}$$

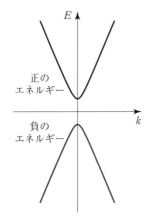

図 7.3 ディラック電子の
エネルギー E と波数 k の
関係.平面波解として,
$p = \hbar k$ とした.

が得られます(図 7.3).

一般に,4×4 行列の固有値は 4 つあるはずですが,ここでは 2 つしか出てきませんでした.それは,それぞれの固有値が 2 重に縮退しているからです.この 2 重縮退は,異なるスピン自由度が縮退していることに対応しています.

非相対論的なエネルギーは,(7.52) をテイラー展開して次のように求めることができます.

$$E = \pm m_e c^2 \sqrt{1 + \left(\frac{p}{m_e c}\right)^2} \simeq \pm \left(m_e c^2 + \frac{p^2}{2m_e}\right) \tag{7.53}$$

$p^2/2m_e$ は,シュレーディンガー方程式で現れる運動エネルギーの項に一致します.

新たな問題 — 負のエネルギー —

数学的には,(7.52) がディラックハミルトニアンの正しい固有値です.**負号が付いている解は,電子が負のエネルギーをもっていることになります.**しかし,「負のエネルギーをもっている」というのは一体どういう意味をもつのでしょうか? それは一見,間違った答えにも見えます.私たちがよく知っている電子は,ちゃんと正のエネルギーをもっているからです.もし負のエネルギーが許されるのであれば,電子はより安定な負のエネルギー準位にどんどん入っていくので,正のエネルギーをもつ電子の方が不自然になってしまいます.

実際，ディラックが理論を発表した当初，スピンの存在が自然に導き出されたことは認められつつも，負のエネルギーが出てきてしまう点は理論上の決定的な欠陥として攻撃に晒されました．ディラック自身，それが問題であることは十分認識していたため，一時は自身の理論に自信がもてないこともあったようです．

7.5.2　ディラックの新たな仮説

しかし，自分の方程式を信じ切ったディラックは，1930年，またもや大胆なアイデアを発表します．**私たちが真空と考えている状態は，実は負のエネルギーの準位がすべて電子によって占拠されているのだというのです**（図7.4 (a)）．この状態を**ディラックの海**といいます．電子が存在しているという状態は，単に正のエネルギーをもった電子が存在しているというだけでなく，負のエネルギーがすべて電子で占有されていると考えます．そこからさらに電子が加わると，パウリの排他原理から電子はそれ以上に負のエネルギーをとることができないので，結果として正のエネルギーをもった電子が現れる，というのです（図7.4 (b)）．

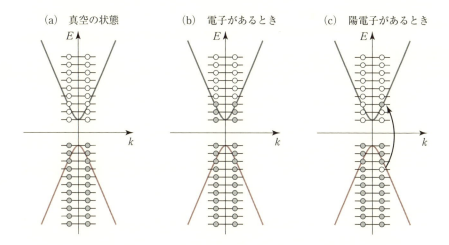

図7.4　ディラックの海と電子と陽電子．灰色の丸はすでに占有されているエネルギー準位，白丸は占有されていない準位（スピンの自由度を2個の丸で表している）．

理屈は通っているのかも知れませんが,私たちがいままで「何もない」と考えていた真空が,「実は電子で満たされている」なんて,とても信じがたい説です.はたして,本当にそんなことがあり得るのでしょうか?

本書で繰り返し述べてきたように,科学における仮説の真偽は,常に実験によって判断が下されます.ディラックの仮説も,実験で検証されなくてはいけません.しかし,「真空は電子で詰まっている」ということをどうやったら証明できるのでしょうか?

この疑問にも,ディラックはまたもやアクロバティックな答えを用意しました.図 7.4 (c) のように,真空において,負のエネルギーと,ある波数 k をもった電子が(例えば γ 線などから)エネルギーを受けて励起されれば,負のエネルギー準位に電子 1 個分の空孔ができます.その状態は,真空の状態に比べて運動量 $\hbar k$ と電荷 $-e$,スピン $+\hbar/2$ だけなくなったことになります.これは,空孔が運動量 $-\hbar k$ と電荷 $+e$,スピン $-\hbar/2$ をもっていることに相当します.とすれば,これらの性質をもつ粒子が発見されれば,ディラックの海の存在が証明できる,というのです.これを**空孔理論**とよびます[4].

この考え方は,次のように直感的に理解することができます.

いま,澄みきった純水でできた海があったとします.海の中の様子を水中カメラで映すとどうなるでしょうか.そこに「水がある」とはなかなか判断できないはずです.泳いでいる魚は,空中を浮いているかのように見えるでしょう.しかし,そこに泡があるとどうでしょう? 海底から上方にブクブクと泡が動いている様子が映れば,そのカメラが水中にあることは直ちにわかります.

ディラックの海でも全く同じです.私たちが真空と思っているのは,実はディラックの海の中なのです.ただし,海の中にいてはそれを判別すること

---

[4] ここまで見てきたディラック方程式の理論は,基本的に 1 個の粒子を想定していました.一方,ディラックの空孔理論では,結果として,多くの粒子が同時に存在することを前提としており,1 粒子の理論の枠を超えています.この一見矛盾をはらんでいるかに見える問題は,量子化された場の理論(**場の量子論**)によって解決されるに至ります.場の量子論では,多粒子を対象にした上でディラック方程式を構成することができ,そこではディラックの海の概念を用いずに,陽電子を記述することができます.

は困難です．そこに空孔が現れ，運動するのを見れば，ディラックの海の存在に気づくことができるというわけです．

7.5.3 陽電子の発見

その発見は，意外にもすぐに訪れました．1932年，アメリカの実験物理学者アンダーソン（1905-1991）が，ウィルソンの霧箱によって宇宙線を研究中，静止質量が電子と同じで，電荷は電子と反対の $+e$ をもつ粒子を発見しました．霧箱には磁石が取り付けられており，曲げられる方向によって電荷の正負が判定でき，さらに軌跡の曲率から質量と電荷の比を割り出せたのです（図7.5）．これにより，ディラックの仮説が実験によって見事に証明され

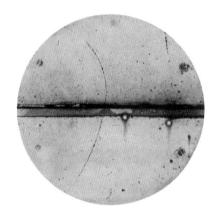

図7.5 アンダーソンによる陽電子の発見．中央付近の円弧が，下から上に進む[5] 陽電子の軌跡．磁場は紙面の表から裏に向かう方向に印加されているので，正電荷であればローレンツ力により左に曲がる．

(C. D. Anderson: Phys. Rev. **43**, 491 (1933) による)

---

[5] 粒子が下から上に進むとしましたが，この写真だけでどうしてそれがわかるのでしょうか？ 上から下に進んでいるのであれば，電荷の符号が全く反対になってしまうので，これは由々しき問題です．

実は，図7.5の中央にある水平の線は，厚さ6mmの鉛の板です．粒子はこの鉛板を通過する際に，エネルギーを失います．そのため，円弧の半径も小さくなります．図を見れば，鉛板の上の軌道の方が円弧の半径が小さくなっていることがわかります．したがって，粒子は鉛板の下から上に運動していることがわかるのです．

たのです！

　謎を解明する，理解を体系づけるだけでも理論としてはすばらしいのですが，真の優れた理論は，未知の現象を予測することもできます．ディラックは，そのいずれをもやってのけたのです．

　その粒子は**陽電子**とよばれ，この業績に対してアンダーソンは1936年のノーベル物理学賞を受賞しました．現在では，電子に対する陽電子のような対象が他にも存在することが，実験的にも確認されています（反陽子や反中性子など）．それらを，粒子に対して**反粒子**といいます．

　実験で確認されたとはいえ，真空が電子で満たされているというディラックの海や，電子に対して反対の性質をもつ陽電子の存在を実感することはなかなか難しく，どこか異世界の話を聞いているように思われるかも知れません．しかし驚くべきことに，いまでは陽電子の存在が証明されているどころか，それはがん治療の現場で実際に「ポジトロン断層法（Positron Emission Tomography: PET）」として大いに活躍しているのです．

おわりに

　プランクによるエネルギー量子の発見に始まった謎解き物語の絵巻は，ついにディラックによって最後の章が閉じられました．人類は全く新しい自然界の理解を手に入れたわけですが，暗中模索の最中では，従来の古典力学で得た知見が大いに道案内役を果たしたことは大変教訓的です．そして何より，新しい謎が生まれるにも，その謎を解き明かすにも，最終的には実験による測定がすべてを決定したことこそ，自然科学のあるべき姿であったといえるでしょう．

　これから如何に科学技術が発展しようとも，人類の自然科学への飽くなき挑戦は続くに違いありません．**新しい挑戦において困難に直面した際，量子力学における謎解き物語が**，きっと皆さんの道案内役になってくれることでしょう．

本章のPoint

▶ **相対論的な方程式**：ローレンツ変換を施しても形が変わらない「相対論的」な方程式では，時間微分と空間微分が同じ階数となる．シュレーディンガー方程式は，時間に対して1階，空間に対して2階の微分方程式なので，非相対論的な方程式である．

▶ **ディラック方程式**：ディラック方程式は，相対論的量子力学の電子に対する方程式で，次の形で与えられる．

$$i\hbar \frac{\partial}{\partial t}\Psi = \left(-ic\hbar \sum_{\mu=1,2,3} \alpha_\mu \frac{\partial}{\partial x_\mu} + \alpha_0 m_e c^2\right)\Psi$$

ここで，α_μ は 4×4 行列で，次の関係を満たす．

$$\begin{cases} \alpha_\mu^2 = 1 & (\mu = 0, 1, 2, 3) \\ \alpha_\mu \alpha_\nu + \alpha_\nu \alpha_\mu = 0 & (\mu, \nu = 0, 1, 2, 3,\ \mu \neq \nu) \end{cases}$$

▶ **ディラック方程式とスピン**：電磁場中のディラック方程式を $(v/c)^0$ まで展開すればスピンが，$(v/c)^2$ まで展開すればスピン軌道相互作用が，自然に導かれる．

▶ **陽電子**：電子と同じ質量とスピンをもち，$+e$ の電荷をもつ粒子を陽電子という．ディラック方程式の負のエネルギーをもつ解から，陽電子の存在がディラックによって予言され，後にアンダーソンによって実際に観測された．

 Practice

[7.1] **相対論的エネルギーと運動量との関係**

コンプトン散乱のときに見たように，特殊相対性理論では，エネルギーと運動量はそれぞれ

$$E = \frac{mc^2}{\sqrt{1 - \dfrac{v^2}{c^2}}}, \qquad p = \frac{mv}{\sqrt{1 - \dfrac{v^2}{c^2}}}$$

で与えられます．これらから

$$E^2 = c^2 p^2 + m^2 c^4$$

を導きなさい．

[7.2] クライン-ゴルドン方程式のローレンツ不変性

クライン-ゴルドン方程式 (7.4) が，次の対応関係で $(x,y,z,t) \to (x',y',z',t')$ に変換するローレンツ変換に対して不変であることを示しなさい．

$$x' = \frac{x - ut}{\sqrt{1 - \frac{u^2}{c^2}}}, \quad y' = y, \quad z' = z, \quad t' = \frac{t - \frac{u}{c^2}x}{\sqrt{1 - \frac{u^2}{c^2}}} \quad (7.54)$$

ここで，u は新しい座標系の相対速度です．

[7.3] 磁場中における力学的運動量の交換関係

磁場中での力学的運動量の交換関係

$$(\boldsymbol{p} + e\boldsymbol{A}) \times (\boldsymbol{p} + e\boldsymbol{A}) = -ie\hbar \boldsymbol{B} \quad (7.55)$$

を証明しなさい．

[7.4] スピン軌道相互作用の導出

(7.45) から (7.46) を導きなさい．

[7.5] ディラック方程式の運動の恒量とスピン角運動量

(7.12) のディラック行列を用いて，ディラックのハミルトニアンを

$$H_\mathrm{D} = c\boldsymbol{\alpha} \cdot \boldsymbol{p} + \beta m c^2 + V \quad (7.56)$$

と表したとします．V が中心力ポテンシャルであった場合，軌道角運動量 $\boldsymbol{L} = \boldsymbol{r} \times \boldsymbol{p}$ と V とは交換するので，$\boldsymbol{L}$ が運動の恒量（運動を通して変化しないもの，保存されるもの）であることが予想されます．そこで次の問いに取り組みながら，ディラック粒子の運動の恒量について考えてみましょう．

(1) ハイゼンベルクの運動方程式 (3.19) から，$\boldsymbol{L}$ の時間変化を調べなさい．

(2) 次で定義される演算子

$$\boldsymbol{\sigma}' = \begin{pmatrix} \boldsymbol{\sigma} & 0 \\ 0 & \boldsymbol{\sigma} \end{pmatrix} \quad (7.57)$$

の時間変化を調べなさい．

(3) ディラック方程式における運動の恒量を求めなさい．

付　録

A. エネルギー量子からプランクの公式を導く

1.3 節では，プランクの公式の直観的理解について述べました．ここでは，エネルギー量子の考え方をより正確に扱い，プランクの公式を導いてみましょう．

統計力学によると，ある物理量 A の平均値は

$$\langle A \rangle = \frac{\sum\limits_{n} A e^{-E_n/k_B T}}{\sum\limits_{n} e^{-E_n/k_B T}} \tag{A.1}$$

で与えられます．E_n はとり得るエネルギーの値です．エネルギーが連続であれば，和を積分で表すことができて，

$$\langle A \rangle = \frac{\int A e^{-E/k_B T} dE}{\int e^{-E/k_B T} dE} \tag{A.2}$$

となります．

ここで，エネルギー E が 0 から ∞ の範囲で連続な値をとるものとして，その平均値 $\langle E \rangle$ を求めてみましょう．

連続的な値をとるエネルギーの平均値を求めるには，(A.2) の A をエネルギー E に置き換えるだけでよいので，次のようになります．

$$\langle E \rangle = \frac{\int_0^\infty E e^{-E/k_B T} dE}{\int_0^\infty e^{-E/k_B T} dE} \tag{A.3}$$

この計算は一見難しそうに見えるのですが，分母と分子を別々に考えれば，見た目ほど難しくはありません．積分の構造を見極めて，簡単な形に置き換えるのが計算のコツです．

分母の積分は

$$\int_0^\infty e^{-x} dx = [-e^{-x}]_0^\infty = 1 \tag{A.4}$$

のように簡単な形です．一方，分子の積分については，次の部分積分が使えます．

$$\int_0^\infty x e^{-x} dx = [-x e^{-x}]_0^\infty - \int_0^\infty (-e^{-x}) dx = 1 \tag{A.5}$$

後は $x = E/k_B T$ と変数変換すれば，最終的に次の結果が得られます．

$$\langle E \rangle = \frac{(k_B T)^2 \int_0^\infty x e^{-x} dx}{k_B T \int_0^\infty e^{-x} dx} = k_B T \tag{A.6}$$

このように，エネルギーが連続である場合，その平均値は $k_B T$ となるのです．これは，

レイリー－ジーンズが採用した等分配則に相当します．では，エネルギーが連続的ではない（離散的な）場合はどうなるでしょうか？

ここで，エネルギーはエネルギー量子 ε の整数倍 $E_n = n\varepsilon$ ($n = 0, 1, 2, \cdots$) の値しかとらないとして，その平均値 $\langle E_n \rangle$ を求めてみましょう．

この問題ではエネルギーが離散的なので，(A.1) を用いて，A に E_n を代入した

$$\langle E_n \rangle = \frac{\sum_{n=0}^{\infty} n\varepsilon e^{-n\varepsilon/k_B T}}{\sum_{n=0}^{\infty} e^{-n\varepsilon/k_B T}} \tag{A.7}$$

を計算することになります．これも見た目は複雑そうですが，分母と分子に分け，簡単な形に置き換えると計算の方向性が見えてきます．

いまの場合，$\beta \equiv 1/k_B T$ とおくだけで随分見た目が簡単になります．分母（を I_0 とおく）はただの等比級数の和なので，次のようにして簡単に求まります．

$$\begin{aligned} I_0 &= 1 + e^{-\varepsilon\beta} + e^{-2\varepsilon\beta T} + e^{-3\varepsilon\beta} + \cdots \\ &= 1 + e^{-\varepsilon\beta}(1 + e^{-\varepsilon\beta} + e^{-2\varepsilon\beta} + \cdots) \\ &= 1 + e^{-\varepsilon\beta} I_0 \\ &\therefore \quad I_0 = \frac{1}{1 - e^{-\varepsilon\beta}} \end{aligned} \tag{A.8}$$

分子（を I_1 とおく）については，ε が付いているので，単純な等比級数というわけにはいきません．しかし，上手い方法があります．それは，分母の等比級数 I_0 を β で微分するのです．すると，

$$\frac{\partial}{\partial \beta} \sum_{n=0}^{\infty} e^{-n\varepsilon\beta} = \sum_{n=0}^{\infty} (-n\varepsilon) e^{-n\varepsilon\beta} = -I_1 \tag{A.9}$$

のように分子の形が現れるのです．この関係を用いれば，直ちに

$$I_1 = -\frac{\partial}{\partial \beta} I_0 = \frac{\varepsilon e^{-\varepsilon\beta}}{(1 - e^{-\varepsilon\beta})^2} \tag{A.10}$$

と求まります[1]．どうです？ すごくうまいやり方でしょう？

以上より，最終的に離散的なエネルギーの平均値は

$$\langle E_n \rangle = \frac{\varepsilon e^{-\varepsilon\beta}}{1 - e^{-\varepsilon\beta}} = \frac{\varepsilon}{e^{\varepsilon/k_B T} - 1} \tag{A.11}$$

と求まります．

ここまでのことを一旦整理しておきましょう．エネルギー E が連続の関数とみなせる場合，E の統計力学的な平均値は $k_B T$ になります．一方，E が離散的で，ある ε の整数倍の値しかとらない場合は，その結果が異なります．

$\varepsilon \ll k_B T$ の場合，(A.11) の分母をテイラー展開すれば $\varepsilon/k_B T$ となるので（(1.5) を参

---

1) このやり方は，なかなかすぐに思いつくものではありません．しかし，こういう例題を通して「こういう方法もあるんだ！」と強く印象に残れば（そしてそれを繰り返せば），次第に思いつくようになりますから，安心してください．**大事なことは，印象に残るように実際に手を動かすことです！**

照),$\langle E_n \rangle \simeq k_B T$ となり,E が連続な場合と同じになります.一方,$\varepsilon \gtrsim k_B T$ では,分母が非常に大きな値になってしまうので,$\langle E_n \rangle \simeq 0$ で,ほとんどエネルギーが分配されないことになります.これがまさに,図 1.6 のコップと氷の例で見たことです.

さて,レイリー-ジーンズの公式 (1.1) は連続的なエネルギーの平均値 $\langle E \rangle = k_B T$ を用いて表せば,

$$U_{\mathrm{RJ}}(\nu) = \frac{8\pi\nu^2}{c^3}\langle E \rangle \tag{A.12}$$

となります.

ここで,レイリー-ジーンズの公式で,$\langle E \rangle$ を離散的なエネルギーの平均値 $\langle E_n \rangle$ に置き換え,エネルギー量子を $\varepsilon = h\nu$ としたときの $U(\nu)$ を求めてみましょう.

まず,(A.12) の $\langle E \rangle$ を (A.11) に置き換えます.

$$U(\nu) = \frac{8\pi\nu^2}{c^3}\langle E_n \rangle = \frac{8\pi\nu^2}{c^3}\frac{\varepsilon}{e^{\varepsilon/k_B T} - 1} \tag{A.13}$$

これに $\varepsilon = h\nu$ を代入すれば,

$$U(\nu) = \frac{8\pi\nu^2}{c^3}\frac{h\nu}{e^{h\nu/k_B T} - 1} \tag{A.14}$$

となるので,プランクの公式 (1.4) と一致します.これが,熱放射のエネルギーを (1.8) とする根拠となったのです.

B. 波動力学から行列力学を導く

第 4 章では,波動力学と行列力学の深いつながりを,特に調和振動子と正準交換関係について述べました.ここでは,より一般的な両者の対応関係を見ることにしましょう.それには,少々込み入った数学を扱う必要がありますので,まずその準備から始めましょう.

B.1 数学的準備

シュレーディンガーの理論を支えるのは,**完全正規直交関数系**という概念です.ベクトルにおける直交性とは,2 つのベクトルの内積が 0 になることで,式で表すと $\boldsymbol{x}\cdot\boldsymbol{y} = 0$ でした.また,正規性とは,同じベクトルの内積をとったものが 1 になること,つまり $\boldsymbol{x}\cdot\boldsymbol{x} = 1$ です.

この考え方は関数形にも拡張することができます.関数形の場合は,2 つの関数 $f(x)$,$g(x)$ の間の内積を次のように定義します ($*$ は複素共役).

$$(f, g) = \int f^*(x) g(x)\, dx \tag{A.15}$$

このように定義された関数の内積を用いて,

$$(\chi_i, \chi_j) = \delta_{ij} \quad (i, j = 1, 2, \cdots) \tag{A.16}$$

を満たす関数系 $\{\chi_n(x)\} = \chi_1(x), \chi_2(x), \cdots$ を**正規直交関数系**といいます.ここで δ_{ij} は,クロネッカーの δ(デルタ)記号とよばれ,次の関係を満たします.

$$\delta_{ij} = \begin{cases} 0 & (i \neq j) \\ 1 & (i = j) \end{cases} \tag{A.17}$$

任意の関数が，ある直交関数系で展開できるとき，その直交関数系は**完全系**を成しているといいます．例えば，$\{(1/\sqrt{2\pi})e^{inx}\}$ は複素フーリエ級数展開において完全正規直交関数系を成しています．

少し抽象的な話になってしまいましたが，要は，完全正規直交関数系 $\{\chi_n(q)\}$ を用いれば，任意の関数を次のように表すことができます．

$$f(q) = \sum_n c_n \chi_n(q) \tag{A.18}$$

ここで，c_n は展開係数，q は $-\infty$ から $+\infty$ までの実数と定義しておきます．ただし，$\chi_n(q)$ は複素数でも構いません．展開係数 c_n は

$$c_n = \int_{-\infty}^{+\infty} \chi_n^*(q) f(q)\, dq \tag{A.19}$$

で与えられます．このとき，積分が収束するように，すべての $\chi_n(q)$ は $|q| \to \infty$ で 0 になることを要請しておきます．

私たちの目的にとって最も大事なことは，(A.18) において，離散的な数列 $c_1, c_2, \cdots$ を決めると，連続関数 $f(q)$ が一意的に定まることです．またその反対に，(A.19) において，連続関数 $f(q)$ を与えれば，離散的な数列 $\{c_n\}$ がこれも一意的に定まります．つまり，**連続関数 $f(q)$ とベクトル $\boldsymbol{c} = (c_1, c_2, \cdots)$ の間に 1 対 1 の対応がつくのです**．

この考え方をさらにもう一段階進めれば，演算子と行列についての 1 対 1 対応もつくることができます．

ある線形演算子 A（ここでは微分演算子 d/dx を想定していますが，位置の関数 x でも同様です）を考えます．この A に対して，

$$A_{nm} = \int \chi_n^*(q) A \chi_m(q)\, dq \tag{A.20}$$

を定義します．すると演算子 A を決めれば，A_{nm} を要素にもつ行列 **A** を一意に定めることができます．反対に，$A\chi_m(q)$ を (A.19) の関数 $f(q)$ と見なして，それを $\chi_n(q)$ で展開すると考えれば，

$$A\chi_m(q) = \sum_n A_{nm} \chi_n(q) \tag{A.21}$$

となり，(A.18) のように表せます．つまり，行列 A_{nm} は，関数 $A\chi_m(q)$ の展開係数と見なせるのです．以上のことから，やはり演算子と行列の間に 1 対 1 の対応をつけることができました．

最後に，演算子に対する加法・乗法が，行列に対するものと一致することも見ておきましょう．

ある演算子 A と B を考え，それらの和で与えられる演算子を $C = A + B$ とします．演算子 C に対する行列要素は (A.20) より，

$$C_{nm} = \int \chi_n^*(q)\, C\chi_m(q)\, dq = \int \chi_n^*(q)(A+B)\chi_m(q)\, dq$$
$$= \int \chi_n^*(q) A \chi_m(q)\, dq + \int \chi_n^*(q) B \chi_m(q)\, dq = A_{nm} + B_{nm} \tag{A.22}$$

のように表されます．

一方，A と B の積で与えられる演算子を $D = AB$ とすると，演算子 D に対する行列要素は，同じく（A.20）より，

$$\begin{aligned} D_{nm} &= \int \chi_n^*(q) \, D \, \chi_m(q) \, dq = \int \chi_n^*(q) \, AB \, \chi_m(q) \, dq \\ &= \int \chi_n^*(q) \, A \left(\sum_l \chi_l(q) \, B_{lm} \right) dq \\ &= \sum_l \left(\int \chi_n^*(q) \, A \, \chi_l(q) \, dq \right) B_{lm} \\ &= \sum_l A_{nl} B_{lm} \end{aligned} \qquad (A.23)$$

となります．途中，(A.21) より $B \chi_m(q) = \sum_l \chi_l(q) B_{lm}$ を用いました．

以上より，演算子と行列の加法・乗法の間に

$$\begin{array}{ccc} \text{演算子} & \Leftrightarrow & \text{行列} \\ C = A + B & \Leftrightarrow & C_{nm} = A_{nm} + B_{nm} \\ D = AB & \Leftrightarrow & D_{nm} = \sum_l A_{nl} B_{lm} \end{array}$$

の完全な対応が成り立っていることが証明できました．これにより，波動力学での計算は行列力学のものと完全に同じように展開できるのです．

B.2 波動力学と行列力学とを直接つなげる

数学的準備が整ったところで，波動力学と行列力学との関係式を導いてみましょう．波動力学で演算子として扱っているものは，すべて（A.20）によって行列に変換できます．演算子の交換関係 (4.50) から，q が行列 q に，演算子 $-i\hbar(d/dq)$ が行列 p に対応していることがわかっているので，それぞれを（A.20）より行列へと変換できます．

一般に，シュレーディンガー方程式のような波動方程式の解 $\phi(q)$ は完全正規直交関数系を成しています．そこで，$\chi_n(q)$ の代わりにシュレーディンガー方程式の解 $\phi(q)$ を用いて q と $-i\hbar(d/dq)$ を (3.8), (A.20) より行列に変換します．

$$p_{nm} = P_{nm} e^{i\omega_{nm} t}, \qquad q_{nm} = Q_{nm} e^{i\omega_{nm} t} \qquad (A.24)$$

$$P_{nm} = \int \phi_n^*(q) \left(-i\hbar \frac{d}{dq} \right) \phi_m(q) \, dq \qquad (A.25)$$

$$Q_{nm} = \int \phi_n^*(q) \, q \, \phi_m(q) \, dq \qquad (A.26)$$

ここで，p_{nm} と q_{nm} はエルミート行列

$$p_{nm} = p_{mn}^*, \qquad q_{nm} = q_{mn}^* \qquad (A.27)$$

になっています（Practice [4.3] を参照）．演算子の交換関係から，演算子から定義された行列要素 q_{nm} と p_{nm} も次の交換関係を満たすことがわかります（Practice [4.4] を参照）．

$$\sum_l (q_{nl} p_{lm} - p_{nl} q_{lm}) = i\hbar \delta_{nm} \qquad (A.28)$$

同様に，ハミルトニアン $H(q, p)$ についても，演算子で表したハミルトニアンを行列に変換することができます．

$$H_{nm} = \int \phi_n^*(q) \, H\left(q, -i\hbar \frac{d}{dq}\right) \phi_m(q) \, dq \tag{A.29}$$

ところで，$E_m = W_m$ の関係より，$H(q,p)\phi_m(q) = W_m \phi_m(q)$ となるので，上の式はさらに計算を進めて，

$$H_{nm} = \int \phi_n^*(q) \, W_m \phi_m(q) \, dq = W_m(\phi_n, \phi_m) = W_n \delta_{nm} \tag{A.30}$$

となります．最後の等号では，$\phi_n(q)$ が正規直交関数系であることを用いています．

このように，シュレーディンガー方程式の解 $\phi(q)$ を用いて行列 P_{nm}, Q_{nm} を定義すれば，それらで構成されるハミルトニアン H_{nm} は自動的に対角化されていることがわかります．こうして，**行列力学で得られる解は，すべて波動力学からも求められる**ことが示されました．

Training と Practice の略解

（詳細解答は，本書の Web ページを参照してください.）

Training

1.1 (1) 波長 1 mm の電磁波の振動数は $\nu = \dfrac{c}{\lambda} = \dfrac{3.0 \times 10^8\,\text{m/s}}{1.0 \times 10^{-3}\,\text{m}} = 3.0 \times 10^{11}\,\text{s}^{-1}$.
この光子のエネルギーは，$E = h\nu = (6.6 \times 10^{-34}\,\text{J}\cdot\text{s})(3.0 \times 10^{11}\,\text{s}^{-1}) = 19.8 \times 10^{-23}\,\text{J} = 1.2 \times 10^{-3}\,\text{eV}$.

(2) 1 秒間に 3.0×10^{11} 回振動するので，1 周期の間に放出されるエネルギーは，$\dfrac{500 \times 10^3\,\text{W}}{3.0 \times 10^{11}\,\text{s}^{-1}} = 1.67 \times 10^{-6}\,\text{J}$. このエネルギーを構成する光子の数は $\dfrac{1.67 \times 10^{-6}\,\text{J}}{19.8 \times 10^{-23}\,\text{J}} = 8.4 \times 10^{15}$ 個．

1.2 省略

1.3 粒子のエネルギーが (1.12) で与えられている場合，その速度は $v = \partial E/\partial p = cp/\sqrt{m^2c^2 + p^2}$ となります．両辺を 2 乗すると
$$v^2(m^2c^2 + p^2) = c^2p^2 \qquad \text{①}$$
となり，これを p について解き直すと，
$$p = \dfrac{mv}{\sqrt{1 - \dfrac{v^2}{c^2}}} \qquad \text{②}$$
を得ます．

ところで，② を導く際に，$v \neq c$ を暗黙の仮定として用いているので，② に $v = c$ を代入することはできません．よって $v = c$ のときは，① に立ち戻ることで，$m^2c^2 + p^2 = p^2$ $\Rightarrow$ $m = 0$ となることがわかります．そして，これを (1.12) のエネルギーの式に代入すると，$p = E/c$ であることがわかります．

2.1 省略

3.1 行列 A の転置をとり，複素共役をとれば元に戻ることから $(\mathsf{A}^\dagger = \mathsf{A})$，A はエルミート行列であることがわかります．また，
$$\mathsf{A}^\dagger \mathsf{A} = \mathsf{A}^2 = \begin{pmatrix} 0 & -i \\ i & 0 \end{pmatrix}\begin{pmatrix} 0 & -i \\ i & 0 \end{pmatrix} = \begin{pmatrix} 1 & 0 \\ 0 & 1 \end{pmatrix}$$
となることから，A はユニタリ行列であることもわかります．

3.2 固有値を W で表すと，固有方程式 $|A - W| = 0$ は，
$$\begin{vmatrix} -W & -i \\ i & -W \end{vmatrix} = W^2 - 1 = 0$$
となるので，固有値は $W = \pm 1$ であることがわかります．

　固有値 $W = \pm 1$ に対する固有ベクトルを $\boldsymbol{u}_\pm = (a_\pm, b_\pm)$ で表すと，
$$\begin{pmatrix} \mp 1 & -i \\ i & \mp 1 \end{pmatrix} \begin{pmatrix} a_\pm \\ b_\pm \end{pmatrix} = 0$$
より，$\mp a_\pm - ib_\pm = 0$ あるいは $ia_\pm \mp b_\pm = 0$ の関係が求まります．これより例えば，それぞれの固有ベクトルを $u_+ = (1, i)$，$u_- = (i, 1)$ と選ぶことができます．これらの固有ベクトルを並べてつくれる
$$\mathsf{U} = \frac{1}{\sqrt{2}} \begin{pmatrix} 1 & i \\ i & 1 \end{pmatrix}$$
という行列は，
$$\mathsf{U}^\dagger \mathsf{U} = \frac{1}{2} \begin{pmatrix} 1 & -i \\ -i & 1 \end{pmatrix} \begin{pmatrix} 1 & i \\ i & 1 \end{pmatrix} = \begin{pmatrix} 1 & 0 \\ 0 & 1 \end{pmatrix}$$
となることから，ユニタリ行列であることがわかります（係数の $1/\sqrt{2}$ は，U と $\mathsf{U}^\dagger$ の積が 1 になるように付けたものです）．

　さて，このユニタリ行列を用いて $\mathsf{U}^{-1} \mathsf{A} \mathsf{U}$ を計算してみると
$$\mathsf{U}^{-1} \mathsf{A} \mathsf{U} = \frac{1}{2} \begin{pmatrix} 1 & -i \\ -i & 1 \end{pmatrix} \begin{pmatrix} 0 & -i \\ i & 0 \end{pmatrix} \begin{pmatrix} 1 & i \\ i & 1 \end{pmatrix} = \frac{1}{2} \begin{pmatrix} 1 & -i \\ -i & 1 \end{pmatrix} \begin{pmatrix} 1 & -i \\ i & -1 \end{pmatrix} = \begin{pmatrix} 1 & 0 \\ 0 & -1 \end{pmatrix}$$
となり，確かに対角化され，その対角成分が固有値 $W = \pm 1$ と一致することがわかります．

4.1 ド・ブロイ波長 $\lambda = h/p$ の公式に実際に代入して計算すれば，簡単に求まります．

(1) $\lambda = \dfrac{6.6 \times 10^{-34}\,\mathrm{J \cdot s}}{70\,\mathrm{kg} \times 1.0\,\mathrm{m/s}} = 9.4 \times 10^{-36}\,\mathrm{m}$

(2) $\lambda = \dfrac{6.6 \times 10^{-34}\,\mathrm{J \cdot s}}{10^{-2}\,\mathrm{kg} \times 10^3\,\mathrm{m/s}} = 6.6 \times 10^{-35}\,\mathrm{m}$

(3) $\lambda = \dfrac{6.6 \times 10^{-34}\,\mathrm{J \cdot s}}{9.1 \times 10^{-31}\,\mathrm{kg} \times 10^6\,\mathrm{m/s}} = 7.3 \times 10^{-10}\,\mathrm{m}$

4.2 (4.24) と (4.26) を見比べると，第 1 項は $d^2/dq^2 \to d^2/dx^2$ の対応があるので，$q = x$ とおいてみたくなります．しかし，それでは第 3 項の対応がつかないことになります．第 1, 3 項を両立させるには，いきなり対応関係を見つけるのではなく，少し遠回りに見えるかも知れませんが，まずは $q = ax$（a は定数）とおいてみます．それを (4.24) に代入すると
$$\frac{d^2 \psi}{dx^2} + \frac{2ma^2 E}{\hbar^2} - \left(\frac{m\omega a^2 x}{\hbar} \right)^2 \psi = 0$$
となります（途中，両辺に a^2 を掛けました）．この段階でもう一度 (4.26) と見比べれば，$a^2 = \hbar/m\omega$ ととればよいこと，つまり，$x^2 = (m\omega/\hbar) q^2$ であることがわかります．最後

に第 2 項を合わせるために，$\lambda = (2mE/\hbar^2)(\hbar/m\omega) = 2E/\hbar\omega$ とすれば，(4.26) が導けます．

4.3　まず 1 度微分を行うと，$\dfrac{d}{dx}e^{\pm x^2/2} = \pm x e^{\pm x^2/2}$ となります．さらにもう 1 度微分を行うと，
$$\frac{d}{dx}(\pm x e^{\pm x^2/2}) = \pm e^{\pm x^2/2} + (\pm x)(\pm x e^{\pm x^2/2}) = (x^2 \pm 1) e^{\pm x^2/2}$$
となり，確かに $(x\text{の多項式}) \times e^{\pm x^2/2}$ となっていることがわかります．

5.1　(1) ∇ は括弧内の x と Ψ の双方に演算しますので，次のようになります．
$$\nabla(x\Psi) = (\nabla x)\Psi + x(\nabla\Psi) = \Psi + x\nabla\Psi$$
(2) 前問の結果を利用すると，次のようになります．
$$\nabla^2(x\Psi) = \nabla(\Psi + x\nabla\Psi) = \nabla\Psi + (\nabla x)\Psi + x(\nabla^2\Psi) = (2\nabla + x\nabla^2)\Psi$$

5.2　不確定性原理 (5.32) を $p = mv$ の関係によって速度と位置の関係式に書き改めれば，$\Delta p = m\Delta v$ より，$\Delta v \Delta q \gtrsim h/m$ となります．つまり，質量が小さくなればなるほど，不確定性が大きくなるのです．

(1) 微粒子の場合は $\Delta v \Delta q \gtrsim \dfrac{6.6 \times 10^{-34}\,\mathrm{J\cdot s}}{1.0 \times 10^{-6}\,\mathrm{kg}} = 6.6 \times 10^{-28}\,\mathrm{m^2/s}$. これは例えば，微粒子の速度と位置がどちらも $\Delta v \simeq 10^{-14}\,\mathrm{m/s}$, $\Delta q \simeq 10^{-14}\,\mathrm{m}$ 程度の不確かさをもつことになります．後者はボーア半径のおよそ 1/1000 です．そのような不確かさは，日常生活では無視しても全く差し支えないでしょう．

(2) 電子の場合は $\Delta v \Delta q \gtrsim \dfrac{6.6 \times 10^{-34}\,\mathrm{J\cdot s}}{9.1 \times 10^{-31}\,\mathrm{kg}} = 7.3 \times 10^{-4}\,\mathrm{m^2/s}$. (1) の微粒子より，不確定性が 24 桁も大きくなりました．電子が 1 つの原子の中にいるということは，$\Delta q \simeq 10^{-10}\,\mathrm{m}$ ということですから，速度の不確かさは $\Delta v \simeq 10^6\,\mathrm{m/s}$ 以上になります．これほど大きな不確かさがある場合には，原子内の電子の軌道を考えること自体に，ほとんど意味がないことは容易に理解できるでしょう．

6.1　直後の本文を参照のこと．

6.2　(6.66) と同様の計算を行えば簡単に求まります．

7.1　$\mu = 1, 2, 3$ に対して
$$\alpha_\mu^2 = \begin{pmatrix} \sigma_\mu & 0 \\ 0 & -\sigma_\mu \end{pmatrix} \begin{pmatrix} \sigma_\mu & 0 \\ 0 & -\sigma_\mu \end{pmatrix} = \begin{pmatrix} \sigma_\mu^2 & 0 \\ 0 & \sigma_\mu^2 \end{pmatrix} = \begin{pmatrix} 1 & 0 \\ 0 & 1 \end{pmatrix}$$
$$\alpha_1 \alpha_2 = \begin{pmatrix} \sigma_1 & 0 \\ 0 & -\sigma_1 \end{pmatrix} \begin{pmatrix} \sigma_2 & 0 \\ 0 & -\sigma_2 \end{pmatrix} = \begin{pmatrix} \sigma_1 \sigma_2 & 0 \\ 0 & \sigma_1 \sigma_2 \end{pmatrix}$$
$$\alpha_2 \alpha_1 = \begin{pmatrix} \sigma_2 & 0 \\ 0 & -\sigma_2 \end{pmatrix} \begin{pmatrix} \sigma_1 & 0 \\ 0 & -\sigma_1 \end{pmatrix} = \begin{pmatrix} \sigma_2 \sigma_1 & 0 \\ 0 & \sigma_2 \sigma_1 \end{pmatrix}$$

よって，$\alpha_1\alpha_2 + \alpha_2\alpha_1 = 0$ となり，その他も同様に示せます（I は 2×2 の単位行列）．

7.2 行列であってもベクトルの内積の定義は同じで，$\boldsymbol{\sigma}\cdot\boldsymbol{X} = \sigma_x X_x + \sigma_y X_y + \sigma_z X_z$ です．したがって，

$$
\begin{aligned}
(\text{左辺}) &= (\sigma_x X_x + \sigma_y X_y + \sigma_z X_z)(\sigma_x Y_x + \sigma_y Y_y + \sigma_z Y_z)\\
&= \sigma_x^2 X_x Y_x + \sigma_y^2 X_y Y_y + \sigma_z^2 X_z Y_z\\
&\quad + \sigma_x\sigma_y X_x Y_y + \sigma_y\sigma_z X_y Y_z + \sigma_z\sigma_x X_z Y_x\\
&\quad + \sigma_y\sigma_x X_y Y_x + \sigma_z\sigma_y X_z Y_y + \sigma_x\sigma_z X_x Y_z
\end{aligned}
$$

ここで，パウリ行列の性質 $\sigma_i^2 = 1$, $\sigma_i\sigma_j = -\sigma_j\sigma_i$, そして $\sigma_x\sigma_y = i\sigma_z$ などを用いて整理すると，

$$
\begin{aligned}
(\text{左辺}) &= \boldsymbol{X}\cdot\boldsymbol{Y} + \sigma_x\sigma_y(X_x Y_y - X_y Y_x) + \sigma_y\sigma_z(X_y Y_z - X_z Y_y) + \sigma_z\sigma_x(X_z Y_x - X_x Y_z)\\
&= \boldsymbol{X}\cdot\boldsymbol{Y} + i\sigma_z(X_x Y_y - X_y Y_x) + i\sigma_x(X_y Y_z - X_z Y_y) + i\sigma_y(X_z Y_x - X_x Y_z)\\
&= \boldsymbol{X}\cdot\boldsymbol{Y} + i\boldsymbol{\sigma}\cdot(\boldsymbol{X}\times\boldsymbol{Y})
\end{aligned}
$$

が示されます．

Practice

[1.1] 振動数 ν は，光速度 c と波長 λ を用いて $\nu = c/\lambda$ と表されます．よって，光量子のエネルギーは $E = hc/\lambda$ で，実際に値を代入して計算すると，例えば $\lambda = 400\,\mathrm{nm}$ の場合，$E = 4.97\times 10^{-19}\,\mathrm{J}$ となります．

[1.2] (1) s/m.

(2) $a = m/2k_\mathrm{B}T$ とすれば，公式がそのまま使えます．実際に計算すると，$\int_0^\infty f(v)\,dv = 1$ となります．

(3) 係数を除いて微分すると，

$$
f'(v) \propto 2v\left(1 - \frac{m}{2k_\mathrm{B}T}v^2\right)e^{-\frac{m}{2k_\mathrm{B}T}v^2}
$$

となります．$f'(v_{\max}) = 0$ の条件より，ピークの位置は $v_{\max} = \sqrt{2k_\mathrm{B}T/m}$ であることがわかります．

[1.3] 衝突前の a の運動量を $\boldsymbol{p}_0$，衝突後の a, b それぞれの運動量を $\boldsymbol{p}, \boldsymbol{P}$ とすると，運動量保存則 $\boldsymbol{P} = \boldsymbol{p}_0 - \boldsymbol{p}$ より

$$P^2 = p_0^2 + p^2 - 2p_0 p\cos\phi$$
$$M^2 V^2 = m^2(v_0^2 + v^2 - 2v_0 v\cos\phi) \qquad \text{①}$$

の関係が成り立ちます．一方，運動エネルギー保存則 $mv_0^2/2 = mv^2/2 + MV^2/2$ より，

$$M^2 V^2 = Mm(v_0^2 - v^2) \qquad \text{②}$$

となるので，①と②より，

$$(M + m)v^2 - 2mv_0 v\cos\phi + (m - M)v_0^2 = 0$$

これから，$M > m$, $v > 0$ の場合，

$$v = \frac{v_0}{M+m}(m\cos\phi + \sqrt{M^2 - m^2\sin^2\phi})$$

となります．ただし，$M^2 - m^2\sin^2\phi \geq 0$ に限定されます．

[**1.4**] (1.20) より，各値を代入すると，波長の差は $\lambda' - \lambda = 0.2426 \times 10^{-11}$m $= 0.002426$ nm となります．

[**1.5**] 実験結果（図 1.9）から，電圧と振動数の比 V/ν が読み取れます．電圧をエネルギーに換算するためには，$E = eV$ の関係より，素電荷を掛ければよいことがわかります．よって，$h = eV/\nu = 6.606 \times 10^{-34}$ J·s と見積もれます．（正確な素電荷の値を用いたので，ミリカンの見積もりより，さらに正確なプランク定数の値 $h = 6.626 \times 10^{-34}$ J·s に近づいています．）

[**2.1**] 本文の該当箇所を読み返し，答えを探してください．

[**2.2**] Ry の定義に含まれる基礎物理定数の値を代入すると，1 Ry $= 2.179 \times 10^{-18}$ J であることがわかります．さらに，1 eV $= 1.602 \times 10^{-19}$ J なので，1 Ry $= 13.60$ eV となります．

[**2.3**] バルマーの公式と合わせるため，リュードベリの式を波長に直すと，

$$\lambda = \frac{1}{R}\frac{(n_1+\alpha_1)^2(n_2+\alpha_2)^2}{(n_2+\alpha_2)^2 - (n_1+\alpha_1)^2}$$

となります．これとバルマーの公式を比較すると，$n_1 = 2$, $\alpha_1 = 0$, $\alpha_2 = 0$ であることがわかります．さらに，$n_2 = n$ とすると

$$\lambda = \frac{4}{R}\frac{n^2}{n^2-4}$$

となるので，$B = 4/R$ の関係が成り立ちます．

[**2.4**] 古典力学によると，質量 m の質点にはたらく力が $-kq$ の場合，その角振動数は $\omega = \sqrt{k/m}$ でした．そのときのポテンシャル（位置エネルギー）は q で積分して，$U = kq^2/2 = m\omega^2q^2/2$ となります．運動エネルギーは，よく知られた関係より $K = mv^2/2 = p^2/2m$ です．よって，ハミルトニアンは $H = p^2/2m + m\omega^2q^2/2$．

[**2.5**] (1) 円軌道の半径を r，粒子の速さを v とすると，1 周に要する時間は $T = 2\pi r/v$ です．したがって，振動数は $\nu = T^{-1} = v/2\pi r$ と求まります．Exercise 2.4 より，$v = \sqrt{2|W|/m_e}$, $1/r = 2(4\pi\varepsilon_0/e^2)|W|$ だったので，これらを用いて

$$\nu_{\text{cl}} = \frac{1}{\pi}\sqrt{\frac{2}{m_e}}\left(\frac{4\pi\varepsilon_0}{e^2}\right)|W|^{3/2}$$

と求まります．

(2) (2.46) に代入し，$1/N$ の寄与を無視すると

$$\nu_{N \to N-1} = -\frac{Rc}{N^2} + \frac{Rc}{(N-1)^2} = Rc\frac{2 - \dfrac{1}{N}}{N^3\left(1 - \dfrac{1}{N}\right)^2} \simeq \frac{2Rc}{N^3}$$

とできます．さらに，この形は $|W_N| = Rch/N^2$ を用いると，

と表せます.

(3) 対応原理では，$\nu_\mathrm{q} = \nu_\mathrm{cl}$ が成り立つと考えます．(1)，(2) の結果を合わせれば，

$$\frac{2}{\sqrt{Rch^3}} = \frac{1}{\pi}\sqrt{\frac{2}{m_\mathrm{e}}}\frac{4\pi\varepsilon_0}{e^2}$$

が成り立つことになります．これを R について解けば，

$$R = \frac{2\pi^2 m_\mathrm{e}}{ch^3}\left(\frac{e^2}{4\pi\varepsilon_0}\right)^2$$

が得られます．本文では量子化条件を用いて R を導きましたが，このように対応原理からも R を正しく導くことができます．

[3.1] 本文の該当箇所を読み返し，答えを探してください．

[3.2] 本文の該当箇所を読み返し，答えを探してください．

[3.3] まず，問題で与えられたとおりのフーリエ級数を単純に掛け合わせてみます．

$$z_n(t) = x_n(t) y_n(t) = \sum_{\beta,\gamma} X_\beta(n) Y_\gamma(n) e^{i\omega(n,\beta+\gamma)t}$$

ここで，リッツの結合原理を用いました．$z_n(t)$ のフーリエ級数については，改めて $\gamma = \alpha - \beta$ と置き直せば，

$$z_n(t) = \sum_\alpha Z_\alpha(n) e^{i\omega(n,\alpha)t}, \quad Z_\alpha(n) = \sum_{\beta=-\infty}^{+\infty} X_\beta(n) Y_{\alpha-\beta}(n) \quad \text{①}$$

となります．

次に，$y_n(t) x_n(t)$ を計算してみます．先ほどの計算で，$X \leftrightarrow Y$ と文字を入れ換えるだけです（添字は入れ換えません）．

$$y_n(t) x_n(t) = \sum_{\alpha,\beta} Y_\beta(n) X_{\alpha-\beta}(n) e^{i\omega(n,\alpha)t}$$

これは一見，①とは異なりますが，β については $-\infty \to +\infty$ の和をとるので，$\beta \to \alpha - \beta'$ のように変数変換できます．（β について原点を α だけずらして，和をとる順番を逆にしたようなもの．上限も下限も無限大なので，原点をずらしても和全体は変わらない．）すると上式は

$$\sum_{\alpha=-\infty}^{+\infty}\left\{\sum_{\beta'=-\infty}^{+\infty} X_{\beta'}(n) Y_{\alpha-\beta'}(n)\right\} e^{i\omega(n,\alpha)t}$$

となり，①と等しくなります．よって，古典的表式では $x_n(t) y_n(t) = y_n(t) x_n(t)$ が成り立ちます．

[3.4] (1) エルミート共役（†）は，転置をとった上で複素共役（∗）をとるので，各行列を成分で表すと，

$$[(AB)^\dagger]_{ij} = [(AB)_{ji}]^* = A_{jk}^* B_{ki}^* = (A^\dagger)_{kj}(B^\dagger)_{ik} = (B^\dagger A^\dagger)_{ij}$$

となることから，$(AB)^\dagger = B^\dagger A^\dagger$ の成り立つことがわかります．

(2) 逆行列の定義より，$(AB)^{-1}(AB) = 1$ が成り立ちます．この式の両辺において右から B^{-1}，次に A^{-1} を順に掛けると，

$$(AB)^{-1}(AB)B^{-1}A^{-1} = B^{-1}A^{-1}$$

となります．さらに $BB^{-1} = 1$, $AA^{-1} = 1$ となるので，$(AB)^{-1} = B^{-1}A^{-1}$ の関係が成り立ちます．

[**3.5**] (1) 題意より，$A^\dagger = A$, $B^\dagger = B$ が成り立っています．両者の積をとり，[3.4] の結果を用いると，

$$(AB)^\dagger = B^\dagger A^\dagger = BA$$

となります．積がエルミートであれば，$(AB)^\dagger = AB$ となるはずなので，一般には「エルミート行列の積はエルミートではない」といえます．ただし，A と B が交換する場合，すなわち $AB = BA$ の場合はエルミートになります．

(2) 2つのユニタリ行列 U, V について考えます．ユニタリ行列の定義より，$U^\dagger = U^{-1}$, $V^\dagger = V^{-1}$ が成り立っています．両者の積のエルミート共役をとり，再び [3.4] の結果を用いると，

$$(UV)^\dagger = V^\dagger U^\dagger = V^{-1}U^{-1} = (UV)^{-1}$$

となるので，UV はユニタリ行列であることがわかります．

[**3.6**] 調和振動子に現れるのは p^2 と q^2 の行列なので，それぞれに (3.47) と (3.48) を代入し，行列計算を行うと次の結果が得られます．

$$\mathsf{p}^2 = -\frac{\hbar m_e \omega}{2}\begin{pmatrix} -1 & 0 & \sqrt{2} & 0 & \cdots \\ 0 & -3 & 0 & \sqrt{6} & \cdots \\ \sqrt{2} & 0 & -5 & 0 & \cdots \\ 0 & \sqrt{6} & 0 & -7 & \cdots \\ \vdots & \vdots & \vdots & \vdots & \ddots \end{pmatrix}, \quad \mathsf{q}^2 = \frac{\hbar}{2m_e\omega}\begin{pmatrix} 1 & 0 & \sqrt{2} & 0 & \cdots \\ 0 & 3 & 0 & \sqrt{6} & \cdots \\ \sqrt{2} & 0 & 5 & 0 & \cdots \\ 0 & \sqrt{6} & 0 & 7 & \cdots \\ \vdots & \vdots & \vdots & \vdots & \ddots \end{pmatrix}$$

よって，

$$\mathsf{H} = \frac{\mathsf{p}^2}{2m_e} + \frac{m_e\omega^2}{2}\mathsf{q}^2 = \frac{\hbar\omega}{2}\begin{pmatrix} 1 & 0 & 0 & 0 & \cdots \\ 0 & 3 & 0 & 0 & \cdots \\ 0 & 0 & 5 & 0 & \cdots \\ 0 & 0 & 0 & 7 & \cdots \\ \vdots & \vdots & \vdots & \vdots & \ddots \end{pmatrix}$$

となり，確かにハミルトニアンは対角行列となっていることがわかります．各成分が $\hbar\omega(n + 1/2)$ になっていることも，(3.41) と一致します．

[**3.7**] 始めに (3.76) の行列 f が $\mathsf{f} = \mathsf{p}$ であったとします．第1式は $\partial\mathsf{p}/\partial\mathsf{q} = 0$ となり，第2式の右辺は正準交換関係の形になるので，$\partial\mathsf{p}/\partial\mathsf{p} = 1$ になります．$\mathsf{f} = \mathsf{q}$ だった場合も同様です．よって，$\mathsf{f} = \mathsf{p}, \mathsf{q}$ のときは確かに (3.76) が成り立っています．

次に加法を考えてみましょう．(3.76) を満たす行列 f_1 と f_2 があったとします．すると，$\mathsf{f} = \mathsf{f}_1 + \mathsf{f}_2$ も (3.76) を満たすことは，例えば，次のように示せます．

$$\frac{\partial(\mathsf{f}_1 + \mathsf{f}_2)}{\partial \mathsf{q}} = \frac{\partial \mathsf{f}_1}{\partial \mathsf{q}} + \frac{\partial \mathsf{f}_2}{\partial \mathsf{q}} = \frac{i}{\hbar}\{(\mathsf{p}\mathsf{f}_1 - \mathsf{f}_1\mathsf{p}) + (\mathsf{p}\mathsf{f}_2 - \mathsf{f}_2\mathsf{p})\}$$
$$= \frac{i}{\hbar}\{\mathsf{p}(\mathsf{f}_1 + \mathsf{f}_2) - (\mathsf{f}_1 + \mathsf{f}_2)\mathsf{p}\}$$

今度は，乗法 $f = f_1 f_2$ についても考えてみましょう．関数の積の微分を用いると，

$$\frac{\partial (f_1 f_2)}{\partial q} = \frac{\partial f_1}{\partial q} f_2 + f_1 \frac{\partial f_2}{\partial q} = \frac{i}{\hbar} \{(pf_1 - f_1 p)f_2 + f_1(pf_2 - f_2 p)\}$$

$$= \frac{i}{\hbar} (pf_1 f_2 - f_1 f_2 p)$$

となるので，やはり (3.76) が成り立つことになります．

以上より，(3.76) は f として p, q の場合に成り立ち，それらの和および積で与えられる関数についても成り立つことがわかります．よって，f が q と p から成る任意の多項式で与えられている場合に (3.76) が成り立つことになります（なお，(3.17) は f = H とすることで得られます）．

[4.1] 本文の該当箇所を読み返し，答えを探してください．
[4.2] 本文の該当箇所を読み返し，答えを探してください．
[4.3] まず，付録の (A.25) の両辺の複素共役をとって，$n \leftrightarrow m$ を入れ替えます．

$$P^*_{mn} = \int \psi_m(q) \left(i\hbar \frac{d}{dq} \right) \psi^*_n(q)\, dq$$

次に，右辺を部分積分します．

$$P^*_{mn} = [i\hbar \psi_m(q) \psi^*_n(q)]^\infty_{-\infty} - \int \left\{ i\hbar \frac{d}{dq} \psi_m(q) \right\} \psi^*_n(q)\, dq$$

$\psi_n(q)$ は $|q| \to \infty$ で 0 になるので，右辺第 1 項は 0 になります．その結果，

$$P^*_{mn} = \int \psi^*_n(q) \left(-i\hbar \frac{d}{dq} \right) \psi_m(q)\, dq = P_{nm}$$

となります．これはまさしく，P_{nm} がエルミート行列であることを意味します．なお，Q_{nm} については複素共役をとって $n \leftrightarrow m$ とするだけで，そのままエルミート性が示せます．

[4.4] 付録の (A.23) の展開を逆に使います．

$$\sum_l Q_{nl} P_{lm} = \int \psi^*_n(q)\, q \left(\sum_l \psi_l(q) P_{lm} \right) dq = \int \psi^*_n(q)\, q \left(-i\hbar \frac{d}{dq} \right) \psi_m(q)\, dq$$

全く同様にして，

$$\sum_l P_{lm} Q_{lm} = \int \psi^*_n(q) \left(-i\hbar \frac{d}{dq} \right) q\, \psi_m(q)\, dq$$

両者の差をとると，

$$\sum_l (Q_{nl} P_{lm} - P_{lm} Q_{lm}) = \int \psi^*_n(q) \left\{ q\left(-i\hbar \frac{d}{dq}\right) - \left(-i\hbar \frac{d}{dq}\right) q \right\} \psi_m(q)\, dq$$

$$= i\hbar \int \psi^*_n(q) \psi_m(q)\, dq = i\hbar \delta_{nm}$$

が示せます．なお，途中で (4.50) の関係と $\psi_n(q)$ の正規直交性を用いました．

これを q_{nl}, p_{lm} の関係に焼き直すと，$e^{i(\omega_{nl} + \omega_{lm})} = e^{i\omega_{nm}}$ の因子が付きます．しかし，$n = m$ と $n \neq m$ の場合を実際に計算すればわかるように，$\delta_{nm} e^{i\omega_{nm}} = \delta_{nm}$ なので，結果として因

子 $e^{i\omega nm}$ は不要になります．以上より，$\sum_l (q_{nl}p_{lm} - p_{lm}q_{lm}) = i\hbar\delta_{nm}$ が示されました．

[4.5] 関数 $f(q)$ と $g(q)$ を完全正規直交系 $\chi_n(q)$ を用いて $f(q) = \sum_n \xi_n\chi_n(q)$, $g(q) = \sum_n \eta_n\chi_n(q)$ と表します．ここで ξ_n と η_n は，それぞれの展開係数です．これを (4.69) に代入すると，左辺は

$$\int f^*(q)\, A\, g(q)\, dq = \sum_{n,m} \xi_n^* \left\{\int \chi_n^*(q)\, A\, \chi_m(q)\, dq\right\}\eta_m = \sum_{n,m} \xi_n^* A_{nm}\eta_m$$

となり，同様に右辺は

$$\int \{Af(q)\}^* g(q)\, dq = \sum_{n,m}\left\{\int \chi_m^*(q)\, A\, \chi_n(q)\, dq\right\}^* \xi_n^*\eta_m = A_{mn}^*\xi_n^*\eta_m$$

となります．問題文より A_{nm} はエルミート行列なので，$A_{nm} = A_{mn}^*$ が成り立っています．よって，左辺と右辺が等しくなり，(4.69) の関係が証明できたことになります．

なお，(4.69) の関係が成り立つ線形演算子 A を**エルミート演算子**といいます．

さらに，A がエルミート演算子でない場合，A に対して

$$\int f^*(q)\, A\, g(q)\, dq = \int \{A^\dagger f(q)\}^* g(q)\, dq \qquad ①$$

を満たす $A^\dagger$ を見つけることができ，この $A^\dagger$ を，A に**エルミート共役**な演算子といいます．よってエルミート演算子は，自身のエルミート共役な演算子に等しい，と定義することもできます．

[4.6] [3.5] ではエルミート行列の積について調べました．ここでは，演算子の積のエルミート性について調べてみましょう．実際の計算では，演算子が単体で現れることはありません．そこで $\int f^*(AB)g\, dq$ なる量を考えてみましょう（$f(q), g(q)$ の q 依存性は省略しました）．

エルミート共役の定義 ① より，

$$\int f^* A(Bg)\, dq = \int (A^\dagger f)^*(Bg)\, dq = \int \{B^\dagger(A^\dagger f)\}^* g\, dq$$

が導かれます．1つ目の等号では Bg を，2つ目の等号では $A^\dagger f$ をそれぞれ1つの関数とみなして，① の関係を用いました．

よって，

$$\int f^*(AB)\, g\, dq = \int (B^\dagger A^\dagger f)^* g\, dq$$

の関係が成り立っていることがわかります．この関係とエルミート共役の定義 ① を見比べると，$(AB)^\dagger = B^\dagger A^\dagger$ であることがわかります．

[5.1] （1） $\phi^*(x) = \phi(x)$ の場合，運動量の期待値 $\langle p \rangle$ は部分積分を用いて，

$$\langle p \rangle = -i\hbar \int_{-\infty}^{\infty} \phi(x)\frac{d\phi(x)}{dx}\, dx = -i\hbar\left\{[\phi^2(x)]_{-\infty}^{\infty} - \int_{-\infty}^{\infty}\frac{d\phi(x)}{dx}\phi(x)\, dx\right\}$$

となります．無限遠方の波動関数はゼロになっているはずなので，[ ] の部分はゼロになります．結果として，$\langle p \rangle = -\langle p \rangle$ となるので，$\langle p \rangle = 0$ であることがわかります．

(2) 問題文で与えられた波動関数を用いて運動量の期待値を求めると

$$\langle p \rangle = -i\hbar \int_{-\infty}^{\infty} \varphi(x) e^{-ikx} \left\{ \frac{d\varphi(x)}{dx} e^{ikx} + \varphi(x) \frac{de^{ikx}}{dx} \right\} dx$$

$$= -i\hbar \int_{-\infty}^{\infty} \varphi(x) \left\{ \frac{d\varphi(x)}{dx} + ikx\varphi(x) \right\} dx$$

{ } 内の第1項は,(1) の結果よりゼロとなります.よって,$\langle p \rangle = \hbar k \int_{-\infty}^{\infty} \varphi^2(x) \, dx = \hbar k$ が求まります.ここで,$\varphi(x)$ が規格化されていることを用いました.

[5.2] (1) 期待値の定義より,

$$\langle x \rangle = \frac{1}{\sqrt{\pi} a} \int_{-\infty}^{\infty} x e^{-x^2/a^2} dx = 0$$

となります(被積分関数が x について奇関数なのでゼロとなります).同様にして,

$$\langle x^2 \rangle = \frac{1}{\sqrt{\pi} a} \int_{-\infty}^{\infty} x^2 e^{-x^2/a^2} dx = \frac{a^2}{2}$$

が得られます.

運動量の期待値は微分が入るので少し計算が異なります.

$$\langle p \rangle = \frac{1}{\sqrt{\pi} a} \int_{-\infty}^{\infty} e^{-x^2/2a^2} e^{-ikx} \left(-i\hbar \frac{d}{dx} \right) e^{-x^2/2a^2} e^{ikx} dx$$

$$= \frac{-i\hbar}{\sqrt{\pi} a} \int_{-\infty}^{\infty} \left(-\frac{x}{a^2} + ik \right) e^{-x^2/a^2} dx = \hbar k$$

(2) 一般に,位置について次の関係が成り立ちます.

$$(\Delta x)^2 = \langle (x - \langle x \rangle)^2 \rangle = \langle x^2 \rangle - 2\langle x \rangle^2 + \langle x \rangle^2 = \langle x^2 \rangle - \langle x \rangle^2$$

よって,(1) で求めた結果を用いれば,$(\Delta x)^2 = a^2/2$ であることがわかります.

運動量は微分演算子を含むため,位置 x の場合とは少し異なります.

$$(\Delta p)^2 = \langle (p - \langle p \rangle)^2 \rangle = \langle (p - \hbar k)^2 \rangle$$

$$= \frac{1}{\sqrt{\pi} a} \int_{-\infty}^{\infty} e^{-x^2/2a^2 - ikx} \left(-i\hbar \frac{d}{dx} - \hbar k \right) \left(-i\hbar \frac{d}{dx} - \hbar k \right) e^{-x^2/2a^2 + ikx} dx$$

$$= \frac{1}{\sqrt{\pi} a} \int_{-\infty}^{\infty} e^{-x^2/2a^2 - ikx} \left(-i\hbar \frac{d}{dx} - \hbar k \right) \left(i\hbar \frac{x}{a^2} \right) e^{-x^2/2a^2 + ikx} dx$$

$$= \frac{\hbar^2}{\sqrt{\pi} a} \left\{ \left(\frac{1}{a^2} \sqrt{\pi} a - \frac{1}{a^4} \frac{\sqrt{\pi}}{2} a^3 \right) \right\} = \frac{\hbar^2}{2a^2}$$

以上より,不確定性関係 $\Delta x \cdot \Delta p = \hbar/2$ が求まります.

[5.3] (1) 確率密度の定義から,$P(x) = |\psi(x)|^2 = A^2 e^{-x^2/a^2}$ となります.この関数の形から,いまの波動関数はおよそ $2a$ の幅に分布が集中していることがわかります.

(2) いまの波動関数をフーリエ変換すると,

$$F(k) = A \int_{-\infty}^{\infty} e^{-x^2/2a^2} e^{-i(k-k_0)x} dx = 2A \int_{0}^{\infty} e^{-x^2/2a^2} \cos(k - k_0) x \, dx$$

となります.

問題文で与えられた公式を用いるために,$x' = x/\sqrt{2}a$ と変数変換すると,

$$F(k) = 2A\sqrt{2}a \int_0^\infty e^{-x'^2} \cos\sqrt{2}a(k-k_0)x'\,dx' = \sqrt{2\pi}Aae^{-(a^2/2)(k-k_0)^2}$$

となります.

(3) 上の結果より，確率密度は k の関数として $P(k) = 2\pi A^2 a^2 e^{-a^2(k-k_0)^2}$ となります.

(4) これまでの結果より，$\Delta x = 2a$, $\Delta k = 2/a$ であることがわかりました．ところで，運動量と波数は $p = \hbar k$ の対応があるので，$\Delta x \cdot \Delta p = 4\hbar \sim h$ となり，およそ不確定性関係を満たしていることがわかります．

[5.4] W の式に $r = a$, $p = \hbar/a$ を代入して，

$$W = \frac{\hbar^2}{2ma^2} - \frac{e^2}{4\pi\varepsilon_0 a}$$

となります．その極小値 a_0 は a について微分して，$a_0 = 4\pi\varepsilon_0 \hbar^2/me^2$ と求まります．これはボーア半径と一致します．したがって，そのときのエネルギー

$$W_{\min} = -\frac{m}{2\hbar^2}\left(\frac{e^2}{4\pi\varepsilon_0}\right)^2$$

は，ボーア理論における水素原子の基底状態のエネルギーと一致します．

[5.5] 問題文で与えられた関係は，次のように変形できます．

$$|i\alpha p'\psi + q'\psi|^2 = \alpha^2|p'\psi|^2 + |q'\psi|^2 + i\alpha\{(q'\psi)^*(p'\psi) - (p'\psi)^*(q'\psi)\}$$
$$= \alpha^2|p'\psi|^2 + |q'\psi|^2 + i\alpha\psi^*(qp - pq)\psi$$

ここで現れた $|p'\psi|^2$, $|q'\psi|^2$ は，期待値の定義より，

$$\langle q'^2 \rangle = \int \phi^* q'q'\psi\,dq = \int (q'\psi)^*(q'\psi)\,dq = \int |q'\psi|^2\,dq$$

$$\langle p'^2 \rangle = \int \phi^* p'p'\psi\,dq = \int (p'\psi)^*(p'\psi)\,dq = \int |p'\psi|^2\,dq$$

となります．2 つ目の等号では，q と p がエルミート演算子であることから，[4.6] を用いています．

さらに，交換関係 $qp - pq = i\hbar$ を用いると，

$$\int |i\alpha p'\psi + q'\psi|^2\,dq = \alpha^2\langle p'^2 \rangle + \langle q'^2 \rangle - \alpha\hbar \geq 0 \Rightarrow \langle q'^2 \rangle \geq \alpha\hbar - \alpha^2\langle p'^2 \rangle$$

となります．この関係式は α がどのような値をとっても成り立たないといけません．その最も厳しい条件は，上の右辺が最大値をとるときで，それは $\alpha_{\max} = \hbar/2\langle p'^2 \rangle$ のときです（α についての 2 次関数だと考えて，その最大値を求めます）．

よって，上の不等式は

$$\langle q'^2 \rangle \geq \frac{\hbar^2}{4\langle p'^2 \rangle}$$

となります．ここで $(\Delta q)^2 = \langle q'^2 \rangle$, $(\Delta p)^2 = \langle p'^2 \rangle$ の関係を用いると，最終的に次のケナードの不等式が得られます．

$$\Delta q \cdot \Delta p \geq \frac{\hbar}{2}$$

[5.6] (1) 波動関数の不確定さが Δx である場合，ある点を通る時刻は，$\Delta t = \Delta x/v$ の不確かさをともないます．

(2) 運動量空間の不確かさ Δp は，エネルギーと運動量の間の比例係数を $\partial E/\partial p$ として，$\Delta E = (\partial E/\partial p)\Delta p$ と表せます．ところで，エネルギーを運動量で微分したものは速度となるので (運動エネルギーは $E = p^2/2m$ で与えられ，速度と $v = p/m = \partial E/\partial p$ の関係があります)，上の関係は $\Delta E = v\Delta p$ のように書き換えられます．

(3) これまでの結果を合わせると，次のように，時間とエネルギーに関する不確定性関係が導かれます．
$$\Delta t \cdot \Delta E = \Delta x \cdot \Delta p \geq \frac{\hbar}{2}$$

[6.1] (1) 球座標 r, θ, ϕ と直交座標 x, y, z との関係は，
$$r^2 = x^2 + y^2 + z^2, \qquad \tan^2\theta = \frac{x^2 + y^2}{z^2}, \qquad \tan\phi = \frac{y}{x} \qquad ①$$
でした．①の1つ目の式の両辺を x, y, z で偏微分すると，次の形が得られます．
$$\frac{\partial r}{\partial x} = \frac{x}{r} = \sin\theta\cos\phi, \qquad \frac{\partial r}{\partial y} = \sin\theta\sin\phi, \qquad \frac{\partial r}{\partial z} = \cos\theta$$
①の2つ目の式の両辺を x, y, z で偏微分すると，
$$\frac{\partial \theta}{\partial x} = \frac{\cos\theta\cos\phi}{r}, \qquad \frac{\partial \theta}{\partial y} = \frac{\cos\theta\sin\phi}{r}, \qquad \frac{\partial \theta}{\partial z} = -\frac{\sin\theta}{r}$$
が導けます．①の3つ目の式の両辺を x, y, z で偏微分すると，次の形が得られます．
$$\frac{\partial \phi}{\partial x} = -\frac{\sin\phi}{r\sin\theta}, \qquad \frac{\partial \phi}{\partial y} = \frac{\cos\phi}{r\sin\theta}, \qquad \frac{\partial \phi}{\partial z} = 0$$

(2) 直交座標の微分演算子は，次のように球座標の微分演算子に変換されます．
$$\begin{cases} \dfrac{\partial}{\partial x} = \dfrac{\partial r}{\partial x}\dfrac{\partial}{\partial r} + \dfrac{\partial \theta}{\partial x}\dfrac{\partial}{\partial \theta} + \dfrac{\partial \phi}{\partial x}\dfrac{\partial}{\partial \phi} \\ \dfrac{\partial}{\partial y} = \dfrac{\partial r}{\partial y}\dfrac{\partial}{\partial r} + \dfrac{\partial \theta}{\partial y}\dfrac{\partial}{\partial \theta} + \dfrac{\partial \phi}{\partial y}\dfrac{\partial}{\partial \phi} \\ \dfrac{\partial}{\partial z} = \dfrac{\partial r}{\partial z}\dfrac{\partial}{\partial r} + \dfrac{\partial \theta}{\partial z}\dfrac{\partial}{\partial \theta} + \dfrac{\partial \phi}{\partial z}\dfrac{\partial}{\partial \phi} \end{cases}$$

ここに (1) で求めた関係を代入すれば，次のようになります．
$$\begin{cases} \dfrac{\partial}{\partial x} = \sin\theta\cos\phi\dfrac{\partial}{\partial r} + \dfrac{1}{r}\cos\theta\cos\phi\dfrac{\partial}{\partial \theta} - \dfrac{1}{r}\dfrac{\sin\phi}{\sin\theta}\dfrac{\partial}{\partial \phi} \\ \dfrac{\partial}{\partial y} = \sin\theta\sin\phi\dfrac{\partial}{\partial r} + \dfrac{1}{r}\cos\theta\sin\phi\dfrac{\partial}{\partial \theta} + \dfrac{1}{r}\dfrac{\cos\phi}{\sin\theta}\dfrac{\partial}{\partial \phi} \\ \dfrac{\partial}{\partial z} = \cos\theta\dfrac{\partial}{\partial r} - \dfrac{1}{r}\sin\theta\dfrac{\partial}{\partial \theta} \end{cases}$$

(3) (2) で求めた1階微分を2乗します．ただし，$(a + b)^2 = a^2 + b^2 + 2ab$ のようにしては間違ってしまうので気を付けてください．演算子の順番は可換ではないこと，微分演算子の右にある関数には微分を施さないといけないことに注意が必要です．

この計算は大変ではありますが，成功体験や達成感を得るには丁度よい難易度です．ぜひ一度は頑張って正解に辿り着いてください．正しい答えは以下のとおりです．

$$\frac{\partial^2}{\partial x^2} = \sin^2\theta \cos^2\phi \frac{\partial^2}{\partial r^2} + \frac{1}{r^2}\cos^2\theta \cos^2\phi \frac{\partial^2}{\partial \theta^2} + \frac{1}{r^2}\frac{\sin^2\phi}{\sin^2\theta}\frac{\partial^2}{\partial \phi^2}$$
$$+ \frac{2}{r}\sin\theta\cos\theta\cos^2\phi \frac{\partial^2}{\partial r\partial\theta} - \frac{2}{r^2}\frac{\cos\theta}{\sin\theta}\sin\phi\cos\phi \frac{\partial^2}{\partial\theta\partial\phi}$$
$$- \frac{2}{r}\sin\phi\cos\phi \frac{\partial^2}{\partial\phi\partial r} + \frac{1}{r}(\cos^2\theta\cos^2\phi + \sin^2\phi)\frac{\partial}{\partial r}$$
$$+ \frac{1}{r^2}\left(-\sin\theta\cos\theta\cos^2\phi - \sin\theta\cos\theta\cos^2\phi + \frac{\cos\theta}{\sin\theta}\sin^2\phi\right)\frac{\partial}{\partial\theta}$$
$$+ \frac{1}{r^2}\left(\sin\phi\cos\phi + \frac{\cos^2\theta}{\sin^2\theta}\sin\phi\cos\phi + \frac{\sin\phi\cos\phi}{\sin^2\theta}\right)\frac{\partial}{\partial\phi}$$

$$\frac{\partial^2}{\partial y^2} = \sin^2\theta\sin^2\phi \frac{\partial^2}{\partial r^2} + \frac{1}{r^2}\cos^2\theta\sin^2\phi \frac{\partial^2}{\partial\theta^2} + \frac{1}{r^2}\frac{\cos^2\phi}{\sin^2\theta}\frac{\partial^2}{\partial\phi^2}$$
$$+ \frac{2}{r}\sin\theta\cos\theta\sin^2\phi \frac{\partial^2}{\partial r\partial\theta} + \frac{2}{r^2}\frac{\cos\theta}{\sin\theta}\sin\phi\cos\phi \frac{\partial^2}{\partial\theta\partial\phi}$$
$$+ \frac{2}{r}\sin\phi\cos\phi \frac{\partial^2}{\partial\phi\partial r} + \frac{1}{r}(\cos^2\theta\cos^2\phi + \cos^2\phi)\frac{\partial}{\partial r}$$
$$+ \frac{1}{r^2}\left(-\sin\theta\cos\theta\sin^2\phi - \sin\theta\cos\theta\sin^2\phi + \frac{\cos\theta}{\sin\theta}\cos^2\phi\right)\frac{\partial}{\partial\theta}$$
$$+ \frac{1}{r^2}\left(-\sin\phi\cos\phi - \frac{\cos^2\theta}{\sin^2\theta}\sin\phi\cos\phi - \frac{\sin\phi\cos\phi}{\sin^2\theta}\right)\frac{\partial}{\partial\phi}$$

$$\frac{\partial^2}{\partial z^2} = \cos^2\theta \frac{\partial^2}{\partial r^2} + \frac{1}{r^2}\sin^2\theta \frac{\partial^2}{\partial\theta^2} - \frac{2}{r}\sin\theta\cos\theta \frac{\partial^2}{\partial r\partial\theta} + \frac{1}{r}\sin^2\theta \frac{\partial}{\partial r}$$
$$+ \frac{2}{r^2}\sin\theta\cos\theta \frac{\partial}{\partial\theta}$$

(4) 前問で得た $\partial^2/\partial x^2$, $\partial^2/\partial y^2$, $\partial^2/\partial z^2$ を足し合わせるだけですが，大変複雑です．例えば，微分記号ごとに分類して足し合わせるなどの工夫をして，計算間違いを未然に防いでください．

$$\nabla^2 = \frac{\partial^2}{\partial r^2} + \frac{2}{r}\frac{\partial}{\partial r} + \frac{1}{r^2}\left(\frac{\partial^2}{\partial\theta^2} + \frac{\cos\theta}{\sin\theta}\frac{\partial}{\partial\theta} + \frac{1}{\sin^2\theta}\frac{\partial^2}{\partial\phi^2}\right)$$

よって，球座標における（時間に依存しない）シュレーディンガー方程式は

$$\left[-\frac{\hbar^2}{2m}\left\{\frac{\partial^2}{\partial r^2} + \frac{2}{r}\frac{\partial}{\partial r} + \frac{1}{r^2}\left(\frac{\partial^2}{\partial\theta^2} + \frac{1}{\tan\theta}\frac{\partial}{\partial\theta} + \frac{1}{\sin^2\theta}\frac{\partial^2}{\partial\phi^2}\right)\right\} + V\right]\psi(\boldsymbol{r}) = E\psi(\boldsymbol{r})$$

と書き換えられます．

[6.2] 軌道角運動量の定義 (6.23) に，[6.1] で求めた x, y, z および $\partial/\partial x, \partial/\partial y, \partial/\partial z$ の球座標表示を代入すれば，次のように求まります．

$$L_x = i\hbar\left(\sin\phi \frac{\partial}{\partial\theta} + \frac{\cos\phi}{\tan\theta}\frac{\partial}{\partial\phi}\right), \quad L_y = i\hbar\left(-\cos\phi \frac{\partial}{\partial\theta} + \frac{\sin\phi}{\tan\theta}\frac{\partial}{\partial\phi}\right), \quad L_z = -i\hbar\frac{\partial}{\partial\phi}$$

ここからさらに

$$\boldsymbol{L}^2 = L_x^2 + L_y^2 + L_z^2 = -\hbar^2\left\{\frac{1}{\sin\theta}\frac{\partial}{\partial\theta}\left(\sin\theta \frac{\partial}{\partial\theta}\right) + \frac{1}{\sin^2\theta}\frac{\partial^2}{\partial\phi^2}\right\}$$

と求まります（ただし，微分演算子を含む多項式の 2 乗には気を付けること）．得られた L^2 の結果は，[6.1] の θ, ϕ 部分に一致します．

[6.3] 2s 状態は $P_{2s}(r) \propto (r - r^2/2a_B)^2 e^{-r/a_B}$ で与えられます．これを微分すると，$P'_{2s} \propto r(2a_B - r)(4a_B^2 - 6a_B r + r^2) e^{-r/a_B}$ となることから，$r = (3 \pm \sqrt{5})a_B$ で極大，$r = 2a_B$ で極小となることがわかります．

[6.4] 電流の大きさは，単位時間に流れる電気量で与えられます．いまの場合，円状のある 1 点において，単位時間に粒子は $v/2\pi r$ 回通過することになるので，$I = qv/2\pi r$ となります．これに円の面積を掛ければ，磁気モーメントの大きさは $|\mu| = qvr/2$ となります．

ところで，古典力学で角運動量は $\boldsymbol{L} = \boldsymbol{r} \times \boldsymbol{p}$ だったので，いまの場合，$|\boldsymbol{L}| = rmv$ です．よって，$|\mu| = (q/2m)rmv = (q/2m)|\boldsymbol{L}|$ と表せます．さらに，磁気モーメントの向きと角運動量の向きは定義により平行であることを考慮すれば，$\boldsymbol{\mu} = (q/2m)\boldsymbol{L}$ の関係が成り立ちます．

[6.5] $\boldsymbol{J}^2 = (\boldsymbol{L} + \boldsymbol{S})^2 = \boldsymbol{L}^2 + \boldsymbol{S}^2 + 2\boldsymbol{L} \cdot \boldsymbol{S}$ より，$\boldsymbol{L} \cdot \boldsymbol{S} = (\boldsymbol{J}^2 - \boldsymbol{L}^2 - \boldsymbol{S}^2)/2$ なので，
$$\boldsymbol{L} \cdot \boldsymbol{S} \text{の固有値} = \frac{\hbar^2}{2}\{j(j+1) - l(l+1) - s(s+1)\}$$
となります．

ところで，$\boldsymbol{L}$ と $\boldsymbol{S}$ が同じ向きの場合は $\boldsymbol{J}$ は最大値，逆向きの場合は最小値をとることから，j の最大値は $l + s$，最小値は $|l - s|$ となります．その結果として，j は $|l - s| \leq j \leq l + s$ を満たす整数あるいは半整数値のみをとることになります．

いまの場合，$s = 1/2$ なので，結局 j は $j = l \pm 1/2$ の 2 値しかとり得ません．このことから，$\boldsymbol{L} \cdot \boldsymbol{S}$ の固有値は，

$j = l + \frac{1}{2}$ のとき，$\frac{\hbar^2}{2}\left\{\left(l + \frac{1}{2}\right)\left(l + \frac{3}{2}\right) - l(l+1) - \frac{3}{4}\right\} = \frac{\hbar^2}{2} l$

$j = l - \frac{1}{2}$ のとき，$\frac{\hbar^2}{2}\left\{\left(l - \frac{1}{2}\right)\left(l + \frac{1}{2}\right) - l(l+1) - \frac{3}{4}\right\} = -\frac{\hbar^2}{2}(l+1)$

となることがわかります．

結果として，スピン軌道相互作用の固有値は次の 2 つの値をとります．
$$H_{\text{so}} \text{の固有値} = \zeta \frac{\hbar^2}{2} l, \ -\zeta \frac{\hbar^2}{2}(l+1)$$

つまり，スピン軌道相互作用があることで縮退していたエネルギーは 2 つの値に分裂し，そのエネルギー差は
$$\zeta \hbar^2 \left(l + \frac{1}{2}\right)$$
になることがわかります．このことから，スピン軌道相互作用によるエネルギー分裂を測定すれば，方位量子数 l と係数 ζ を決定できるのです．

[7.1] エネルギーと運動量をそれぞれ 2 乗し，さらに運動量に c^2 を掛けてエネルギー

から差し引くと,
$$E^2 - c^2 p^2 = \frac{m^2 c^4 - m^2 c^2 v^2}{1 - \dfrac{v^2}{c^2}} = \frac{m^2 c^2 (c^2 - v^2)}{\dfrac{1}{c^2}(c^2 - v^2)} = m^2 c^4$$
となります. よって, $E^2 = c^2 p^2 + m^2 c^4$ が示されました.

[**7.2**] クライン-ゴルドン方程式では, x, t が微分の形で現れます. よって, 微分演算子のローレンツ変換を求める必要があり, 微分演算子は次の形で変数変換できます.
$$\frac{\partial}{\partial x} = \frac{\partial x'}{\partial x}\frac{\partial}{\partial x'} + \frac{\partial t'}{\partial x}\frac{\partial}{\partial t'}, \quad \frac{\partial}{\partial t} = \frac{\partial x'}{\partial t}\frac{\partial}{\partial x'} + \frac{\partial t'}{\partial t}\frac{\partial}{\partial t'}$$
ここで, x', t' は互いに x, t に依存しているので, 両者が交差する項も現れることに注意してください.

上の変数変換の x', t' に, 問題文で与えられたローレンツ変換を代入すると, 次の形が得られます.
$$\frac{\partial}{\partial x} = \frac{1}{\sqrt{1 - \dfrac{u^2}{c^2}}}\left(\frac{\partial}{\partial x'} - \frac{u}{c^2}\frac{\partial}{\partial t'}\right), \quad \frac{\partial}{\partial t} = \frac{1}{\sqrt{1 - \dfrac{u^2}{c^2}}}\left(\frac{\partial}{\partial t'} - u\frac{\partial}{\partial x'}\right)$$
ここから2階微分の形をつくり, (7.4) の形に合わせるため, 両者の差をとります.
$$\frac{1}{c^2}\frac{\partial^2}{\partial t^2} - \frac{\partial^2}{\partial x^2} = \frac{1}{1 - \dfrac{u^2}{c^2}}\left[\frac{1}{c^2}\left(\frac{\partial}{\partial t'} - u\frac{\partial}{\partial x'}\right)^2 - \left(\frac{\partial}{\partial x'} - \frac{u}{c^2}\frac{\partial}{\partial t'}\right)^2\right]$$
$$= \frac{1}{1 - \dfrac{u^2}{c^2}}\left\{\frac{1}{c^2}\left(1 - \frac{u^2}{c^2}\right)\frac{\partial^2}{\partial t'^2} - \left(1 - \frac{u^2}{c^2}\right)\frac{\partial^2}{\partial x'^2}\right\}$$
$$= \frac{1}{c^2}\frac{\partial^2}{\partial t'^2} - \frac{\partial^2}{\partial x'^2}$$
よって (7.4) は, 問題文で与えられたローレンツ変換に対して不変であることがわかります.

[**7.3**] この関係式はベクトルの式になっているので, 3つの成分をもちます. そこで, z 成分について具体的に見てみましょう.
$$(\text{左辺}) = (-i\hbar\nabla_x + eA_y)(-i\hbar\nabla_y + eA_x) - (-i\hbar\nabla_y + eA_x)(-i\hbar\nabla_x + eA_y)$$
$$= -ie\hbar(\nabla_x A_y - \nabla_y A_x + A_x\nabla_y - A_y\nabla_x)$$
最後の等号では, $\nabla_x\nabla_y = \nabla_y\nabla_x$ を用いて整理しました.

さて, ここからは少し要注意ゾーンです. このまま計算を進めると, 間違ってしまう可能性があります. 6.4節でも見たように, シュレーディンガー方程式では, 常に波動関数が掛かっていることを意識しておかないといけません. 特に注意を要するのは, $\nabla_x A_y$ のように, 微分演算子の右に関数がある項です. この項は実際には,
$$\nabla_x A_y \psi = (\nabla_x A_y)\psi + A_y(\nabla_x\psi)$$
のように2項に展開されます. よって,
$$-ie\hbar\{(\nabla_x A_y) + A_y\nabla_x - (\nabla_y A_x) - A_x\nabla_y + A_x\nabla_y - A_y\nabla_x\}\psi$$

$$= -ie\hbar\{(\nabla_x A_y) - (\nabla_y A_x)\}\phi$$
$$= -ie\hbar B_z \phi$$

が示されます．最後の等号では，$\bm{B} = \bm{\nabla} \times \bm{A}$ を用いました．他の成分も同様に示すことができます．

[**7.4**] この計算で始めに注意しておくべき点は，V はポテンシャルなので，一般に座標に依存するということです．したがって，$\bm{p}$ と V は順番を勝手に変えることはできません．このことに注意して，(7.45) の左辺を部分に分けて詳しく見ていきましょう．

始めに $(\bm{\sigma}\cdot\bm{p})(\bm{\sigma}\cdot\bm{p})$ の項です．これについては Training 7.2 の関係から，
$$(\bm{\sigma}\cdot\bm{p})(\bm{\sigma}\cdot\bm{p}) = p^2 + i\bm{\sigma}\cdot\bm{p}\times\bm{p} = p^2$$
となります．例えば，$\nabla_x\nabla_y - \nabla_y\nabla_x = 0$ のようになるので，$\bm{p}\times\bm{p}=0$ です．間に V が挟まった場合は，$\bm{p}V\psi = (\bm{p}V)\psi + V\bm{p}\psi$ であることに注意して，
$$(\bm{\sigma}\cdot\bm{p})V(\bm{\sigma}\cdot\bm{p}) = \{\bm{\sigma}\cdot(\bm{p}V)\}(\bm{\sigma}\cdot\bm{p}) + V(\bm{\sigma}\cdot\bm{p})(\bm{\sigma}\cdot\bm{p})$$
$$= Vp^2 - \hbar^2(\nabla V)\cdot\nabla + \hbar\bm{\sigma}\cdot\{(\nabla V)\times\bm{p}\}$$
これで，演算の済んでいない微分演算子はすべて右端に集まりました．

(7.45) に上の結果を代入して整理すると，
$$E'\psi_+ = \left[\left(1 - \frac{E'-V}{2mc^2}\right)\frac{p^2}{2m} + V - \frac{\hbar^2}{4m^2c^2}(\nabla V)\cdot\nabla + \frac{\hbar}{4m^2c^2}\bm{\sigma}\cdot\{(\nabla V)\times\bm{p}\}\right]\psi_+$$
となり，(7.46) の形が導けます．本文で見たとおり，最後の項がスピン軌道相互作用です．

[**7.5**] (1) ハイゼンベルクの運動方程式から，$i\hbar\dfrac{d\bm{L}}{dt} = \bm{L}H - H\bm{L}$ を計算します．ハミルトニアンに含まれる項のうち，βmc^2 は明らかに $\bm{L}$ と交換可能ですし，V も中心ポテンシャルなので交換可能です．よって，考えるべきは $c\bm{\alpha}\cdot\bm{p}$ の項のみとなります．

例えば L_x については，
$$i\hbar\frac{dL_x}{dt} = L_x H - HL_x = c\bm{\alpha}\cdot\{(yp_z - zp_y)\bm{p} - \bm{p}(yp_z - zp_y)\}$$
となるので，まず { } 内の x 成分を見てみましょう．
$$(yp_z - zp_y)p_x - p_x(yp_z - zp_y) = yp_zp_x - yp_xp_z + zp_xp_y - zp_yp_x = 0$$
ここで，p_x と y, z が交換することを用いています．

次に y 成分は
$$(yp_z - zp_y)p_y - p_y(yp_z - zp_y) = yp_zp_y - p_yyp_z = [y, p_y]p_z = i\hbar p_z$$
となります．やはり p_y と z，p_z と y は交換可能なので，$[y, p_y] = i\hbar$ だけが残ります．z 成分についても同様です．

結局，
$$i\hbar\frac{dL_x}{dt} = -i\hbar c(\alpha_z p_y - \alpha_y p_z)$$
であることがわかります．つまり，予想に反して，$\bm{L}$ と H は交換可能ではなく，$\bm{L}$ は運動の恒量ではないことがわかります．

(2) 問題文で定義された $\bm{\sigma}'$ についても，運動方程式 $i\hbar\dfrac{d\bm{\sigma}'}{dt} = \bm{\sigma}'H - H\bm{\sigma}'$ を調べてみ

ましょう．(7.56) の右辺で $\boldsymbol{\sigma}'$ と関係があるのは，$\boldsymbol{\sigma}$ を含んでいる $\boldsymbol{\alpha}$ のみです．そこで，$\boldsymbol{\sigma}'$ と $\boldsymbol{\alpha}$ の交換関係を調べてみます．

$$\sigma'_x \alpha_y - \alpha_y \sigma'_x = \begin{pmatrix} 0 & i\sigma_z \\ i\sigma_z & 0 \end{pmatrix} - \begin{pmatrix} 0 & -i\sigma_z \\ -i\sigma_z & 0 \end{pmatrix} = 2i\alpha_z$$

このことから，例えば σ'_x については次の関係が成り立ちます．

$$i\hbar \frac{d\sigma'_x}{dt} = \sigma'_x H - H\sigma'_x = 2ic(\alpha_z p_y - \alpha_y p_z)$$

(3) 上の問題から，$\boldsymbol{L} + \hbar\boldsymbol{\sigma}'/2$ が H と交換することは明らかです．そこで，

$$\boldsymbol{J} = \boldsymbol{L} + \frac{\hbar}{2}\boldsymbol{\sigma}'$$

と定義すれば，$i\hbar \dfrac{d\boldsymbol{J}}{dt} = \boldsymbol{J}H - H\boldsymbol{J} = 0$ となり，これが運動の恒量となっています．したがって，この $\boldsymbol{J}$ を全角運動量と見なすことができ，そこから

$$\boldsymbol{S} = \frac{\hbar}{2}\boldsymbol{\sigma}' = \frac{\hbar}{2}\begin{pmatrix} \boldsymbol{\sigma} & 0 \\ 0 & \boldsymbol{\sigma} \end{pmatrix}$$

を（中心力ポテンシャルの中の）ディラック粒子のスピン角運動量と見なすことができるようになるのです．

索 引

ア

α線　alpha ray　30
アインシュタインの関係式
　　Einstein's relationship　16
アクチノイド　actinoid　185

イ

位相　phase　94
　── 空間　── space　46
　── 速度　── velocity　94
一重項　singlet　169
陰極線　cathode ray　26

ウ

ウィルソンの霧箱
　　Wilson's cloud chamber　22
ウィーンの公式　Wien's formula　7
上向きスピン　spin up　173

エ

X線　X ray　26
エネルギー量子　energy quantum　10
エルミート演算子　Hermitian operator　227
エルミート共役　Hermitian conjugate　76, 227
エルミート行列　Hermitian matrix　76
エルミート多項式
　　Hermitian polynomials　102
エーレンフェストの定理
　　Ehrenfest's theorem　133

カ

ガウス関数（ガウシアン）
　　Gaussian function（Gaussian）　145
角運動量　angular momentum　42
　軌道 ──　orbital ──　159
　スピン ──　spin ──　173
確率解釈（統計的解釈）
　　probabilistic interpretation　117, 127
確率密度　probability density　126
価電子　valence electron　179
干渉　interference　119
完全系　complete system　216
完全正規直交関数系　complete orthonormal function system　215

キ

規格化　normalization　80
期待値　expected value　130
基底状態　ground state　41
軌道角運動量　orbital angular momentum　159
軌道磁気モーメント
　　orbital magnetic moment　165
球面調和関数　spherical harmonics　151
行列力学　matrix mechanics　60
キログラム原器　kilogram prototype　22

ク

空孔理論　hole theory　208
空洞放射（黒体放射）　cavity radiation（black body radiation）　5
クライン-ゴルドン方程式
　　Klein-Gordon equation　191

索　引　237

ケ

ケナードの不等式　Kennard's inequality　139

コ

光子（光量子）　photon (light quantum)　15
光電効果　photoelectric effect　14
光電子　photoelectron　14
固有値問題　eigenvalue problem　79
コンプトン散乱　Compton scattering　136
コンプトン波長　Compton wavelength　21

サ

作用　action　37
　——変数　—— variables　45
三重項　triplet　169

シ

g 因子　g-factor　174
時間に依存しないシュレーディンガー方程式　time-independent Schrödinger equation　96
時間に依存しないディラック方程式　time-independent Dirac equation　198
時間に依存するシュレーディンガー方程式　time-dependent Schrödinger equation　113
磁気モーメント（磁気双極子モーメント）　magnetic moment (magnetic dipole moment)　43, 162
　軌道——　orbital ——　165
　スピン——　spin ——　174
磁気量子数　magnetic quantum number　152

思考実験　thought experiment　120
仕事関数　work function　16
下向きスピン　spin down　174
周期律　periodic law　148
自由粒子に対する時間に依存したシュレーディンガー方程式　time-dependent Schrödinger equation for a free particle　112
縮退（縮重）　degeneracy　154
主量子数　principal quantum number　153

ス

スピン　spin　148
　——角運動量
　　—— angular momentum　173
　——軌道相互作用
　　——-orbit interaction　180
　——磁気モーメント　—— magnetic moment　174
　上向き——　up ——　173
　下向き——　down ——　174
スペクトル　spectrum　2

セ

正規直交関数系　orthonormal function system　215
　完全——　complete ——　215
正準交換関係　canonical commutation relations　65
正常ゼーマン効果　normal Zeeman effect　168
積の非可換性　non-commutative properties of products　59
ゼーマンエネルギー　Zeeman energy　166
ゼーマン効果　Zeeman effect　167
零点エネルギー　zero point energy　73

遷移元素　transition elements　184
前期量子論　old quantum mechanics　25

ソ

相対性理論　theory of relativity　190
相対論的量子力学　relativistic quantum mechanics　190
速度の分布関数　velocity distribution function　4

タ

対応原理　correspondence principle　54, 63
対称ゲージ　symmetric gauge　164
第4の量子数　fourth quantum number　169
多重項　multiplet　169

チ

中心力ポテンシャル（球対称ポテンシャル）　central force potential (spherically symmetric potential)　150
調和振動子　harmonic oscillator　46

テ

D線　D line　168
定常状態　stationary state　34
ディラック行列　Dirac matrix　195
ディラック定数（換算プランク定数）　Dirac constant (reduced Planck constant)　41, 204
ディラック電子　Dirac electron　199
ディラックの海　Dirac sea　207
ディラックハミルトニアン　Dirac Hamiltonian　197
ディラック方程式　Dirac equation　196
ディラック粒子　Dirac particle　197
電荷密度　charge density　124

電子　electron　26
　価——　valence ——　179
　光——　photo ——　14
転置行列　transpose matrix　76

ト

統計的解釈（確率解釈）　statistical interpretation　117, 127
動径波動関数　radial wave function　154
ド・ブロイ波長　de Broglie wavelength　86

ニ

二重項　doublet　168
二重スリットの実験　double slit experiment　117

ネ

熱放射　thermal radiation　2

ハ

ハイゼンベルクの運動方程式　Heisenberg's equation of motion　68
パウリ行列　Pauli matrices　176
パウリの排他原理　Pauli exclusion principle　148, 181
波束　wave packet　124
波動関数の収縮　wave function collapse　143
波動説　wave theory　13
波動力学　wave mechanics　92
場の量子論　quantum field theory　208
ハミルトニアン　Hamiltonian　47
　ディラック——　Dirac ——　197
反粒子　antiparticles　210

ヒ

非相対論的　non-relativistic　191

索　引　239

フ

不確定性関係　uncertainty relations　138
不確定性原理　uncertainty principle　117, 138
物質波（ド・ブロイ波）　matter waves (de Broglie wave)　85
プランク定数　Planck constant　10
プランクの公式　Planck's formula　8

ヘ

閉殻　closed shell　182

ホ

ボーア磁子　Bohr magneton　43
ボーア‐ゾンマーフェルトの量子化条件　Bohr‐Sommerfeld quantization condition　45
ボーア半径　Bohr radius　41
方位量子数　azimuthal quantum number　152
放電管　discharge tube　25
ボルツマン定数　Boltzmann constant　5

マ

マクスウェル分布　Maxwell distribution　4

ヤ

ヤングの実験　Young's experiment　119

ユ

ユニタリ行列　unitary matrices　76
ユニタリ変換　unitary transformation　77

ヨ

陽電子　positron　208, 210

ラ

ラゲールの同伴多項式　Laguerre associated polynomials　151, 155
ランタノイド　lanthanides　185

リ

リッツの結合原理　Ritz combination principle　28
粒子説　particle theory　13
量子　quantum　2
　エネルギー──　energy ──　10
　磁気──数　magnetic ── number　152
　主──数　principal ── number　153
　前期──論　old ── mechanics　25
　第4の──数　the fourth ── number　169
　方位──数　azimuthal ── number　152
量子化　quantization　104
　──条件　quantization conditions　38
　ボーア‐ゾンマーフェルトの──条件　Bohr‐Sommerfeld ── condition　45
量子力学　quantum mechanics　66
　──における正準運動方程式　canonical equations of motion in ──　67
　──の根本原理　fundamental principles of ──　65
　相対論的──　relativistic ──　190

ル

ルジャンドルの多項式　Legendre polynomials　151, 152
ルジャンドルの同伴関数　Legendre associated functions　152

レ

レイリー - ジーンズの公式　Rayleigh - Jeans formula　6

ロ

ローレンツ不変性　Lorentz invariance　190

ローレンツ変換　Lorentz transformation　190

著者略歴

伏屋雄紀(ふせや ゆうき)

1976年 大阪生まれ．大阪大学基礎工学部物性物理工学科卒業．同大学大学院基礎工学研究科物理系専攻博士課程修了．名古屋大学，東京大学研究員，大阪大学助教，パリ高等物理化学学校（PSL研究大学）客員研究員，電気通信大学准教授，同大学教授を経て，現在，神戸大学教授．博士（理学）．専門は理論物理学（物性理論）．井上研究奨励賞，凝縮系科学賞，文部科学大臣表彰・若手科学者賞，日本結晶成長学会・論文賞などを受賞．

物理学レクチャーコース　**量子力学入門**

2024年10月1日　第1版1刷発行
2025年5月30日　第1版2刷発行

検印省略

定価はカバーに表示してあります．

著作者	伏屋雄紀
発行者	吉野和浩
発行所	東京都千代田区四番町8-1 電話 03-3262-9166（代） 郵便番号 102-0081 株式会社　裳華房
印刷所	株式会社　精興社
製本所	牧製本印刷株式会社

一般社団法人
自然科学書協会会員

JCOPY〈出版者著作権管理機構 委託出版物〉

本書の無断複製は著作権法上での例外を除き禁じられています．複製される場合は，そのつど事前に，出版者著作権管理機構（電話03-5244-5088，FAX 03-5244-5089，e-mail: info@jcopy.or.jp）の許諾を得てください．

ISBN 978-4-7853-2414-8

© 伏屋雄紀, 2024　　Printed in Japan

物理学レクチャーコース

編集委員：永江知文，小形正男，山本貴博
編集サポーター：須貝駿貴，ヨビノリたくみ

力 学   山本貴博 著   298頁／定価 2970円（税込）

ところどころ発展的な内容も含んではいるが，大学で学ぶ力学の標準的な内容となっている．本書で力学を学び終えれば，「大学レベルの力学は身に付けた」と自信をもてるだろう．

物理数学   橋爪洋一郎 著   354頁／定価 3630円（税込）

数学に振り回されずに物理学の学習を進められるようになることを目指し，学んでいく中で読者が疑問に思うこと，躓きやすいポイントを懇切丁寧に解説した．

電磁気学入門   加藤岳生 著   2色刷／240頁／定価 2640円（税込）

わかりやすさとユーモアを交えた解説で定評のある著者によるテキスト．著者の長年の講義経験に基づき，本書の最初の2つの章で「電磁気学に必要な数学」を解説した．

熱 力 学   岸根順一郎 著   338頁／定価 3740円（税込）

熱力学がマクロな力学を土台とする点を強調し，最大の難所であるエントロピーも丁寧に解説した．緻密な論理展開の雰囲気は極力避け，熱力学の本質をわかりやすく"料理し直し"，曖昧になりがちな理解が明瞭になるようにした．

相対性理論   河辺哲次 著   280頁／定価 3300円（税込）

特殊相対性理論の「基礎と応用」を正しく理解することを目指し，様々な視点と豊富な例を用いて懇切丁寧に解説した．また，相対論的に拡張された電磁気学と力学の基礎方程式を，関連した諸問題に適用して解く方法や，ベクトル・テンソルなどの数学の考え方も丁寧に解説した．

量子力学入門   伏屋雄紀 著   2色刷／256頁／定価 2860円（税込）

量子力学の入門書として，その魅力や面白さを伝えることを第一に考えた．歴史的な経緯に沿って学ぶというアプローチは，量子力学の初学者はもとより，すでに一通り学んだことのある方々にとっても，きっと新たな視点を提供できるであろう．

素粒子物理学   川村嘉春 著   362頁／定価 4070円（税込）

「相互作用」と「対称性」に着目して，3つの相互作用（電磁相互作用，強い相互作用，弱い相互作用）を軸に，対称性を通奏低音のようなバックグラウンドにして，「素粒子の標準模型」を理解することを目標に据えた．

◆ コース一覧（全17巻を予定）◆

- 半期やクォーターの講義向け
  **力学入門，電磁気学入門，熱力学入門，振動・波動，解析力学，
  量子力学入門，相対性理論，素粒子物理学，原子核物理学，宇宙物理学**
- 通年（I・II）の講義向け
  力学，電磁気学，熱力学，物理数学，統計力学，量子力学，物性物理学

裳華房ホームページ https://www.shokabo.co.jp/

物 理 定 数 表

真 空 中 の 光 速	$c = 299792458 \,\mathrm{m/s}$
真 空 の 透 磁 率	$\mu_0 = 1.25663706212(19) \times 10^{-6} \,\mathrm{N/A^2}$
	$\mu_0/(4\pi \times 10^{-7} \,\mathrm{N/A^2}) = 1.00000000055(15)$
真 空 の 誘 電 率	$\varepsilon_0 = 1/\mu_0 c^2 = 8.8541878128(13) \times 10^{-12} \,\mathrm{F/m}$
万 有 引 力 定 数	$G = 6.67430(15) \times 10^{-11} \,\mathrm{N \cdot m^2/kg^2}$
プ ラ ン ク 定 数	$h = 6.62607015 \times 10^{-34} \,\mathrm{J \cdot s}$ または $\mathrm{J/Hz}$
	$\hbar = h/2\pi = 1.054571817\cdots \times 10^{-34} \,\mathrm{J \cdot s}$
素 電 荷	$e = 1.602176634 \times 10^{-19} \,\mathrm{C}$
ボ ー ア 磁 子	$\mu_B = e\hbar/2m_e = 9.2740100783(28) \times 10^{-24} \,\mathrm{J/T}$
微 細 構 造 定 数	$\alpha = e^2/4\pi\varepsilon_0 \hbar c = 7.2973525693(11) \times 10^{-3}$
リュードベリ定数	$R_\infty = \alpha^2 m_e c/2h = 1.0973731568160(21) \times 10^7 \,\mathrm{m^{-1}}$
ボ ー ア 半 径	$a_0 = \alpha/4\pi R_\infty = 5.29177210903(80) \times 10^{-11} \,\mathrm{m}$
ハートリーエネルギー	$E_h = e^2/4\pi\varepsilon_0 a_0 = 4.3597447222071(85) \times 10^{-18} \,\mathrm{J}$
電 子 の 質 量	$m_e = 9.1093837015(28) \times 10^{-31} \,\mathrm{kg}$
陽 子 の 質 量	$m_p = 1.67262192369(51) \times 10^{-27} \,\mathrm{kg}$
電子の磁気モーメント	$\mu_e = -9.2847647043(28) \times 10^{-24} \,\mathrm{J/T}$
自由電子の g 因子	$2\mu_e/\mu_B = -2.00231930436256(35)$
(電子の)コンプトン波長	$\lambda_C = h/m_e c = 2.42631023867(73) \times 10^{-12} \,\mathrm{m}$
電 子 の 比 電 荷	$-e/m_e = -1.75882001076(53) \times 10^{11} \,\mathrm{C/kg}$
電 子 の 古 典 半 径	$r_e = e^2/4\pi\varepsilon_0 m_e c^2 = 2.8179403262(13) \times 10^{-15} \,\mathrm{m}$
アボガドロ定数	$N_A = 6.02214076 \times 10^{23} \,\mathrm{mol^{-1}}$
ボルツマン定数	$k_B = 1.380649 \times 10^{-23} \,\mathrm{J/K}$
1モルの気体定数	$R = N_A k_B = 8.314462618\cdots \,\mathrm{J/(mol \cdot K)}$

元素の周期表（外殻電子の電子配置のみを示した）

	1	2	3	4	5	6	7	8	9	10	11	12	13	14	15	16	17	18
1	1H $1s^1$																	2He $1s^2$
2	3Li $2s^1$	4Be $2s^2$											5B $2s^2 2p^1$	6C $2s^2 2p^2$	7N $2s^2 2p^3$	8O $2s^2 2p^4$	9F $2s^2 2p^5$	10Ne $2s^2 2p^6$
3	11Na $3s^1$	12Mg $3s^2$											13Al $3s^2 3p^1$	14Si $3s^2 3p^2$	15P $3s^2 3p^3$	16S $3s^2 3p^4$	17Cl $3s^2 3p^5$	18Ar $3s^2 3p^6$
4	19K $4s^1$	20Ca $4s^2$	21Sc $4s^2 3d^1$	22Ti $4s^2 3d^2$	23V $4s^2 3d^3$	24Cr $4s^1 3d^5$	25Mn $4s^2 3d^5$	26Fe $4s^2 3d^6$	27Co $4s^2 3d^7$	28Ni $4s^2 3d^8$	29Cu $4s^1 3d^{10}$	30Zn $4s^2 3d^{10}$	31Ga $4s^2 3d^{10} 4p^1$	32Ge $4s^2 3d^{10} 4p^2$	33As $4s^2 3d^{10} 4p^3$	34Se $4s^2 3d^{10} 4p^4$	35Br $4s^2 3d^{10} 4p^5$	36Kr $4s^2 3d^{10} 4p^6$
5	37Rb $5s^1$	38Sr $5s^2$	39Y $5s^2 4d^1$	40Zr $5s^2 4d^2$	41Nb $5s^1 4d^4$	42Mo $5s^1 4d^5$	43Tc $5s^2 4d^5$	44Ru $5s^1 4d^7$	45Rh $5s^1 4d^8$	46Pd $4d^{10}$	47Ag $5s^1 4d^{10}$	48Cd $5s^2 4d^{10}$	49In $5s^2 4d^{10} 5p^1$	50Sn $5s^2 4d^{10} 5p^2$	51Sb $5s^2 4d^{10} 5p^3$	52Te $5s^2 4d^{10} 5p^4$	53I $5s^2 4d^{10} 5p^5$	54Xe $5s^2 4d^{10} 5p^6$
6	55Cs $6s^1$	56Ba $6s^2$	57〜71 ランタノイド	72Hf $6s^2 5d^2 4f^{14}$	73Ta $6s^2 5d^3 4f^{14}$	74W $6s^2 5d^4 4f^{14}$	75Re $6s^2 5d^5 4f^{14}$	76Os $6s^2 5d^6 4f^{14}$	77Ir $6s^2 5d^7 4f^{14}$	78Pt $6s^1 5d^9 4f^{14}$	79Au $6s^1 5d^{10} 4f^{14}$	80Hg $6s^2 5d^{10} 4f^{14}$	81Tl $6s^2 6p^1 5d^{10} 4f^{14}$	82Pb $6s^2 6p^2 5d^{10} 4f^{14}$	83Bi $6s^2 6p^3 5d^{10} 4f^{14}$	84Po $6s^2 6p^4 5d^{10} 4f^{14}$	85At $6s^2 6p^5 5d^{10} 4f^{14}$	86Rn $6s^2 6p^6 5d^{10} 4f^{14}$
7	87Fr $7s^1$	88Ra $7s^2$	89〜103 アクチノイド	104Rf $7s^2 6d^2 5f^{14}$	105Db $7s^2 6d^3 5f^{14}$	106Sg	107Bh	108Hs	109Mt	110Ds	111Rg	112Cn	113Nh $5f^{14} 6d^{10} 7s^2 7p^1$	114Fl $5f^{14} 6d^{10} 7s^2 7p^2$	115Mc	116Lv	117Ts	118Og

ランタノイド

57La $6s^2 5d^1$	58Ce $5d^1 4f^1 6s^2$	59Pr $4f^3 6s^2$	60Nd $4f^4 6s^2$	61Pm $4f^5 6s^2$	62Sm $4f^6 6s^2$	63Eu $4f^7 6s^2$	64Gd $5d^1 4f^7$	65Tb $4f^9 6s^2$	66Dy $4f^{10} 6s^2$	67Ho $4f^{11} 6s^2$	68Er $4f^{12} 6s^2$	69Tm $4f^{13} 6s^2$	70Yb $4f^{14} 6s^2$	71Lu $5d^1 4f^{14} 6s^2$

アクチノイド

89Ac $7s^2 6d^1$	90Th $6d^2 7s^2$	91Pa $6d^1 5f^2 7s^2$	92U $6d^1 5f^3 7s^2$	93Np $6d^1 5f^4 7s^2$	94Pu $5f^6 7s^2$	95Am $5f^7 7s^2$	96Cm $6d^1 5f^7 7s^2$	97Bk $5f^9 7s^2$	98Cf $5f^{10} 7s^2$	99Es $5f^{11} 7s^2$	100Fm $5f^{12} 7s^2$	101Md $5f^{13} 7s^2$	102No $5f^{14} 7s^2$	103Lr $6d^1 5f^{14} 7s^2$